智能科学技术著作丛书

自主无人系统及应用中的问题

牛轶峰　王　菖　冷新宇
喻煌超　李　杰　徐婉莹　编著

科学出版社
北　京

内 容 简 介

本书围绕自主无人系统发展背景、发展现状、技术挑战、伦理道德和政策法律等问题展开阐述。首先介绍了自主无人系统的相关概念、发展历程、发展现状和发展趋势；其次重点分析了自主无人系统涉及的关键技术，包括感知与认知、决策与规划、行动与控制、交互与协同、学习与进化等；然后分析了使用自主无人武器系统面临的伦理道德与政策法律问题，并介绍了主要国家的法律和相关政策；最后对自主无人系统的发展前景进行了展望，指出自主无人系统发展的最终目标是人机协同、人机共融和人机共生。

本书可作为无人系统和机器人领域教学科研人员、工程技术人员、军事爱好者、法律研究人员，以及人工智能、计算机、模式识别与智能系统及相关专业研究生的参考书。

图书在版编目（CIP）数据

自主无人系统及应用中的问题 / 牛轶峰等编著. —北京：科学出版社，2024.3

（智能科学技术著作丛书）

ISBN 978-7-03-075307-6

Ⅰ. ①自… Ⅱ. ①牛… Ⅲ. ①人工智能-研究 Ⅳ. ①TP18

中国国家版本馆 CIP 数据核字（2023）第 054375 号

责任编辑：张海娜 纪四稳 / 责任校对：任苗苗
责任印制：赵 博 / 封面设计：十样花

科学出版社 出版
北京东黄城根北街 16 号
邮政编码：100717
http://www.sciencep.com
天津市新科印刷有限公司印刷
科学出版社发行 各地新华书店经销
*
2024 年 3 月第 一 版 开本：720×1000 1/16
2024 年 5 月第二次印刷 印张：22 1/2
字数：451 000
定价：180.00 元
（如有印装质量问题，我社负责调换）

"智能科学技术著作丛书"序

"智能"是"信息"的精彩结晶,"智能科学技术"是"信息科学技术"的辉煌篇章,"智能化"是"信息化"发展的新动向、新阶段。

"智能科学技术"(intelligence science & technology,IST)是关于"广义智能"的理论算法和应用技术的综合性科学技术领域,其研究对象包括:

· "自然智能"(natural intelligence,NI),包括"人的智能"(human intelligence,HI)及其他"生物智能"(biological intelligence,BI)。

· "人工智能"(artificial intelligence,AI),包括"机器智能"(machine intelligence,MI)与"智能机器"(intelligent machine,IM)。

· "集成智能"(integrated intelligence,II),即"人的智能"与"机器智能"人机互补的集成智能。

· "协同智能"(cooperative intelligence,CI),指"个体智能"相互协调共生的群体协同智能。

· "分布智能"(distributed intelligence,DI),如广域信息网、分散大系统的分布式智能。

"人工智能"学科自 1956 年诞生以来,在起伏、曲折的科学征途上不断前进、发展,从狭义人工智能走向广义人工智能,从个体人工智能到群体人工智能,从集中式人工智能到分布式人工智能,在理论算法研究和应用技术开发方面都取得了重大进展。如果说当年"人工智能"学科的诞生是生物科学技术与信息科学技术、系统科学技术的一次成功的结合,那么可以认为,现在"智能科学技术"领域的兴起是在信息化、网络化时代又一次新的多学科交融。

1981 年,中国人工智能学会(Chinese Association for Artificial Intelligence,CAAI)正式成立,25 年来,从艰苦创业到成长壮大,从学习跟踪到自主研发,团结我国广大学者,在"人工智能"的研究开发及应用方面取得了显著的进展,促进了"智能科学技术"的发展。在华夏文化与东方哲学影响下,我国智能科学技术的研究、开发及应用,在学术思想与科学算法上,具有综合性、整体性、协调性的特色,在理论算法研究与应用技术开发方面,取得了具有创新性、开拓性的成果。"智能化"已成为当前新技术、新产品的发展方向和显著标志。

为了适时总结、交流、宣传我国学者在"智能科学技术"领域的研究开发及应用成果,中国人工智能学会与科学出版社合作编辑出版"智能科学技术著作丛书"。

需要强调的是，这套丛书将优先出版那些有助于将科学技术转化为生产力以及对社会和国民经济建设有重大作用和应用前景的著作。

我们相信，有广大智能科学技术工作者的积极参与和大力支持，以及编委们的共同努力，"智能科学技术著作丛书"将为繁荣我国智能科学技术事业、增强自主创新能力、建设创新型国家做出应有的贡献。

祝"智能科学技术著作丛书"出版，特赋贺诗一首：

智能科技领域广

人机集成智能强

群体智能协同好

智能创新更辉煌

中国人工智能学会荣誉理事长

2005 年 12 月 18 日

序

　　无人系统突破了有人系统中人类生理及心理极限的制约，在人工智能技术的使能下，可能彻底颠覆传统作战模式，深刻改变战争制胜机理，并引发科技革命、装备革命和军事革命，已经成为国家间军事博弈的重要力量。自主无人系统是一种能观察、会思考、善决策、可协同，具有自学习、自进化能力的新一代无人系统，可以单独或与其他有人-无人系统协同遂行目标搜索、识别、定位、跟踪、干扰、打击、评估等任务，其典型特征可概括为"平台无人、系统有人、自主运行"。科学家认为，正如坦克、潜艇和原子弹改变了20世纪的战争规则一样，自主无人系统将是"21世纪战争规则改变者"的技术之一。美国将自主无人系统作为"第三次抵消战略"的核心内容之一，加速推进。

　　随着人工智能技术的快速发展，自主无人系统的能力不断增强，在从"目标选择"到"目标攻击"环节的自主性引发了国际社会关于致命性自主武器系统的广泛讨论，开始成为国际军备控制问题的焦点。致命性自主武器系统是一类具备完全自主能力和携带致命性武器的自主无人系统，其发展逐渐引起联合国人权理事会和联合国裁军事务厅、红十字国际委员会、国际机器人武器控制委员会、国际人工智能相关学术组织等政府和非政府组织的高度关注。

　　因此，针对当前处于研究前沿和舆论热点的自主无人系统的发展背景、发展现状、技术挑战、伦理道德、政策法律等相关问题进行系统深入的阐述分析需求比较迫切。目前，国内外陆续有一些无人系统相关专著出版，如国外的《20YY：机器人时代的战争》(沃克等著)、《机器人战争：21世纪机器人技术革命与反思》(辛格著)、《无人军队：自主武器与未来战争》(沙瑞尔著)等；国内出版的无人系统相关书籍，主要是分领域无人系统的介绍。《自主无人系统及应用中的问题》一书作者研究了2013年4月联合国人权理事会关于自主机器人杀手的调查报告《法外处决、即决处决或任意处决问题》，并先后跟踪了2013年11月日内瓦《特定常规武器公约》致命性自主武器系统专家筹备会议、2014年3月红十字国际委员会的自主武器系统专家会议(ASW2014)，以及2015年至今《特定常规武器公约》关于致命性自主武器系统的专家和政府会议，对当前的自主无人系统技术发展和国际舆论动态有较为全面的了解。基于国内外相关情况的调研和分析，该书对自主无人系统领域进行了较为全面的综述，涵盖了空中、地面、水面、水下等领域的自主无人系统，重点对舆论焦点的自主武器系统伦理道德和政策法律问题展开分析，具有重要的研究价值。

　　该书图文并茂，深入浅出，具有鲜明的时代特色。与国内外相关同类书籍相比，该书的特色在于：一是作者参加过相关的国际会议和研讨，引述和参考的资料比较新和权威；二是作者在该领域的科学研究也取得了一定成果，给出的观点和结论比较合理；三是书中关于自主无人系统伦理道德和政策法律的内容比较全面。

　　相信该书的出版，对无人系统领域的研究人员，特别是从事自主无人系统伦理道德和政策法律的研究人员，具有重要的参考价值，对国内无人智能作战等新域新质作战力量建设将起到一定的促进作用。

中国工程院院士　费爱国

2023 年 12 月 18 日于北京

前　言

完全自主无人系统(autonomous unmanned system，AUS)是无人系统发展的高级目标。无人系统具有先进的自主能力，能够大幅度降低人机交互负荷，减轻对人在回路监督控制的依赖；能够大幅度减少对通信带宽的需求，降低对作战体系保障要求；能够大幅度提高无人系统对复杂战场环境的主动适应能力，提升无人系统在前线战场的实时快速响应和任务能力。目前，无人系统在复杂地形、复杂气象、复杂电磁、复杂背景、复杂对抗等任务环境中要实现"忠诚可信、信息可观、行为可控、结果可溯"的全自主能力，仍面临着诸多技术挑战，主要包括感知与认知、规划与决策、行动与控制、交互与协同、学习与进化等方面的技术难题：一是无人系统在目标获取、识别、跟踪、选择和攻击方面存在困难，难以满足区分、比例、预防等原则；二是自主能力的实现依赖于模糊逻辑、神经网络、机器学习等人工智能技术，导致其可解释性、可预测性、可干预性欠佳；三是自主无人系统面对故障、意外的能力不足以及易受攻击和欺骗，导致其可靠性降低。

武器化的自主无人系统即自主无人武器系统，是指不需要人类操作员干涉，能够自主选择目标并使用致命性武力进行作战的一类自主武器系统。按照依托平台，自主武器系统可分为空中/临近空间自主武器系统、地面自主武器系统、水面/水下自主武器系统三类。先进的隐身智能无人作战飞机将具备自主目标选择、自主目标攻击等全自主控制能力，如近年来先后完成首飞的美国 X-47B、欧洲的"神经元"(nEUROn)、英国的"雷神"(Taranis)、中国的"利剑"以及俄罗斯的 S-70"猎人-B"(Okhotnik-B)等，如果不存在/不需要人的干预或监督，就有可能被归于这一类武器系统。按照作战对象，自主武器系统可分为以来袭武器为目标的防御性自主武器系统(如美国的反火箭/火炮/迫击炮(counter rocket，artillery，and mortar，C-RAM)系统、"宙斯盾"上的"密集阵"系统)和以人(或载人平台)为对象的进攻性(致命性)自主机器人(如韩国 SGR-1"哨兵"机器人部署在朝韩边境，有自主攻击模式等)。

完全自主的无人武器系统的发展日益引起国际社会的高度关注。自美国 X-47B 于 2013 年开始逐步完成航母自主起降试验，航母的"无人化时代"已经到来。同时美国 MQ-1"捕食者"、MQ-9"死神"等察打一体无人机的反恐应用导致平民的大量伤亡，不断触及"机器是否能够杀人"等伦理问题，导致国际社会对完全自主的无人武器系统的关注与日俱增。由此，引发了国际社会关于致命性自主武器系统(lethal autonomous weapon system，LAWS)的广泛讨论，并开始成为国际军备控制问题争论的焦点。世界各国一方面强调其自主无人系统技术的研发和使用遵循国际人道法、《日内瓦公约》等国际法，另一方面开始制定相关的政策和法律等国内法，以规避由此导致的安全风险。

目前，针对自主无人系统领域的研究还处于起步阶段。为对自主无人系统相关概念进行辨析、分析自主无人系统的发展动因、总结自主无人系统的发展现状、探讨其中的伦理道德和政策法律等有关问题，有必要对该领域进行全面的综述和梳理，为国内自主无人系统下一步的研究提供参考，这也是本书的目的所在。本书重点从装备、技术、伦理道德、政策法律的角度介绍自主无人系统及其应用问题。第1章主要综述自主无人系统的发展背景、发展现状及其带来的军控问题；第2章介绍当前各国主要的自主无人系统装备发展历程，并分类介绍空中、地面、水面、水下自主无人系统装备；第3章梳理自主无人系统的关键技术，提出自主无人系统的自主性评估方法，探讨自主无人系统应用的风险与挑战；第4章探讨使用自主无人武器系统的伦理道德与国际法问题，以及使用自主无人武器系统与使用武力的合法性；第5章介绍主要国家法律及政策对自主无人武器系统的规制；第6章展望自主无人系统的应用前景。

无人系统走向战场，催生了"无人作战"。但我们要清醒地认识到"人是战争胜负的决定性因素"这一战争胜负规则没有变，自主无人系统仍然是一种智能化的武器装备，其未来的使用必然是联合作战条件下有人-无人系统协同作战，所以自主无人系统发展的最终目标是人机协同、人机共融和人机共生，只有这样才能发挥自主无人系统的最大效用，也可避免自主无人系统的误用、滥用。

本书主要撰写分工如下：牛轶峰负责全书整体设计和统稿工作，并撰写第1章；喻煌超、徐婉莹主要负责撰写第2章；王菖主要负责撰写第3章；冷新宇主要负责撰写第4章和第5章；李杰负责撰写第6章。

在本书撰写期间，感谢军委科技委赵军委员，国防科技大学研究生院沈林成教授，外交部军控司计颢骏参赞，军事科学院国防科技创新研究院戴斌研究员，空军研究院吴利荣正高工，国防科技大学智能科学学院谢海斌教授、付浩副研究员、徐海军副教授、高明高工、马兆伟讲师、吴立珍副教授等同志提供的思路、观点、资料等。本书由立项到成书历时近8年时间，先后得到了国家安全重大基础研究计划项目，国家自然科学基金项目(61876187、61906203)，国防科技大学"领军人才培养计划"、"青年拔尖人才培养计划"和"卓越青年人才培养计划"等的支持,在此一并表示感谢。最后感谢每一位默默支持和关心作者成长的家人和朋友。

　　由于作者水平有限,书中难免存在疏漏或不足之处,欢迎广大读者批评指正。

作　者

2023 年 8 月 31 日

目　　录

第1章 自主无人系统的由来

无人系统设计突破了有人系统中人类生理及心理极限的制约,可形成有人系统难以达到的能力,承担有人系统无法完成的任务,可大幅减少人员伤亡,是夺取信息优势、实施精确打击的重要手段[1]。无人系统的出现将彻底颠覆传统作战样式,深刻改变战争制胜机理,并引发科技革命、装备革命和军事革命,已经成为国家间军事博弈的重要力量。而自主无人系统是近年出现的新兴概念,它从无人系统发展而来,除了无人系统的"平台无人、系统有人"之外,突出特点是"自主运行",逐渐成为无人系统的重要发展方向和典型代表[2,3]。本章主要综述自主无人系统的发展背景、发展现状及其带来的军控问题。

1.1 发 展 背 景

1.1.1 基本概念

1. 无人系统基本概念

1) 无人系统

无人系统(unmanned system, US)是由无人平台、任务载荷、指挥控制系统以及空-天-地信息网络组成的高度信息化系统[4,5]。无人平台是无人系统最主要的组成部分,是一种有动力但无机载(船载/车载)驾驶员、能自主控制或远距离遥控、可重复使用或一次性消耗、可携带致命或非致命任务载荷的平台。一般来说,无人系统不包括导弹、地雷、鱼雷、水雷等武器弹药及卫星[6-8]。

无人系统是机械化、自动化、信息化有机融合的产物,能够代替人执行危险的、枯燥的、恶劣的、纵深的(dangerous、dull、dirty、deep,4D)任务等[9]。其中,危险任务主要指对平台和机组成员具有高危险性的任务,如压制/摧毁敌防空系统(suppression/destruction of enemy air defense,SEAD/DEAD);枯燥任务主要指重复性或者持久性的任务,如情报监视与侦察(intelligence surveillance reconnaissance,ISR)、空中战斗巡逻(combat air patrol,CAP);恶劣任务主要指环境涉及核、生物、化学、放射性武器等污染区域的任务;纵深任务主要指超出有人系统作战半径,同时也超出了人的生理极限的任务,如渗透式侦察、纵深打击等。

与机械化、自动化、信息化相对应,目前无人系统正在向高能化、智能化、体系化方向发展，并逐步走向实战化[10]。无人系统平台人机分离，使得平台发展摆脱人的生理/心理限制，高能化成为先进无人平台发展的重要方向。高能化主要体现在平台的高隐身、超高速、超耐久、超机动、高适应、高承载，武器的高动能、高聚能和高释能，以及传感器的高分辨率、高精度和高集成等。智能化体现在无人系统要具备更高的认知智能、群体智能和人机混合智能，认知智能使得无人系统具备环境感知、态势理解和意图推断以及自学习能力；群体智能使得无人系统具备群体协作、任务自组织、自演化能力；人机混合智能使得无人系统实现由人机主仆协同、人机主从协同向人机对等协同转变。体系化主要体现在作战运用从独立使用向有人-无人协同和跨域集群使用方向发展，平台和体系结构由专用化、单一化向互操作、标准化(通用化、系列化、模块化)方向发展。

2) 无人作战系统

无人作战系统(unmanned combat system，UCS)是指携带执行作战任务载荷的军用无人系统，可定义为由无人平台、任务载荷、任务控制站以及测控与信息传输链路组成的综合化装备系统。无人作战系统是未来战争中夺取信息优势、实施精确打击、完成特殊作战任务的重要手段之一。在本书中，无人作战系统主要是指执行作战任务的军用无人系统。

3) 无人作战

恩格斯指出：人类以什么样的方式生产，就以什么样的方式作战。无人作战(unmanned combat，UC)通常是指人类运用各种无人作战系统开展的非现场、非直接和非接触式的作战活动[11,12]。无人作战系统走向战场，必将带来智能化战争形态的颠覆性变化。信息化战争催生了"网络中心战"，智能化战争催生出"认知中心战"、"决策中心战"等新的作战形态，呈现出"无人装备主战化、主战装备智能化、智能装备分布化、分布装备协同化"等发展态势，具有无人化、自主化、低成本、集群化、分布化等典型特征。

无人系统的发展催生出多种新型作战样式，正在深刻改变传统的战争制胜机理。目前，无人作战的主要样式包括"独狼战术"、"编队/僚机战术"、"集群战术"、"母舰战术"、"对抗战术"以及各种复合作战样式[10,13]。"独狼战术"是指单套无人系统独立作战使用，具备渗透式侦察/打击能力，可突破敌方严密防御体系，执行隐蔽抵近侦察、目标监视与跟踪、精确打击与评估等作战任务。"编队战术"是指多套中高端无人系统编组使用(类似有人系统编队)，包括多无人系统编队、无人-有人系统编队两种，执行协同目标搜索、定位、跟踪与攻击等复杂任务。其中无人-有人系统编队也可以称为"僚机战术"，无人系统承担"忠诚僚机"或"智慧僚机"角色，有人系统承担长机角色，无人系统遂行前出侦察/打击任务。"集群战术"是指几十上百套同类低成本/高性能无人系统像"蜂群/狼群"那样成群结队执行任务，在局部区域迅速集结形成大规模群兵力优势，大大削弱敌方区域拒止和防空反导能力。"母舰战术"是指母舰释放回收并控制大量小型无人系统的作战样式，搭载不同载荷执行各类作战任务，并大幅扩展无人系统作战范围。母舰可以是有人系统，也可以是无人系统。"对抗战术"包括反制敌方与防护己方的策略和手段，是促进无人系统攻防对抗能力螺旋式上升的有效途径。反制方面主要采用激光、微波、通信/卫星导航拒止等手段对敌方无人系统进行"侦-扰-控-毁"；防护方面重点保护己方的无人系统平台、航电、导航和链路等安全和有效。

无人作战并不意味着人类将是战争的旁观者或局外人，人仍然是战争的主导者，无人作战仍需"以人为主"，无人作战本质上是联合作战条件下的无人-有人协同作战。

4) 智能化和无人化的关系

党的十九大报告指出，"加快军事智能化发展，提高基于网络信息体系的联合作战能力、全域作战能力"；党的二十大报告进一步指出，"增加新域新质作战力量比重，加快无人智能作战力量发展"。军事智能化具有环境高复杂性、博弈强对抗性、响应高实时性、信息不完整性、边界不确定性、事关生与死等特性[14]，有别于传统的人工智能。军事智能化可以定义为：以军事需求为牵引，通过对以人工智能为核心的智能科技的研究与应用，全面提升智能化条件下军队作战能力的过程。其中，智能科技主要包括智能基础理论、共性技术、专用软硬件技术和集成应用技术等[15]。

智能化和无人化是两个不同的概念。无人化主要是指在原来有人系统中实现无人化改造，或者直接研发替代的无人系统；智能化主要是指对原有系统的智能化升级改造，既包括有人系统，也包括无人系统。因此，无人系统未必"智能"，智能系统未必"无人"，但是无人系统是智能化的天然优良载体，智能化是无人系统的重要发展方向，无人智能作战将是未来一种重要的作战样式。

2. 自主能力基本概念

1) 自主能力

自主能力(autonomy)是指在无需或最少人的干预的条件下，无人系统在不确定的对象和环境中，依赖自身的环境感知认知、信息判断处理、自主分析决策并自动生成优化的控制策略，智能地完成各种复杂任务，并且具有快速而有效的任务自适应能力[16,17]。自主是自动(automation)发展的高级阶段。自主与传统自动的区别就在于自动控制是基于数据驱动的，无人系统按照预定程序执行任务，没有环境感知与自主决策的能力；自主是基于信息，甚至是知识驱动的，无人系统根据任务需求自主完成"观察—判断—决策—行动"的动态过程，并能够通过感知和决策应对意外情形、新的任务并容忍一定程度的失败[18,19]。自主能力存在不同的等级划分方式。

2) 自主无人系统

自主无人系统是一种能观察、会思考、善决策、可协同,具有自学习、自进化能力的新一代无人系统[20,21],具备智能感知与认知、自主决策与规划、自主运行与控制、多平台协同与交互、自学习与自进化等能力,可以单独遂行或与其他有人-无人平台协同执行目标搜索、识别、定位、跟踪、干扰、打击、评估等作战任务。其主要特征:一是具备高度的自主性、灵活性和敏捷性,能够实现自主导航、态势认知、自主决策、博弈学习;二是具备高度智能化的指挥控制能力,将目前“人在回路中”(human-in-the-loop)的操纵控制提升至“人在回路上”(human-on-the-loop)的监督控制,操作员只需专注于战术决策和管理监视;三是在互联互通互操作的基础上,具备人机共融的互遵守、互理解和互信任能力,支撑无人系统之间、无人系统与有人系统之间无缝集成。

3) 自主和智能的关系

自主是系统行为能力的外在表现,而智能是系统处理能力的内在功能。自主强调的是一种不依赖于人的行为能力,智能强调的是系统完成某个行为的一个过程。从这个意义上,自主是智能系统发展的目标,而智能是实现自主的一种有效途径,智能是无人系统拥有自主能力的程度[22]。因此,智能系统不一定是自主系统(无人系统),有可能是有人系统,但自主系统特指具有一定智能程度的无人系统[23]。

3. 自主武器系统基本概念

1) 自主武器系统

自主武器系统(autonomous weapon system, AWS)是指无人系统在激活/启动之后,可以在不需要操作员干预的前提下选择、确定并实施目标打击任务的武器系统,包括完全自主的武器系统和人监督的自主武器系统[24,25]。人监督的自主武器系统由操作员控制武器系统的运行,但是在启动之后,可以在不受人干预的前提下确定并打击目标,区别在于是“人在回路中”还是“人在回路上”[26]。完全自主的武器系统是一种“人在回路外”(human-out-of-the-loop)的自主武器系统。此处的武器系统是指具备攻击能力的自主无人系统,不包括执行情报侦察监视等非攻击类任务的自主无人系统。

2) 自主无人武器系统

自主无人武器系统(autonomous unmanned weapon system, AUWS)是指不需要操作员干涉,能够自主选择目标并进行攻击的一类无人系统,不包括人监督的自主武器系统[27]。自主无人武器系统主要有三个特征:一是“无人化”,体现的是系统的平台无人特征;二是“自主性”,体现的是系统的自主运行特征;三是“攻击性",体现的是系统的攻击性武器特征。

自主无人武器系统和致命性自主无人武器系统(后文介绍)的主要区别在于"致命性"。两者同样是武器系统,但前者可能更强调"攻击性"而非致命性,结果可能是对人的局部损伤,如致残、致盲、致瘫等;而后者更强调"致命性",即可以直接夺取人的生命。

1.1.2　基本分类

无人系统可以按照使用空间域、使命任务、自主能力、控制权限、人机关系等维度进行类别划分。

1. 按照使用空间域划分

根据使用空间域,无人系统可分为无人机系统(unmanned aircraft system,UAS)、地面无人系统(unmanned ground system,UGS)、海上无人系统(unmanned maritime system,UMS),可以统一简写为 UxS。

1) 无人机系统

无人机系统包括固定翼无人机、旋翼无人机、垂直起降固定翼无人机、无人飞艇、临近空间无人飞行器等。无人机平台(unmanned aerial vehicle, UAV)是无人机系统的重要组成部分。

2) 地面无人系统

地面无人系统包括轮式无人系统、足式无人系统、履带式无人系统、轮/履/腿复合无人系统等。地面无人平台(unmanned ground vehicle, UGV)是地面无人系统的重要组成部分。

3) 海上无人系统

海上无人系统包括无人水面艇(unmanned surface vehicle,USV)、无人潜航器(又称无人水下航行器(unmanned underwater vehicle,UUV)),以及无人水下预置系统等。

此外,还包括各种跨域无人系统,如水陆两栖无人系统、跨介质无人飞行器(水空)、水陆空三栖以及多栖无人系统等。各域无人平台可统一记为 UxV。

2. 按照使命任务划分

按照使命任务,无人系统主要包括信息支援类、信息对抗类、火力打击类、特种作战类、综合保障类等任务类型。

1) 信息支援类无人系统

信息支援类无人系统主要执行战场地形、目标、水文、气象、信号等信息情报搜集,以及通信中继等支援任务,包括情报侦察监视、预警探测、地形/水文/气象探测、目标指示、毁伤评估、通信中继与信息组网等。

2) 信息对抗类无人系统

信息对抗类无人系统主要执行电磁空间、网络空间以及认知空间等对抗与攻击任务，包括电子侦察、电子干扰、电子攻击、电子防御、网络攻防、诱饵/欺骗以及心理战等。

3) 火力打击类无人系统

火力打击类无人系统主要执行对地、对海、对空以及对天等目标打击任务，包括时敏目标打击、纵深攻击、压制敌防空系统、反潜/反舰/反航母、反地雷/水雷、空中目标攻击、空战、防空反导等。

4) 特种作战类无人系统

特种作战类无人系统主要执行特定条件下的紧急任务，如反海盗/反恐、隐蔽侦察与定点清除、人员搜索与救援等。

5) 综合保障类无人系统

综合保障类无人系统主要执行恶劣环境下核生化/辐射和爆炸物等侦测与处理、物资运输、自主能源补给等任务。

3. 按照自主能力划分

无人系统自主能力可理解为在系统启动之后，在不受任何外部控制的前提下，在部分或所有运行区域长期运行的一种能力。然而，自主能力是一个柔性的概念，即"柔性自主"。美国将无人机自主控制水平根据"观察—判断—决策—行动"(observation-orientation-decision-action，OODA)划分为 11 个等级，见附录。本书认为，从自主能力来看，无人系统存在零自主、行为层自主、任务层自主、协同层自主乃至全自主的能力区别。

1) 零自主能力

零自主能力是指无人系统完全在人的控制下执行任务，相当于有人系统中的驾驶人员不在平台上操控，而是实现远程异地直接操控，可称为"遥操作"或远程遥控。

2) 行为层自主能力

行为层自主能力是指无人系统在恶劣天气、恶劣海况、复杂地形等复杂条件下自主行为控制能力，表现为环境自适应能力，是无人系统实现高层次自主的基础。

3) 任务层自主能力

任务层自主能力是指无人系统在对抗环境下执行复杂任务时的自主决策与控制能力，表现为任务自适应能力，是无人系统实现自主化作战的核心。

4) 协同层自主能力

协同层自主能力是指多个无人系统协同执行任务时的控制与决策能力，表现为多个无人系统协同能力，是无人系统实现有人-无人协同、无人系统集群作战的关键。

5) 全自主能力

全自主能力是指无人系统具备行为层自主能力、任务层自主能力、协同层自主能力等全部自主能力，且无需人的介入，从而实现环境自适应、策略自学习、任务自组织，达到或超过正常人的自主水平。

4. 按照控制权限划分

按照系统的组成，无人系统还包括运行中的操作人员、指挥控制人员和维修保障人员等。因此，根据无人系统运行过程中操作人员担任的角色，可以将无人系统分为人遥控、人协助、人委派、人监督、混合主动、全自主等六个控制层次的无人系统[16]。

1) 人遥控(人为主)

人遥控是指无人系统所有操作都由人直接控制，称为完全以人为主，对应的是零自主能力。

2) 人协助(人主机仆)

人协助是指无人系统在人工协助条件下可以自动执行任务，或者说无人系统可以辅助人执行某种行为(执行辅助)，但是没有人工协助条件下就无法行动，如车辆自动变速器等。

3) 人委派(人主机辅)

人委派是指无人系统可以在人指派任务时执行一定的控制活动，这种活动和人工操作是互斥的，属于较高程度的自动化，如自动飞行控制或者为人提供态势感知支持等，对应的是行为层自主能力。

4) 人监督(机主人辅)

人监督是指无人系统可以在人指导下执行各种活动，完成较高级别的任务决策、自主规划和行为控制，从人的角度来说是决策辅助，对应的是任务层自主能力。

5) 混合主动(互补互动)

混合主动是指无人系统和人都可以基于当前感知信息，启动相关的活动，人可以提醒无人系统，无人系统也可以提醒人或其他无人系统，互相监督对方的工作状态，实现任务的动态迁移，同时具备多种平台协同执行任务的能力，对应的是协同层自主能力(包含人机协同和机机协同)。

6) 全自主(机为主)

全自主是指无人系统不需要人的干预自主完成各种活动。

5. 按照人机关系划分

按照无人系统中操作员在选择和攻击目标时干预和监督的程度，无人系统可以划分为人在回路中、人在回路上和人在回路外等三种[28]。

1) 人在回路中(人在环内)

人在回路中是指无人系统在行动前需要由人来选择和攻击目标，其任务行动需要人实时控制，通常有遥控和"半自主"等。遥控即零自主，半自主可以对应行为层自主。目前美军"捕食者"和"死神"无人机即采用这种"半自主"控制模式，很多无人车也实现了"半自主"的控制模式。

2) 人在回路上(人在环上)

人在回路上是指无人系统在行动时可以自主选择和攻击目标，其任务行动是在人(操作员)的监督下进行的，操作员可以实时干预无人系统的行动，又称监督的自主。目前美军的 X-47B，以及"忠诚僚机"系列机型都拟采用这种控制模式。

3) 人在回路外(人在环外)

人在回路外是指无人系统能够在不受人干预、不与人交互的前提下自主选择和攻击目标，又称全自主。这种控制模式目前并不存在，一方面受限于人工智能和目标识别技术的发展水平，另一方面受到国际军备控制的影响，发展受限。

1.1.3 发展动因

随着科学技术的发展，无人系统在数量上不断攀升，其自主能力也不断得到提升。早在 2010 年，美国空军在研究新技术的基础上形成了"技术地平线"[29]，总结得出这样一个结论，认为自主系统将是其未来投资的"最大、唯一的主题"，并称自主性可使"能力得到最大限度的提升"。总体来说，无人系统先进的自主能力能够大幅度降低人机交互负荷，减小"人机比"，减轻对人在回路监督控制的依赖；能够大幅度减少通信带宽的需求，通过机上自主处理，降低对作战体系保障要求；能够大幅度提高无人系统对复杂战场环境的主动适应能力，缩短任务回路周期，提升无人系统在前线战场的实时快速响应和作战能力[6,17]。

1. 降低人力资源需求

无人系统的典型特征是"平台无人、系统有人、自主运行"，所以降低无人系统的人力资源需求，减轻人的工作负担是发展无人系统的自主能力的动因之一。利用自主能力，可以多种方式降低人力资源需求，如实现由目前多人控制一个无人系统("多人控一机")向一人控制多个无人系统("一人控多机")转变，由当前依赖大量情报分析人员向实现情报处理与分析自动化转变。随着自主能力的不断提高，无人系统将用于替代或扩大现有作战力量，因此降低整体人力资源需求同样也可以达到降低成本、提高效率的目的。

通过提高不同功能的自主能力，也可以降低操作员的整体工作负担，使得操作员不用时时刻刻盯着屏幕，可以有更多的时间专注于策略选择、目标确认、武器发射等关键决策。要实现由一位操作员操控多个无人系统，更需要操作员有效地进行注意力分配，使得其能够集中精力进行意外事件处理和应急管理，支持实现一人控制更多数量的无人系统，达到更低的人机比。人机比是指操作员数量与其控制无人系统数量之比，人机比数值越小，无人系统的自主能力越高，相应操作员需要在每个无人系统上花费的时间越少[30]。

目前，大多数无人机系统的不同任务功能都已达到较高的自主能力，包括自主起降、自主导航、自主飞行，甚至空中自主加受油等，因而其武器系统只需要人特定时间进行操作，而不需要不间断地操控。利用这种较高的自主能力，减少操作员的工作负荷，可以使操作员能够有更多的时间专注于作战任务决策。

2. 减少对数据链的依赖

无人系统的运行离不开在空-天-地信息网络支持下的测控与信息传输系统。因此，提高无人系统自主能力的第二个目标是减少在操控无人系统时对高速数据链的依赖程度，使无人系统在数据链信号强度降低、通信受限、受到干扰甚至无法通信(如洞穴、水下、通信拒止)情况下，仍然能够继续自主运行。

目前，无人系统完成的很多任务要求远程遥控，其无线通信网络也容易受到干扰、入侵、诱骗等影响，从而导致无人系统无法运行，或者被截获。数据链受到干扰时，无人系统的测控与信息传输也会受到极大影响。目前，成熟的黑客技术可以完全入侵不设防的无人系统，控制其相应的行为，甚至包括使无人系统发射武器。2011 年，美军的 RQ-170 "哨兵" 无人机在追击基地组织头目本·拉登任务过程中一战成名，但在年底却被伊朗成功 "诱骗" 降落[31]，据分析是研究人员利用 "伪" 全球定位系统(global positioning system，GPS)通信信号，来改变无人机系统的路径，使其降落在了错误的地点。即使当数据链没有受到干扰时，由于无线通信频率资源仍然存在带宽受限的问题，无人系统传感器获取的图像与视频等遥感信息在向下传输给控制站时受到影响。随着无人系统的列装数量不断上升，其获取的战场情报信息呈几何指数级增长，有限的可用带宽所带来的数据传输压力也将会不断增加。

提高无人系统自主能力将有效缓解这些问题，可以将获取的图像与视频信息在平台上进行预处理，提取出有用的可疑目标并将决策信息传输给控制站和操作员，按照数据链带宽的实时状态，决策信息传输的层级，实现按需即时的信息分发。值得一提的是，目标选择、武器发射等关键决策所需的信息是优先需要得到保障的，以便无人系统始终处于人的监督之下。

3. 提高复杂环境适应能力

随着智能化战争时代的到来，战争的速度节奏不断加快，复杂程度越来越高，信息处理量越来越大，已经使指挥与控制人员越来越难以承受。与计算机相比，人的处理能力有限(定量信息分析、决策速度、反应时间等)。无人系统在执行特定任务的态势响应速度、决策与规划性能高于人类，从而确保在强对抗环境中，较之敌手在能力上能够具有明显的优势。因此，提高无人系统自主能力也是弥补人的处理能力不足的有效途径之一。需要将控制站操作员的认知功能向无人系统迁移，使无人系统具备自主理解与决策能力。注意，目前无人系统的决策能力还依赖于人为其设置的成熟的判断、决策、推理等模型与算法。

另外，"人的因素"也是提高无人系统自主能力的一大原因[32]。人在执行任务时存在个体能力差异以及生理/心理限制，例如，人在长时间工作时可能出现疲劳、易于犯错、积极性下降等问题，并且感知与认知能力容易受到环境条件的影响。而无人系统作为一种机器，不存在个体差异，也不知疲倦，适合进行各种"枯燥的"任务。就目前而言，无人系统较之人类在性能上的优势，可能最适用于执行简单的重复性任务，如情报监视与侦察、空中战斗巡逻等，而不是执行需要复杂推理和决策的任务，如选择目标并攻击目标等。

随着自主能力的提升，无人系统将具备复杂环境高适应能力，能够针对各种意外事件做出快速有效的决策，从而大大缩短任务完成的回路周期，暂不考虑人的监督因素，将带来作战效能的极大跃升。

1.1.4 军事效用

无人系统的大量应用加速了现代战争由传统的"物理域"(海、陆、空、天)向"信息域"(网、电)、"认知域"和"社会域"等四域拓展，有力推动了军队建设向机械化、信息化和智能化的融合发展。物联网、智联网与脑联网将成为战争基石，物理域、信息域、认知域、社会域深度融合，将迎来智能泛在、万物互联、人机共融、全域协同、控网夺智的智能化战争[15,33,34]。

1. 优势特点

自主无人系统在军事应用上的主要优势体现在其所承担的"危险的"、"枯燥的"、"恶劣的"、"纵深的"任务等[10]。

一是不怕伤亡、无所恐惧，适合执行对机组成员具有高危险性的(dangerous)任务。自主无人系统没有生命，并且是"钢筋铁骨"，它在受到毁伤之后可通过更换零部件或补充生产的方式重新迅速地投入战斗，可大大减少人的生命损失；同时，它也没有人类的恐惧本能，不会因为对方力量的强大或战局的不利而惊慌失措、溃不成军，始终都能忠实地执行"控制程序"所赋予的各种任务，这对保持强大的战斗力是非常有利的。

二是不知疲倦，适合执行枯燥的(dull)任务，即重复性或者持久性的易疲劳任务。自主无人系统具有比有人操作的武器系统更长的耐力。由于光机电一体化和集成电路技术日臻成熟、可靠性大幅提高，自主无人系统无故障工作时间得以大大延长，只要设备工作正常，即可全天候高强度地连续执行作战任务而无须休息，这就使得自主无人系统能非常好地适应空中战斗巡逻、渗透式情报监视与侦察等需要长时间持续的战斗任务。

三是环境适应能力强，特别适合任务涉及核、生物、化学武器威胁等环境，即恶劣的(dirty)任务。自主无人系统对动能武器和热辐射武器有与生俱来的良好抵抗力，不怕有毒物质的侵袭，因此可以在核、生、化沾染区域畅行无阻，也可以用于解除简易爆炸装置(improvised explosive device，IED)。

四是持久性好，适合执行超越当前有人机/有人舰船等有人系统作战半径的纵深(deep)任务。目前，人类的探测领域向深空、深海和深地拓展，然而有人系统在达到这些领域面临着人体生理的巨大挑战。自主无人系统在沙漠、严寒、酷热、高空和极地等极端条件下，仍能保持自主正常操作。

因此，通常把自主无人系统适合执行的任务合并称为 4D 任务。

2. 军事影响

自主无人系统作为高新技术的产物，其发展与运用必将对未来军事实践产生巨大的影响[35]：

(1) 颠覆传统战争形态，催生新型作战样式。自主无人系统使战争由人之间的对抗转变为机器间的对抗，呈现"战场交锋无人、战争控制有人"的战争新形态，催生出"独狼"、"编队"、"集群"、"母舰"等新型作战样式。在一些高危岗位上，人员所占比重将显著降低，在一些特定环境和环节上，将实现一定意义上的"无人化"战争。最终使以往战场上单纯由人操作装备、人与人直接搏杀对抗的局面得以改变，继之以双方的"机器人 vs. 机器人"进行博弈，并产生"人 vs. 机"、"机 vs. 机"对抗等新型作战样式。战场上人与机器独立平行作业，协同作战和完成任务的情况将越来越普遍。

(2) 颠覆传统装备体系，深刻变革部队力量编成。自主无人系统可突破人类生理极限，具备更强能力、更高环境适应性，将颠覆传统装备体系，承担有人装备无法完成的任务，实现有人装备无法达成的能力。随着自主无人系统性能的提高及其使用数量的增多，未来大量的作战任务将由无人化装备来完成，从而将大量作战人员从战争中"解放"出来，催生"独立成军"、"插入式编成"、"单兵便携式"等多样式的部队力量编成，形成"人"与智能"机器人"混编的局面，即有人-无人编队(maned-unmanned teaming，MUM-T)，部队编制将可能更趋于小型化、多样化和复杂化，军队体制也将随之发生革命性的变化。

(3) 颠覆传统制敌手段，形成新的非核遏制战略威慑。具有革命性、颠覆性的新概念自主无人系统，如高度智能化的高空长航时无人机、高超声速/高机动无人平台、无人水下预置系统、微纳无人系统、跨域无人系统等，将成为影响战争胜负、对敌战略威慑的重要手段。另外，核威慑仍然是当前的一种主要战略威慑手段，但无人系统作战概念的不断创新将带来新的常规遏制手段。第二次世界大战(二战)初期，坦克由分散到集中使用带来了"闪电战"革新，形成了一种颠覆性的常规军事能力。无人系统集群的创新应用具备"分布运用、时域轮替、信息共享、分布杀伤、廉价高效"等特点，必将像坦克催生"闪电战"一样，形成新的非核遏制战略威慑，从而大大削弱对手区域拒止和防空反导能力。

(4) 模糊了战与非战的边界，容易造成人道主义灾难。自主无人系统将使未来战争实现从大规模到小规模再到"无人化"过渡。"无人化"战争既能降低战争的成本，更重要的是可减少己方人员伤亡，这样在发动战争时，面临的国内政治压力将大大减小，加之"无人化"作战样式灵活多变，多数情况下规模小、持续时间短、行动的目的有限等，属于"点对点"作战，从而使战争的爆发更加容易和频繁，并且战与非战的界限日趋模糊。然而，自主无人系统具有高度自主能力，可以对敌人自主发起攻击，"有如玩电子游戏一样夺走人的生命"。但是，当对方作战人员放下武器、停止抵抗而投降时，它很可能由于无法分辨对方人员的意图而滥杀无辜，这显然有悖于伦理。同时，自主无人系统的使用可能误伤平民，这更带来了人道主义灾难。如果把没有直接参与敌对行动的平民作为空袭目标，那么就有可能与规定了保护平民义务的国际人道法相抵触。

1.2 发 展 现 状

1.2.1 国外无人系统发展现状

在过去的 20 多年里，无人作战需求不断扩大，世界各国军队使用的空中/地面/水面/水下无人系统的数量急剧攀升。2001 年，美军拥有大约 50 个无人机系统；而到 2013 年，美军已拥有约 11000 个无人机系统和 12000 个地面无人系统。随着机器人技术和计算机技术的不断进步，自主能力越来越高的新无人系统的发展和使用得到了颠覆性变化，并逐步替代传统有人系统。就无人机系统而言，鉴于其能力和持久力均高于有人机，可降低有人机组人员的风险和成本，因此未来将会接管当前由有人机执行的大多数任务。2018 年，美军在《无人系统综合路线图(2017—2042)》中指出未来的重点发展方向包括互操作、自主能力、人机协同和网络安全。

1. 国外无人机系统发展现状

据不完全统计，当前有 30 多个国家正在研发或生产无人机系统，型号装备超过了 300 多种，各国纷纷组建无人机部队。美国是最早研制无人机的国家之一，无论在研制水平、技术成熟度，还是在装备的规模、数量、种类和实战经验上都居世界首位，特别是在四次局部战争中无人机表现突出，无人机发展得到高度重视[36]。据估计，已经装备的无人机有 20 余种，正在研制的无人机有 10 余种，初步形成了"大、中、小型"搭配、"高、中、低空"互补、"远、中、近程"结合、"战略、战役、战术"衔接，覆盖侦察监视、电子对抗、攻击作战、通信中继、运输保障等各层面的无人机装备体系。

1) 发展特点

无人机系统的发展现状可以总结为以下几个特点：

(1) 无人机系统正在代替有人机，成为情报监视与侦察任务的主力。情报监视与侦察任务是无人机系统的基本使命。目前，高空长航时无人侦察机 RQ-4A/B "全球鹰"已经成为美军主要战略侦察装备，自 2011 年至今，赴我国黄海、东海常态化侦察；海军版 MQ-4C "海神"已于 2017 年形成作战能力，成为 P-8A 海上巡逻机的补充；中空长航时无人机"苍鹭"是以军和印军的主要侦察装备；高隐身长航时 RQ-170 以及 RQ-180 "哨兵"等无人机可深入敌后，从事渗透式情报搜集与侦察任务；超近程便携式无人机"大乌鸦"已成为美军士兵的标准配置，数量近 10000 架。目前，一半以上的情报监视与侦察任务已由无人机系统完成。在不远的将来，几乎所有有人机参与的情报监视与侦察任务都可由无人机系统替代[8]。

(2) 无人机系统正在超越有人机，成为反恐作战的先锋。长航时察打一体无人机可以实现不间断空中战斗巡逻，大大缩短时敏目标打击时间，作战效能远超有人机。美军战术无人机 MQ-1 "捕食者"首次加装武器成为察打一体无人机，开创了无人机系统用于攻击作战的先河。升级版"捕食者-B"，即 MQ-9 "死神"作为反恐常备手段，具备超强的时敏目标打击能力。隐身"捕食者-C"，即 MQ-20 "复仇者"拓展任务能力，兼具电子情报搜集能力。据不完全统计，美国在巴基斯坦、也门、利比亚、索马里等地使用无人机击毙恐怖分子人数已达 3000 余人[37]。2018 年，美军退役全部 MQ-1 "捕食者"、MQ-9 "死神"无人机，到 21 世纪 20 年代中期将增至 568 架，将无人机作战编组增至 65 个，形成不间断空中战斗巡逻圈。

(3) 无人机系统正在颠覆有人机，成为有人系统的劲敌。未来战场环境对抗日趋激烈，有人机面临越来越多的挑战。而无人作战飞机具备高隐身、高机动、高智能和低成本等优势，可以自主或与有人战斗机协同遂行压制敌防空系统、纵深攻击、空战等高危任务。目前，美国已经完成对面攻击型无人作战飞机编队飞行、空中加油等一系列演示验证，正在开展空战型无人作战飞机的研究工作。2016年6月，美国辛辛那提大学研发的智能无人空战系统"阿尔法"(Alpha)战胜著名空军战术教官基纳·李上校，Alpha具备同时规避几十颗导弹、对多目标精准打击、通过观察记录学习敌方战术的能力。2017年3月，美国洛克希德·马丁公司与空军验证了基于F-16的"忠诚僚机"技术，具备自主任务规划、意外事件处置等能力，有望取代有人机僚机。2020年8月，美国苍鹭系统公司智能空战算法以5∶0击败了美空军F-16战斗机飞行员。

(4) 新概念无人机不断突破极限，成为未来战场的尖兵。高超声速、高机动等无人机突破人的生理耐受极限，在战场对抗中将占尽先机，实现"极速即隐身"。SR-72"临界鹰"无人机可在机场水平起降，在高度25~30km以速度6马赫巡航，采用并联式涡轮基组合循环(turbine-based combined cycle，TBCC)动力装置，航程约4800km，可实现高超声速条件下的侦察打击一体化。无需能源补给，可长时间滞空飞行在空气稀薄的临近空间的太阳能无人机成为持久执行对地高分辨观测任务的"天眼"，真正成为"大气层中的卫星"。波音/英国QinetiQ公司提出的"太阳鹰"(solar eagle)方案目标是在空中连续飞行5年而不用落地。英国BAE公司的"PHASA-35"可在21km的高空最多飞行20个月，将于2025年投入使用。具备垂直起降、能够跨介质(空/陆/海)运行的各种变结构无人机将成为未来战场的"利器"。2018年，美国贝尔公司展示了V-247"警惕"倾转旋翼无人机，巡航速度达444km/h，内部载荷0.9t，挂载达4t，可以承担综合防空、电子战、空中预警和精确打击任务。2021年，美国洛克希德·马丁公司发布了V-Bat 128垂直起降尾座式固定翼无人机，具备在GPS拒止条件下自主和集群任务能力。

2) 发展动向

当前，以美国为首的世界军用无人机系统发展已从单纯的侦察、监视和战场评估向具备打击能力的信息化作战节点方向发展[38,39]，主要呈现以下几方面发展动向：

(1) 无人机的首要任务仍然是执行持久的情报监视与侦察任务，用于侦察与监视的高空长航时无人机仍是重要的发展方向。从当前世界各国的发展看，无人机的应用仍然是以信息支援为主，各军事大国均在发展中小型无人机的基础上，向新技术更密集、作战效率更高、覆盖面积更大、生存力更强的隐身高空长航时无人机方向发展。同时，小型长航时无人机由于操作简便灵活、具有较强的机动性能和低空飞行优势，受到越来越多的关注。

(2) 由安全空域/弱对抗条件执行察打一体任务向在高威胁环境下遂行主流作战任务发展。美军在"9·11"事件后发动的反恐战争中，察打一体系列无人机在定点清除作战行动中发挥了重要作用，但到目前为止主要在安全空域/弱对抗条件下使用。以此为基础，世界各国都在大力发展具有良好隐身性能、可在高威胁环境下担负主流作战任务的无人作战飞机。无人作战飞机的研制成功和逐步应用，将对未来作战理论、编制体制和作战样式产生深远影响。美国空军科学顾问委员会指出"不久的将来，无人作战飞机将有可能成为 21 世纪空中作战的主导力量"。目前，美国的 X-47B、欧洲的"神经元"、英国的"雷神"、中国的"利剑"、俄罗斯的"猎人-B"先后已经完成首飞，正在向具备空战能力方向发展。

(3) 以发展通用平台为重点，向更高自主能力、模块化、网络化、开放式结构发展。美国先后研制的无人机多达上百种，但正式装备部队且得到广泛应用的仅 20 多种。随着技术发展，不断完善通用平台，实现平台系列化、载荷模块化、控制站通用化，使之具备更高自主能力、开放式结构和网络系统。美军在 MQ-1 "捕食者"的基础上，衍生了 MQ-1C "灰鹰"(陆军版)，发展了载荷更大、升限更高、操作更为便捷的"捕食者-B"系列无人机，包括 MQ-9A "死神"(空军版)、MQ-9B "天空卫士"(海外版)两型，并发展了"捕食者-C"，即 MQ-20 "复仇者"(隐身化)[40]。以"捕食者"系列无人机为基础，制定了中型无人机长期发展计划：首先实现网络化、半自主、全天候和模块化能力；在此基础上实现空中压制、空中封锁、空中受油、协同攻击和集群作战等多种能力；最后实现防空作战、反导作战和战略攻击等能力，并向"下一代多用途无人机"(MQ-Next)发展。基于 RQ-4 "全球鹰"，制定了大型无人机长期发展计划，向长航时、隐身化、网络化、在线处理发展。

(4) 从独立使用向有人-无人协同、多无人机集群使用发展。面对日益严酷的战场环境，世界军事强国正积极探索无人机与有人机之间的协同作战能力，以实现编队角色互补，进一步提高作战效能，如美国空军"忠诚僚机"项目已经实现 F-16 武装无人机与有人机的协同作战试验验证；美国波音公司 2020 年 5 月交付的空中力量编组(airpower teaming system，ATS)无人机，已明确可与战斗机、预警机、电子战飞机协同作战，于 2022 年被澳大利亚空军命名为 MQ-28A "幽灵蝙蝠"；美国空军 XQ-58A "女武神"无人机与 F-22 战斗机、F-35A 战斗机在亚利桑那州尤马试验场进行首次编队飞行。美军高度重视无人机集群技术发展，美空军"山鹑"无人机蜂群完成了 103 架规模无人机集群飞行，海军低成本无人机集群技术(low-cost UAV swarming technology，LOCUST)项目完成了 30 架"郊狼"无人机蜂群编队试验，美国国防部高级研究计划局(Defense Advanced Research Projects Agency，DARPA)X-61A "小精灵"也开展了各种试验，基本具备了飞行中信息交互与相互感知、相互寻找与组队、自主防撞与规避等能力，正在开展基于 C-130 飞机的空中回收多架 X-61A 无人机验证。DARPA 启动了"进攻性蜂群使能战术(Offensive Swarm-enabled Tactics，OFFSET)"项目，2021 年底完成了现场综合试验(FX-6)，使用了多达 300 个背包大小地面无人车、多旋翼和固定翼无人机组成的异构蜂群，协同完成了既定任务。

(5) 任务空间从传统的航空领域向临近空间、空间领域拓展。临近空间/空天无人机已成为各国推进军事力量向天拓展、夺取空天优势的重要举措。以美国为例，为实现"全球快速到达"战略构想，先后实施了一系列技术探索与演示验证，如2010年首飞的X-51A"乘波者"(超燃冲压发动机演示器)、HTV-2"猎鹰"(高超声速飞行器)、SR-72"临界鹰"(高空高超声速作战飞机)、X-37B(可重复使用空天往返无人飞行器)等[41,42]，一旦形成任务能力，作战空间将从传统的航空空间逐步向临近空间、空间等战略制高点发展，实现真正意义上的全球快速到达、快速侦察和快速打击的空天一体作战能力。

2. 国外地面无人系统发展现状

美国是最早研制地面无人作战系统并在实战中成功运用的国家。美军认为地面无人系统将重点在以下五个方面提高部队的作战能力：一是增强态势感知能力；二是有效降低士兵负载；三是改进后勤保障能力；四是提升战场机动能力；五是保护士兵远离危险[7,43]。

美军地面无人系统领域发展主要呈现以下几方面特点：

(1) 注重平台的标准化、模块化设计，着力发展"一型多用"标准平台。美军目前装备的上万套不同型号的小型侦察排爆机器人带来了沉重的维护保养负担。2014年底，美国陆军宣布希望能将现有的多款地面无人平台整合成单一平台以降低维护成本。为此美军正采用"统一基型平台+模块化载荷"设计理念，研发测试通用机器人系统(common robotic system, CRS)和便携式机器人系统(manual transport robotic system, MTRS)。统一基型平台将支持使用统一的控制器，美军计划将这种控制器既用于控制地面无人平台也可用于控制空中无人平台。

(2) 按照遥控、半自主、自主式的技术路线逐步推进。地面无人平台在越野环境下的自主通行能力是地面无人系统最基础也最重要的能力。然而，目前制约该能力的技术瓶颈并未取得实质性突破。受限于全自主越野能力的瓶颈，美军目前并没有急于将无人作战坦克等大型地面无人装备作为地面陆军主战装备，而是重点发展侦察排爆、伴随保障等轻小型无人平台以及主从式编队运输、机器人"僚机"等轻小型半自主无人平台。

(3) 重视实战化测试，利用士兵反馈指导无人系统研发。虽然美国"大狗"机器人因其优越的平衡能力受到世人瞩目，但由于在运动中噪声过大、产生损坏难以维修等原因，2015年底美军对其测试之后做出了暂时不予采购的决定。与之相对，2016年7月美国陆军在PACMAN-I演习中测试了多用途无人战术运输系统(multi-utility tactical transport, MUTT)，士兵用一只手就可以很好地控制MUTT。该型装备已成为美国陆军和海军陆战队下一步批量采购的装备。

3. 国外水面无人系统发展现状

世界各国在研和投入使用的各种无人水面艇已有 70 余型, 其中美国、以色列研制的 8 型无人水面艇已交付军方使用[44]。国外无人水面艇发展主要呈现以下几个特点:

(1) 平台以中型为主, 具有模块化、系列化特征, 向大型化发展。着眼于水面侦察、搜索和浅海精确打击等作战任务, 前期国外发展的无人水面艇吨位大多在 10t 以内, 通过搭载不同载荷执行各种单一作战任务。随着作战模式的拓展, 无人水面艇的续航能力、生存能力、大载荷承载能力、小型水中无人装备搭载能力等面临新的挑战, 而大排水量无人水面艇可以很好地满足这些挑战。

(2) 自主化程度进步快, 向全自主方向迈进。目前研制完成的无人水面艇, 大多采用半自主加遥控方式操作, 部分型号具备了预编程情况下的自主航行能力和主动避障能力; 最近研制的 "海上猎手" (sea hunter) 大型无人水面艇目标是实现全自主航行能力, 可在无人维护的条件下长期部署。

(3) 作战样式由独立使用向集群化协同拓展。随着使命任务由警戒、侦察等辅助任务逐步拓展至反潜、反水雷等作战领域, 多无人水面艇集群及其与水中无人系统协同作战已成为重要发展方向, 2014 年和 2015 年美海军完成了无人水面艇集群协同作战测试。2022 年 5 月, 美国海军太平洋舰队成立了无人水面艇第一师, 开展海上猎手 "海鹰" 无人水面艇的作战试验。

4. 国外水下无人系统发展现状

以美国为代表的西方国家已研制出型号齐全、种类丰富、作战应用能力突出的水下无人航行器系统。美国海军发布的 2000 版无人潜航器主计划[45], 依据排水量将无人潜航器分为便携式、轻型、重型和大型等四类。近年来, 加大了多无人潜航器集群编队及其组网协同方面的研究。

无人潜航器的发展主要呈现以下几方面特点:

(1) 平台种类齐全、数量众多、型谱体系完备。已经装备和正在研制的无人潜航器有数十种, 排水量级别覆盖了几十千克级 ("蓝鳍-9"、"斯洛克姆" 水下滑翔机) 到 10 吨级 (大排量无人潜航器 (large diameter unmanned underwater vehicle, LDUUV)), 甚至更大, 基本上形成了种类齐全、任务全覆盖的装备体系。

(2) 自主能力强, 已呈现智能化特征, 具备群体协同能力。美国研制的 "蓝鳍-21"、"斯洛克姆" 水下滑翔机, "海马"、REMUS6000 等无人潜航器都具备水下自主航行能力。正在研发的 "深海水下作战系统" 可将 40 个深海航行器进行组网探测, 具有广域探潜能力。"先进水下武器系统" 由大排量无人潜航器携带 8 对被动声呐和 4 枚轻型鱼雷, 到达作战区域后部署水声传感器形成探测网络, 发现潜艇和水面舰艇目标即可发起攻击。

(3) 作战任务多样化,具备任务重构能力。目前各型无人潜航器可执行水下侦察、情报收集等,通过更换载荷后,即可执行反潜、反水雷等对抗型的任务,实现了任务的多样化。通过多无人潜航器集群组网,具备任务重构能力,如"持续濒海水下监视系统"(PLUSNet)由多个固定式、移动式传感器节点和通信节点组成,具备任务重构和协同执行任务能力,如监视敌方潜艇活动、管控特定水下区域。

(4) 单平台、集群系统的试验验证、实战化部署和应用经验丰富,例如,2003年 REMUS 在"自由伊拉克行动"中用于乌姆盖斯尔港口航道的反水雷应用,2014年"蓝鳍-21"在"马航飞机失事"事件中的应用,2016 年"斯洛克姆 G2"水下滑翔机在中国南海执行海水测绘任务被中国海军拦截捕获。2018 年在北约水下研究中心的组织下,由美国和欧洲多家研究机构在意大利海滨开展多水中无人系统协同反潜作战试验。

1.2.2　国外无人系统发展趋势

2020 年以来,国外军用无人系统在现役装备能力提升、新研型号装备发展、新概念平台推进、新技术应用等方面取得极大突破。随着军用无人系统技术在世界范围持续扩散,无人机在中东等低对抗战场环境大量使用,极大地变革了军事作战样式,加快了实战化步伐,加速了无人化战争的到来。2020 年,美军 MQ-9"死神"无人机发射 AGM-114"地狱火"导弹命中苏莱曼尼车队对其成功实施"斩首行动"。2 月,土耳其军队在叙利亚西北部的伊德利卜省发起"春天之盾"军事行动,出动大批无人机,重创叙政府军地面部队,直接影响了伊德利卜地区战局。9 月,在纳卡冲突中,阿塞拜疆方面通过组织大量无人机引导己方火力打击或是直接打击敌方重要目标,起到了令人瞩目的效果。美军发布的《机器人与自主系统战略》中明确提出 2030 年前在自主无人系统领域重点发展三大能力:先进自主系统、人机协同、集群作战[46]。

1. 无人系统发展趋势

无人系统正在从早期的有人作战平台无人化改造,逐步向突破人类生理/心理极限新研无人作战平台方向发展,无人作战系统的发展呈现出高能化、智能化、体系化等趋势。

(1) 无人平台向高能化方向发展。无人系统人机分离,使得无人平台发展摆脱人的限制,高能化成为高端无人平台发展的重要方向,主要体现在:平台的高隐身、超高速、超耐久、超机动、高适应、高承载等,实现跑得更远、跑得更快、跑得更久、生存能力更强;武器的高动能、高聚能和高释能,实现打得更远、打得更准；传感器的高分辨率、高精度和高集成，实现看得更远、看得更清楚。例如，RQ-170"哨兵"无人机采用飞翼布局，重 3865kg，雷达散射截面(radar cross section, RCS)仅 0.01m^2；SR-72 高超声速飞行器，巡航速度 6 马赫，航程约 4800km；Solara 太阳能无人机可以在 19.8km 高空飞行数周；制空型无人战机的最大过载可以达到 18g，远大于现役有人机的 9g；"鹰鳐"跨介质飞行器，可在空中、水面、水下航行；Phantom Eye 无人机重达 4.4t，可在 19.8km 的高空持续飞行 4 天。

(2) 功能定位由保障装备向主战装备发展。无人装备主战化、主战装备智能化。传统无人装备主要执行情报监视与侦察任务。但是，高危险的战场环境和实时化的作战需求，迫切需要可用于直接参战的无人装备，对战场时敏目标实施精确打击，这将使得无人装备不断增强战斗功能，成为战场打击的重要手段。

(3) 控制方式由遥控/程控向智能自主发展。当前无人系统的控制方式主要以遥控和预编程控制为主，自主决策能力还比较低。随着无人系统智能化水平的提高，无人系统将具备在高度不确定、高对抗、复杂战场环境下自主/协同遂行多样化作战任务的能力，具有较强的学习能力，逐步实现从自动"执行"任务向自主"完成"任务转变。

(4) 任务能力由单一任务向多种任务发展。随着无人系统标准化技术发展，无人装备的一种平台可根据任务需要配置不同载荷、执行多种作战任务，形成"一型多能、一型多用"的通用型多用途无人作战系统。美国研发的 Manta 试验平台，配置有水面侦察的光电成像、电子侦测设备、水下侦察的微小型航行器以及执行攻击任务的鱼雷，可实现水面/水下侦察、攻击等多种使命任务一体化。

(5) 作战运用由独立使用向有人-无人协同和跨域集群使用方向发展。目前单无人装备独立执行任务的运用模式，已不能适应强对抗环境。近年来美国已开始研究将多种类型的无人装备与有人作战系统组成体系化的作战编队，使之形成功能互补、协同作战的有机整体，从而有效提高整体作战效能。同时，美军正大力发展无人集群技术，并实现空地海一体化协同作战，以提升其防御、火力、精确打击，以及情报侦察监视能力。特别是反潜、时敏目标打击等特殊的作战任务促进了无人装备的集群作战、有人-无人协同作战的发展。

(6) 体系结构由专用化、单一化向互操作、标准化方向发展。互操作技术是无人作战系统的协同作战的基础，包括同军种内同一类型/不同类型无人作战系统的互操作、联合作战系统的互操作、军用系统和民用系统的互操作以及本国和他国无人作战系统的互操作等多个层次。为实现这一目标，美军制定了详尽的互操作指南来规范指导未来无人系统的研发。北约于 2017 年 4 月发布的第四版互操作指南(STANAG4586)，又称面向北约无人平台互操作性的无人平台控制系统标准化接口(standard interfaces of UA control system (UCS) for NATO UA[①]interoperability)详细规定了平台、载荷、控制器、无线通信等设备的机械、电气和通信接口，促进了无人装备的模块化设计，且便于对装备的全寿命保养维护。

2. 自主技术发展趋势

当前无人系统自主技术涉及自主系统框架、感知与认知、规划与决策、自主学习等，其主要发展趋势如下：

(1) 系统框架逐步向开放式、分布式发展，具备跨域自主无人系统、自主无人系统与有人系统之间的"互理解、互遵守、互信任"能力。

(2) 智能感知加速由环境感知向态势认知发展，实现对复杂战场环境的态势理解与行为认知，拨开战场"迷雾"，形成透明战场。

(3) 规划决策呈现群策型、智能化、博弈化发展趋势，实现在强对抗条件下行为意图推理、自主任务分配、智能决策与规划能力。

(4) 系统智能由人工编程走向自主发育，具备自学习和自进化能力，有效提升自主无人系统在不确定环境、不完整信息、强对抗条件下的感知、决策、规划与控制能力。

(5) 有人-无人协同技术由"忠诚僚机"式的主从协同逐步向对等式的自主协同方向发展，逐步形成混合编队协同作战能力。

(6) 无人系统集群技术正在由集中式、预编程向无中心化、自主化、自治化的方向发展，逐步实现群体感知、群体认知和群体决策能力。

3. 自主无人系统发展重点

目前，无人系统环境适应能力还不够强，在一定程度上仍然需要人来控制。但是，无人系统的一个主要方向是可在不需要人干预的前提下自主决策，并对意外事件做出反应的自主无人系统。很多自主能力相关研究项目的终极目标是使操作员只需向无人系统下达任务目标，无人系统便能够自主地实现目标，甚至可能通过多无人系统的自主协同和信息共享来实现目标。

1) 主要挑战

然而，受限于当前人工智能、模式识别与机器学习的水平，无人系统仍然无法实现自主的目标识别，无法自主实现可靠地执行给定的作战任务，其主要技术挑战在于[47]：

(1) 无人系统在目标获取、识别、跟踪、选择和攻击方面存在困难，难以满

---

① NATO 指北大西洋公约组织，简称北约，NATO UA 指北约无人机平台。

足区分、比例、预防等原则。

(2) 自主能力的实现依赖模糊逻辑、神经网络、机器学习等人工智能技术，导致其可解释性、可预测性、可干预性欠佳。

(3) 自主无人系统面对故障、意外的能力不足以及易受攻击和欺骗，导致其可靠性降低。

2) 发展重点

针对自主无人系统的发展，主要应集中在自主能力的提高和自主能力的测试评估两个方面：

(1) 高智能自主无人系统技术。高智能自主无人系统技术主要实现在对抗复杂环境下具备能观察、会思考、善决策、可协同、自学习、自进化等自主能力，支持无人系统"感知、理解、学习、决策、行动"高效和智慧作战，并通过持续应用反馈迭代，使作战效率和灵活性实现颠覆性增强。首先实现在理解感知、规划决策、自主学习与控制、智能导航等方面的基础理论和关键技术的突破，使无人系统具备更高的信息处理能力、机载决策能力和任务执行能力，并牵引体系、协同、平台、载荷等领域技术的发展，在此基础上发展能有机融入作战系统的高智能自主无人系统。重点突破高动态复杂环境感知、智能自主导航、传感器信息智能处理、强对抗条件下任务规划与决策、自主学习与进化等关键技术。

(2) 自主无人系统能力测试与验证。如何评价无人系统的能力，是无人系统的重要研究方向之一：一方面可以指导无人系统装备的设计、研发及改进；另一方面，可以指导其作战应用，充分发挥其效能。无人系统能力评估系统还处在发展阶段：一方面亟须厘清智能概念和内涵，剖析影响因素；另一方面亟须建立各类无人系统自主性能指标的评估系统，甚至通用的评估系统。立足于地面、空中和海上各类无人系统装备技术特点和应用需求，开展涉及其无人系统能力测试与评估指标体系以及模型体系框架设计等研究，建立无人系统能力试验评估系统，为未来无人系统智能等级测试提供技术支撑。重点突破无人系统自主协同能力评估指标体系及模型、无人系统协同仿真模型平行系统技术、虚实结合的多域无人系统综合试验验证评估环境。

1.3　无人系统军控问题

军备控制(arms control)是指对武器及其相关设施、相关活动或者相关人员进行约束的行为[48]。就目前而言，凡用于发射武器的无人系统，其特定的打击目标的选择和发射武器的决策仍然是由人而不是机器来决定的。但是，无人系统的许多功能都已经实现自动化甚至自主化，并且委派给了无人系统携带的传感器和计算机辅助系统。例如，许多无人机系统配备了自主起降、自主导航、目标获取以及诸如数据链丢失等正常和意外事件响应的自动化系统。从理论上来讲，无人系统距离没有人干预前提下实现自主武器发射只有一步之遥，但是为了实现这一步的跨越，必须进一步依靠科学技术提高自主能力，并解决法律与道德等方面的问题。由于无人系统自主发射武器涉及"机器是否能够杀人"等伦理问题，这必然也是军备控制所要关心的一项重要议题。

1.3.1 自主武器系统分类

如前所述，自主武器系统实际上是指一类完全自主的致命性的武器系统[49,50]。按照作战对象，自主武器系统可分为以来袭武器为目标的防御性武器系统，如美国的反火箭/火炮/迫击炮系统以及"宙斯盾"舰载防空反导系统上的"密集阵"系统，这一类本质上属于高度自动化的武器。如图 1-1(a)所示，"密集阵"近程防御系统装有一门 M61 火神机关炮，有着高达每分钟 4500 发炮弹的射速。更受人关注的是以人(或载人平台)为对象的进攻性武器系统，如韩国"哨兵"(SGR-1)机器人部署在朝韩边境，如图 1-1(b)所示，有一个自主攻击模式，可用于探察、警告进入非军事区韩方一侧的人或物体并予以压制性火力打击。

(a) 美军"密集阵"近程防御系统　　　　(b) 韩国"哨兵"(SGR-1)机器人

图 1-1　典型的自主武器系统

按照平台移动能力，自主武器系统可分为固定式自主武器系统和移动式自主武器系统。当前，固定式自主武器系统在某种程度上已经达到了很高的自主程度，包括上述美韩等很多国家都使用具有自主模式的武器系统，用于防止舰艇或地面设施受到来自空中、海上、地面的威胁，如火箭、炮弹、飞机及人员等。这些自主武器系统可以在不需要人干预的前提下，选择并打击目标，同时人可以干预和控制这些系统。但总体来说，固定式自主武器系统目前的使用范围较窄，其中包括在地形较为简单的低干扰环境中打击特定目标。相对应地，移动式自主武器系统就不存在使用场地和条件的限制，在军事作战行动中的应用十分广泛。随着开发人员不断提高自主武器系统的任务领域，在复杂电磁等作战环境下应用自主能力将面临更大的挑战。

　　按照依托平台，参考无人系统的分类，自主武器系统可分为空中/临近空间、地面、水面/水下的自主武器系统等三类。自 2011 年以来，先进隐身智能的无人战机，包括已经完成航母起降和空中加油的美国 X-47B、欧洲的"神经元"、英国的"雷神"、中国的"利剑"(即"攻击-11")，以及俄罗斯的"猎人-B"等，如图 1-2 所示。如果实现全自主控制，同时又不需要人的干预，就有可能被归入这一类武器系统中。

(a) X-47B　　　　　　　　　　　(b) "神经元"

(c) "雷神"　　　　　　　　　　(d) "利剑"

(e) "猎人-B"

图 1-2　先进作战型无人机

目前，世界各军事强国的地面无人战车、水面无人战舰、水下无人攻击潜航器等也正处于快速发展阶段，自主能力也不断得到提升，未来也会逐渐进入自主武器系统军控的视野。

1.3.2 自主武器系统军控利益攸关方

1. 国际政府组织

国际社会关于无人/自主武器系统军控问题的讨论主要由联合国人权理事会、联合国裁军事务厅(United Nations Office for Disarmament Affairs，UNODA)、红十字国际委员会(International Committee of the Red Cross，ICRC)、国际机器人武器控制委员会(International Committee for Robot Arms Control)等机构主导。在《特定常规武器公约》(Convention on Certain Conventional Weapons，CCW)框架下召开针对致命性自主武器系统(lethal autonomous weapon system，LAWS)/自主机器人杀手(lethal autonomous robot，LAR)的年度讨论[51-55]。同时，国际人工智能相关学术组织也对智能化在自主无人武器系统中的应用极为关切。

早在 2013 年 4 月，联合国人权理事会特别报告员克里斯托夫·海因斯提交了一份关于自主机器人杀手的调查报告，开始呼吁各国暂停相关技术的研发[56]。2014 年 3 月，红十字国际委员会在日内瓦召开自主武器系统——技术、军事、法律和人道主义专家会议[25]，就现状和政策展开研讨，中、美、俄、英、法等 21 国参加。大会认为，目前并不存在完全自主的无人武器系统，将来也不允许有，全自主的致命性武器系统发展必须受到制约。

2014 年 5 月，CCW 缔约国(目前 117 个)在日内瓦召开第一次 LAWS 会议，进一步提出了 LAWS 的概念，强调了自主武器系统的"致命性"特征[57-61]。随后在 2015 年 4 月、2016 年 4 月、2017 年 11 月、2018 年 8 月至今先后多次召开会议，后来专门成立政府专家组，讨论是否将 LAWS 作为像地雷、燃烧弹、集束弹药和致盲激光一类武器写入 CCW，以约束相关技术的研发力度。CCW 关于 LAWS 谈论分析见表 1-1。2018 年 8 月，大会推出了《致命性自主武器系统议定书》(草案)，但并未就此达成一致。

表 1-1 CCW 关于 LAWS 谈论分析[62]

	技术	伦理	法律	安全
焦点	LAWS 定义； 研究现状； 特点； 自主性； 局限性	生死决定权； 人机关系； 公共良知； 法律与道德关系	国际人道法； 马斯顿条款； 国际人权法； 问责空白； 武器装备审查； 透明度	军事应用； 驱动因素； 战略稳定性； 扩散风险

续表

	技术	伦理	法律	安全
共识	LAWS 军控不应当妨碍民用人工智能技术创新	不应当将生死决定权让渡给机器	国际人道法依旧适用于 LAWS	发展、生产和部署 LAWS 的责任在于国家和指挥官
分歧	目前是否应当制定以及如何制定 LAWS 的可行定义；强人工智能是否以及何时能够到来	机器是否可能成为道德主体；机器人是人类工具还是智能体	是否需要除国际人道法之外的额外监管	LAWS 对军事领域产生的影响利大于弊还是弊大于利；预防性禁止还是暂时放任甚至鼓励 LAWS 的发展
趋势	近期可能制定一个各方都能基本接受的 LAWS 工作定义	探索将人类伦理道德嵌入自主系统的可能性与方法	近期可能建立一个 LAWS 武器法律审查机制	近期可能拟定一项政治宣言或法律文书，建议各国暂停部署 LAWS

2. 国际学术组织

2014 年，特斯拉公司首席执行官埃隆·马斯克(Elon Musk)警告说，人工智能(artificial intelligence, AI)有可能"比核武器更危险"；而霍金在 2014 年 12 月说，人工智能可能会终结人类，但它也是双刃剑，人工智能也可以帮助治愈癌症及减缓全球变暖。2017 年 11 月，在超过 70 个国家的代表出席的 CCW 大会上，伯克利大学教授斯图尔特·罗素展示了一段视频：比巴掌还小的微型无人机可以通过人脸定位进行自杀性攻击，进一步引起国际社会对"杀手机器人"的关注。

2017 年 8 月，在墨尔本举行的国际人工智能联合会议(International Joint Conference on Artificial Intelligence，IJCAI)上，来自 26 个国家的 116 位机器人和人工智能公司创始人呼吁联合国禁止 LAWS 的使用。2018 年 7 月，在斯德哥尔摩召开的 IJCAI 上，来自 90 多个国家 160 多家人工智能企业或机构的 2400 名学者共同签署了《禁止致命性自主武器宣言》，签署者包括"敲响了人工智能警钟"的特斯拉首席执行官埃隆·马斯克、DeepMind 的三位共同创始人等，签署者宣誓不参与 LAWS 的开发和研制，并希望促进立法者颁布正式的国际协议，是迄今为止对"杀手机器人"最大规模的一次联合发声。

2018 年 4 月，中国人工智能学者周志华、深度学习之父 Geoff Hinton 等 30 多个国家 50 多名学者联名抵制韩国科学技术院(Korea Advanced Institute of Science and Technology，KAIST)研发"杀手机器人"，学者担心，KAIST 研发自主武器将会加速人工智能军备竞赛，像这样的技术可能导致更大规模的战争加速到来。同月，美国谷歌公司的 3100 名员工要求该公司退出美国国防部人工智能军事项目——Maven 计划，要求公司承诺永不参与研发任何智能战争科技。

3. 主要国家军控态度

美英等国家将 LAWS 限定为"未来的、目前还不存在的武器系统",并认为当前的自主武器系统都依赖于"人类控制和判断",能够遵守当前国际法,不应受到限制。

美国一方面积极发展自主武器系统,另一方面制定了相关的政策来确保自主武器系统的发展和使用符合有关法律,并宣扬自主技术研究和使用的合法性,存在借机抑制其他国家自主技术发展,夺取"自主无人武器系统"管制主导权的企图。政策上,早在 2012 年 11 月,美国国防部就发布了第 3000.09 指令《武器系统的自主性》[26],用以规范自主武器系统的研发、训练、部署和作战使用,并在 2023 年 1 月进行了更新,允许设计人员和操作人员使用相关的人工智能技术,以提高武器系统的智能化水平和自主能力,但是要求所有的这些自主技术在新系统中使用要经过全面的测试与审查。2014 年提出的"第三次抵消战略"的核心就是能在反介入/区域拒止条件下使用的自主无人系统等装备,并将重点放在人工智能和机器学习上,提出要将学习机、人机合作、辅助人类行动、高级人机作战编队、网络赋能的自主武器等作为"关键催化剂"。美军认为,利用人工智能和自主技术创建的自主武器系统是应对竞争对手军事快速发展的最佳方式,也是牢牢把握新一轮军备竞赛主导权的强大保障。

英国国防部宣称其政策包括武器系统的操控必须置于人的控制之下,对于武器授权必须用遥控的方式而不是自动的方式进行[63,64]。这些政策和现有的国际人道法的条款一致,已经足够规范自主武器系统的使用,并且其科研计划没有完全自主的武器系统。同时,英国主张区分"全自主武器系统"与"智能化武器系统",不愿放弃人工智能在武器系统中的应用。英国外交和联合事务部明确表示反对针对人工智能武器系统的相关禁令。

俄罗斯为摆脱美英等国可能施加的限制性约束,反对"禁止研发自主武器系统"的讨论和成立联合国正式专家组,并拒绝签署任何条约。据报道,俄罗斯正在研发一种"杀手机器人",可以不借助人类干预就能自主选择并攻击目标,可在恐怖分子袭击的环境中帮助疏散和撤离受伤士兵和平民。2016 年 11 月,俄罗斯国防部通过了发展机器人系统并将其用于军事的决议[65]。俄罗斯总统普京指出:人工智能不仅决定俄罗斯的未来,也决定全人类的未来,谁成为这一领域的领导者,谁将主宰世界[66]。2017 年 9 月,普京在开学日接受学生问答时表示,无人机将成为未来战争中武装力量的核心武器。

以色列反对联合国禁止 LAWS,并希望将其部署、出口这类武器的行为合法化。以政府认为能够发展该类武器系统的国家同时有能力通过技术和法律审查等手段确保这些武器系统按照人的设计进行工作,并主张 CCW 应帮助各国建立或改善其国内审查程序而不是制定限制措施。

欧盟于 2017 年 2 月制定了《欧盟机器人民事法律规则》(*European Civil Law Rules in Robotics*)，提出在机器人设计和研发过程中必须要遵守的基本伦理原则，即免受机器人伤害、不侵犯人类隐私、避免受机器人操纵、可被人类拒绝服务，并从 2018 年开始起草人工智能相关法案，以做进一步限制。

在 CCW 会议上，中国是第一个表态支持通过制定具有法律约束力的条约对 LAWS 等进行管制的国家[67]。中方代表在 2018 年 4 月提出了 LAWS 的 5 条技术特征：

(1) 致命特征，即具有致命性载荷或手段；

(2) 自主工作，即系统执行任务过程中没有人的介入控制；

(3) 无法终止，即系统启动后，人没有终极的终止手段；

(4) 滥杀原则，即以主动攻击人为目的，由武器系统自主确定杀伤目标并自动实施杀伤任务，没有特定的使用条件、场合和对象；

(5) 进化能力，即可以在与任务环境的交互过程中，通过学习实现功能扩展和能力进化，从而突破人类为其设定的能力边界，人类对其行为具有不可预测性。

2018 年 8 月，中国呼吁制定一项新的 CCW 协议，即《致命性自主武器系统议定书》(支持致命性自主武器系统军控以补充议定书形式纳入 CCW 框架)，以禁止使用完全自主武器系统，但是遭到美、俄、英、以、日等国的强烈反对。

1.3.3　自主武器系统军控主要问题

自主无人武器系统在带来巨大军事效益的同时，也带来了诸多问题。由于自主能力受限，还无法有效区别士兵与平民，更容易滥杀误伤无辜，导致交战国平民面临的人道主义灾难更大，从而开始引起军备控制领域的关注与争论[68,69]。

1. LAWS 的定义

实际上"完全自主"的自主武器系统目前还不存在，但针对这一问题的军备控制问题很早就出现了，从早期的科幻电影，到联合国的重要议题，都有相关的问题引起人们的关注。但自主武器系统的概念不断发生演化，直至今日，还没有国际上公认的定义。

真正的自主无人系统可以独立地做出决策，按照预先制定的规则或界线，对行动做出定义，并适应外部环境。然而，这并不表示自主无人系统可以完全独立地思考和行动，因为自主无人系统毕竟仍然是按照人利用软件算法预先设计好的限制条件来运行的。

2011 年，红十字国际委员会在就国际人道法及当代武装冲突提出的挑战所做的报告当中，提出了如下定义[70]。

1) 自动武器系统

自动武器系统是指虽然最初是由操作员指导或部署的，但是能够独立地运行的武器系统。这种系统虽然是由人部署的，但是可以独立地验证或检测特殊类型的目标，然后攻击或引爆目标。

2) 自主武器系统

自主武器系统是指能够通过学习或自适应，应对所处环境中不断发生变化条件的武器系统。真正的自主武器系统应具备可以执行国际人道法规定的人工智能。

国际社会针对自主武器系统争论的焦点在于到底是不是"致命性的"，也就是说"机器到底能不能杀人，能不能不夺人的生命"，所以关于自主武器系统的概念逐渐演化为"致命性自主武器系统"[71,72]。

3) 致命性自主武器系统

致命性自主武器系统是指在激活之后，可以在不需要操作员干预的前提下选定和打击目标的机器人武器系统。其中一个要点是，系统可以自主地选择目标和使用致命性武力。

这一概念和自主武器系统有一定的区别，不一定强调"移动式"或者"平台无人"这一特征，而更强调"致命性"这一特征，系统可以是移动式，也可以是固定式。因此，致命性自主武器系统一定是自主武器系统，但自主武器系统不一定是致命性自主武器系统，只有承担了致命性任务的自主武器系统才是致命性自主武器系统。致命性自主武器系统与无人系统的关系如图 1-3 所示。

从人机关系的角度，人在回路中(零自主、半自主)和人在回路上(人监督的自主)的自主武器系统都不属于致命性自主武器系统，只有人在回路外的自主武器系统才属于致命性自主武器系统谈论的范畴。

零自主武器系统：完全由操作员遥控的武器系统。

半自主武器系统：指在激活之后，由操作员指定目标并进行攻击授权，系统只攻击操作员选定的单个目标或特定目标群的武器系统。

人监督的自主武器系统：指在出现可接受等级的损伤之前(包括武器系统出现故障时)，为操作员提供干预和终止交战的能力的自主武器系统。

目前，相关定义都将能够在/不在人监督下独立地选择并攻击目标的武器系统划归为自主武器系统[73]。这样，既包括能够适应动态环境和选择目标的武器系统，也包括预先对作战及潜在目标(群)设有攻击条件的武器系统。然而，自主武器系统和半自主武器系统之间的界线有时并不明确，可以说是"柔性的"，因为它们都能够在人监督的范围之内，独立地选择和攻击目标，唯一的区别在于它们选择和攻击不同目标的"自由"的程度不同。因此，自主武器系统引发的问题(包括法律问题)同样也是半自主(自动)武器系统所要面对的问题。

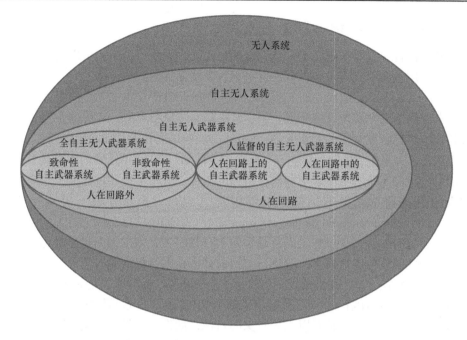

图 1-3　致命性自主武器系统与无人系统的关系

　　上述定义还有一个共同点，即都将在操作员远程遥控下选择和攻击目标的武器系统划归在自主无人武器系统的范围之外，其中包括了当前的武装化的无人机(如"捕食者")，因为这种系统是在操作员的远程遥控之下进行目标定位和攻击的。然而，必须注意的是，如果现有的远程遥控武器系统具备或按照设计应当具备(在/不在人的监督下)独立选择和/或攻击目标的能力，那么这些系统事实上可能已经成为半自主武器系统或自主武器系统。

　　因此，在研究自主武器系统时，应该关注系统的关键功能的自主能力，而不是整个武器系统的自主能力。就自主武器系统而言，我们应该考虑的关键因素是系统选定和攻击目标(即给定武器系统获取、跟踪、选定和攻击目标的过程)所需的功能(即"关键功能")的自主等级。这些关键功能的自主能力使我们不得不考虑人类按照国际人道法的规定使用自主武器系统的能力，以及人类从道德的角度允许机器在不受人干预的前提下识别和使用武力来攻击目标的可接受度。

　　按照这个逻辑，在人的远程遥控之下进行目标定位和攻击的武器系统应当排除在从国际人道法的视角讨论自主武器系统的范围之外；相反，自主定位和攻击目标的武器系统(包括目前正在开发的系统)则应包含在国际人道法讨论的范围之内。

2. LAWS 的相关技术问题

致命性自主武器系统属于一类特殊的自主无人系统，其系统可以自主地选择目标和使用致命性武力，同样存在自主无人系统面临的挑战：

(1) 自动目标识别(automatic target recognition, ATR)技术还无法满足无人系统在复杂背景下自主实现目标获取、识别、跟踪、选择和攻击。ATR 的主要技术挑战是决定目标特性变化的因素太多，其可能出现的情况和场景如同组合爆炸一样，难以遍历。美军在"稳健目标识别"概念中，计划到 2030 年达到的水平是：自主完成对目标的定位、身份识别和潜在目标的提示，对中等尺寸目标处于始终的杂波背景和障碍物遮挡的条件下能够识别[74]。在"拒止环境下协同作战"(collaborative operations in denied environments, CODE)项目支持下，美国通用原子航空系统有限公司正在基于虚实结合的 MQ-20"复仇者"无人机，构建虚拟红外搜索与跟踪的传感器网络，验证自主协同目标搜索与跟踪能力。军事目标通常由特定的情境决定，一种是常规军事目标，另一种是具有军事效益的非军事目标，军事目标又具备时敏特性，通常处于复杂环境中，所以导致目标识别正确率达不到百分之百完全可靠。针对以人为对象的目标，如作战人员和平民的区别，一般可以通过着装和行为进行识别，但针对平民身份的作战人员(寓军于民)，则无法有效识别，也难以识别不具备防御能力的作战人员。

(2) 人工智能技术还无法满足支持无人系统形成可解释性、可预测性、可干预性的自主能力。当前人工智能飞速发展，取得了长足进步，已经实现了从"不能用、不好用"到"可以用"的技术突破，主要表现在：专用人工智能取得突破，如 AlphaGo 在围棋比赛中战胜人类冠军，"阿尔法狗斗"(Alpha dogfight)在虚拟空战中击败人类 F-16 飞行员；通用人工智能处于起步阶段，智能系统有智能没智慧，有智商没情商，会计算不会算计，有专才无通才[75]。智能技术正在从计算智能、感知智能向认知智能发展，从人工智能、生物智能向人机混合智能发展，从"人工设计+智能训练"向智能自主方向发展。但总体来说，由于人工智能目前主要在模糊逻辑、神经网络、机器学习等方面取得较大突破，导致行为难以预测、结果难以解释、过程难以干预等问题的出现。

(3) 自主无人系统的安全性还面临很大挑战。一是无人系统缺乏抗干扰、抗欺骗、抗截获的通信链路，其上行链路的遥控信息，以及下行链路的遥测信息和遥感信息面临被干扰和截获的风险，一旦遭受入侵，将会导致被敌方控制的后果，可能调转枪头，由友变敌；二是无人系统自主导航能力不足，还依赖于卫星导航系统，如美军的 RQ-170"哨兵"无人机在 2011 年底被伊朗骗诱降落；三是无人系统应对突防意外的能力还不足，战场态势瞬息万变，在出现未预期或者未建模的态势情况下，无人系统可能会无所适从，从而导致不可预料的事件发生；四是无人系统在复杂地形或气象条件下一旦出现故障,需要高可靠的行为控制,一旦处理不当或操作失灵,轻则机毁物损,重则导致人员伤亡。

3. LAWS 的相关政策法律、伦理道德问题

阿西莫夫在 1942 年首次提出机器人三大定律[76],试图为科幻世界中机器人的行为准则制定道德框架。

第一法则:机器人不得伤害人类,或因不作为使人类受到伤害。

第二法则:除非违背第一法则,机器人必须服从人类的命令。

第三法则:在不违背第一法则及第二法则下,机器人必须保护自己。

但后来,阿西莫夫加入了一条新定律。

第零定律:机器人不得伤害人类整体,或因不作为使人类整体受到伤害。

但是显然这不是一个物理定律,所以现实中的机器人并不遵守,至少暂时如此。自主无人武器系统可以对敌人自主发起攻击,"犹如玩电子游戏一样夺走人的生命",其违法攻击可能出现三种情形:

(1) 自主武器攻击完全符合操作员设定,武器处于操作员支配之下;

(2) 自主武器攻击超出操作员设定,武器不处于操作员支配之下,但操作员能够预见(超设定能预见攻击);

(3) 自主武器攻击超出操作员设定,武器不处于操作员支配之下,且操作员不能预见(超设定不能预见攻击)。

全自主武器系统的运用对国际人道法形成了严峻的挑战。目前,国际人道法已经确立了区分原则(区分平民和战斗员)、比例原则(附带损失尽可能少)、预防原则(减少平民伤亡)和责任原则(违法者需担责)及相应的规则。但自主无人武器系统是否能够达到或实现这些能力存在疑问。如果自主无人武器系统违反国际人道法,其责任人涉及编程人员、制造商、部署自主无人武器系统的军官、军事指挥官,以及政治领袖等。但在任务情况下,指挥官都应该为自主无人武器系统的发射决策负首要责任。

目前,真正意义上"完全自主"的自主武器系统是不存在的,大多还是在操作员的控制下实现目标识别、确认和攻击任务[27]。但是,自主无人武器系统作为一种致命性武器装备,按照机器人不能剥夺人的生命权的原则,其使用是必须受控的,武器投放的决策必须控制在人类操作员的手中。目前自主无人武器系统自主能力不高,但未来即使完全自主的自主无人武器系统,也必须由人下达目标确认和武器授权指令,才能避免误伤误炸。要实现这一目标,关键在于设计和使用自主无人武器系统的人,而不是自主无人武器系统本身,必须遵循这一原则并承担相应的责任。

1.4　本章小结

　　本章首先介绍了自主无人系统的发展背景，包括无人系统的基本概念、基本分类、发展动因和军事效用等，在此基础上分析了当前国外无人系统发展的现状，包括无人机、地面无人系统、水面无人系统和水下无人系统等，从高能化、智能化、体系化方面归纳了无人系统主要发展趋势。最后分析了自主无人系统的军控问题，介绍了军控问题的发展和主要关注的议题，对主要国家的态度进行了客观分析。

参 考 文 献

[1] Defense Science Board. The Role of Autonomy in DoD Systems[R]. Washington: United States Department of Defense, 2012.

[2] Work R O, Brimley S, Scharre P. 20YY: 机器人时代的战争[M]. 邹辉, 译. 北京: 国防工业出版社, 2016.

[3] 林聪榕, 张玉强. 智能化无人作战系统[M]. 长沙: 国防科技大学出版社, 2008.

[4] 牛轶峰, 沈林成, 戴斌, 等. 无人作战系统发展[J]. 国防科技, 2009, 30(5): 1-11.

[5] 牛轶峰. "无人系统自主性与智能化"专题编者按[J]. 国防科技, 2021, 42(3): 1.

[6] United States Department of Defense. Unmanned Systems Integrated Roadmap 2011-2036[R]. Washington: United States Department of Defense, 2011.

[7] United States Department of Defense. Unmanned Systems Integrated Roadmap 2013-2038[R]. Washington: United States Department of Defense, 2013.

[8] United States Department of Defense. Unmanned Systems Integrated Roadmap 2017-2042[R]. Washington: United States Department of Defense, 2018.

[9] 沈林成, 牛轶峰, 朱华勇. 多无人机自主协同控制理论与方法[M]. 2 版. 北京: 国防工业出版社, 2018.

[10] 王进国, 张苇, 万国新, 等. 无人机系统作战运用[M]. 北京: 航空工业出版社, 2020.

[11] 傅婉娟, 杨文哲, 许春雷. 智能化战争, 不变在哪里[N]. 解放军报, 2020-01-14.

[12] 许春雷, 杨文哲, 胡剑文. 智能化战争, 变化在哪里[N]. 解放军报, 2020-01-21.

[13] 赵先刚. 无人作战研究[M]. 北京: 国防大学出版社, 2021.

[14] 孙智孝, 杨晟琦, 朴海音, 等. 未来智能空战发展综述[J]. 航空学报, 2021, 42(8): 525799.

[15] 吴明曦. 智能化战争——AI 军事畅想[M]. 北京: 国防工业出版社, 2020.

[16] United States Air Force. Autonomous Horizons—System Autonomy in the Air Force-A Path to the Future[R]. Washington: United States Air Force, 2015.

[17] 朱华勇, 牛轶峰, 沈林成, 等. 无人机系统自主控制技术研究现状与发展趋势[J]. 国防科技大学学报, 2010, 32(3): 115-120.

[18] 唐强, 张宁, 李浩, 等. 无人机自主控制系统简述[J]. 测控技术, 2020, 39(10): 114-123.

[19] 王英勋, 蔡志浩, 赵江, 等. 从系统工程视角看无人机自主控制系统[J]. 国防科技, 2021,

42(3): 25-32.

[20] 中国航天科工集团第三研究院三一〇所. 自主系统与人工智能领域科技发展报告[M]. 北京: 国防工业出版社, 2017.

[21] 宋庆庆, 卫浩, 李健, 等. 美军自主无人系统关键技术现状及发展趋势[J]. 装备制造技术, 2018, (11): 126-128.

[22] Antsaklis P J, Passino K M. An Introduction to Intelligent and Autonomous Control[M]. Boston: Kluwer Academic, 1993.

[23] 范彦铭. 无人机的自主与智能控制[J]. 中国科学: 技术科学, 2017, 47(3): 221-229.

[24] Krishnan A. Killer Robots: Legality and Ethicality of Autonomous Weapons[R]. Burlington: Ashgate Publishing, 2009.

[25] 红十字国际委员会. 自主武器系统专家会议——技术、军事、法律和人道视角[R]. 日内瓦: 红十字国际委员会, 2014.

[26] United States Department of Defense. Autonomy in Weapon Systems, Directive 3000.09[R]. Washington: United States Department of Defense, 2023.

[27] 牛轶峰, 王菖. 致命性自主武器系统军备控制态势分析[J]. 国防科技, 2021, 42(4): 37-42, 122.

[28] Layton P. Algorithmic Warfare: Applying Artificial Intelligence to Warfighting[R]. Canberra: Royal Australian Air Force Air Power Development Centre, 2018.

[29] United States Air Force. Report on Technology Horizons: A Vision for Air Force Science and Technology During 2010-2030[R]. Washington: United States Air Force, 2010.

[30] 牛轶峰, 沈林成, 李杰, 等. 无人-有人机协同控制关键问题[J]. 中国科学: 信息科学, 2019, 49(5): 538-554.

[31] 温杰. 生擒"哨兵" 伊朗"俘获"RQ-170 无人侦察机[J]. 航空世界, 2012, (2): 30-33.

[32] Barnhart R K. 无人机系统导论[M]. 沈林成, 译. 北京: 国防工业出版社, 2014.

[33] 庞宏亮. 21 世纪战争演变与构想: 智能化战争[M]. 上海: 上海社会科学院出版社, 2018.

[34] 石海明, 贾珍珍. 人工智能颠覆未来战争[M]. 北京: 人民出版社, 2019.

[35] 李洪峰, 崔小抗. 对无人化装备发展与运用问题的思考[J]. 四川兵工学报, 2013, 34(4): 47-48, 52.

[36] 喻煌超, 牛轶峰, 王祥科. 无人机系统发展阶段和智能化趋势[J]. 国防科技, 2021, 42(3): 18-24.

[37] 大河网. 简单粗暴, 美国无人机反恐遭抨击[EB/OL]. https://www.sohu.com/a/100981162_121315[2016-07-04].

[38] United States Air Force. RPA (Remotely Piloted Aircraft) Vector: Vision and Enabling Concepts 2013-2038[R]. Washington: United States Air Force, 2014.

[39] Otto R P. Small Unmanned Aircraft Systems (SUAS) Flight Plan: 2016-2036[R]. Washington: United States Air Force, 2016.

[40] 朱超磊. 美国 MQ-9A "死神" 无人机的发展研究[J]. 国际航空, 2021, (12): 46-48.

[41] 唐耀, 秦雷. 国外高超声速飞行器发展概况[J]. 国际太空, 2015, (10): 64-68.

[42] 李益翔. 美国高超声速飞行器发展历程研究[D]. 哈尔滨: 哈尔滨工业大学, 2016.

[43] United States Army. Army Unmanned Aircraft Systems Roadmap 2010-2035[R]. Washington:

United States Army, 2010.

[44] United States Department of Navy. The Navy Unmanned Surface Vehicle (USV) Master Plan[R]. Washington: United States Department of Navy, 2007.

[45] United States Department of Navy. The Navy Unmanned Undersea Vehicle (UUV) Master Plan[R]. Washington: United States Department of Navy, 2000.

[46] United States Army. Robotic and Autonomous Systems Strategy[R]. Washington: United States Army, 2017.

[47] 牛轶峰. "自主无人系统技术前沿进展"专栏介绍[J]. 国防科技大学学报, 2022, 44(4): 1.

[48] 李彬. 军备控制理论与分析[M]. 北京: 国防工业出版社, 2006.

[49] 曹华阳, 况晓辉, 李响, 等. 致命性自主武器系统的定义方法[J]. 装备学院学报, 2017, 28(3): 38-44.

[50] 廖显恩, 李强. 自主和遥控武器系统的分类与合法性[J]. 红十字国际评论——新科技与战争, 2014, 4: 146-175.

[51] Lin P, Bekey G, Abney K. Autonomous Military Robotics: Risk, Ethics, and Design[R]. Arlington: Office Naval Research, US Department Navy, 2008.

[52] Marchant G E, Allenby B, Arkin R, et al. International governance of autonomous military robots[J]. Columbia Science & Technology Law Review, 2011, (12): 273-315.

[53] 科学家: 机器人不能杀人[N]. 中国科学报, 2013-12-31, 第 3 版, 国际.

[54] 彼得·阿萨罗, 韩阳. 论禁止自主武器系统: 人权、自动化以及致命决策的去人类化[J]. 红十字国际评论——新科技与战争, 2014, 4: 200-226.

[55] 龙坤, 徐能武. 致命性自主武器系统军控: 困境、出路和参与策略[J]. 国际展望, 2020, 12(2): 78-102, 152.

[56] Alston P. Report of the Special Rapporteur on Extrajudicial, Summary or Arbitrary Executions[R]. New York: United Nations, 2013.

[57] CCW. Report of the 2014 Informal Meeting of Experts on Lethal Autonomous Weapons Systems (LAWS) [R]. Geneva: CCW, 2014.

[58] CCW. Report of the 2015 Informal Meeting of Experts on Lethal Autonomous Weapons Systems(LAWS) [R]. Geneva: CCW, 2015.

[59] CCW. Report of the 2016 Informal Meeting of Experts on Lethal Autonomous Weapons Systems [R]. Geneva: CCW, 2016.

[60] CCW. Report of the 2017 Group of Governmental Experts on Lethal Autonomous Weapons Systems (LAWS) Advanced version[R]. Geneva: CCW, 2017.

[61] CCW. Report of the 2018 Group of Governmental Experts on Lethal Autonomous Weapons Systems (CCW/GGE.2/2018/3) [R]. Geneva: CCW, 2018.

[62] 徐能武, 龙坤. 联合国 CCW 框架下致命性自主武器系统军控辩争的焦点与趋势[J]. 国际安全研究, 2019, 37(5): 108-132, 159.

[63] Concepts and Doctrine Centre. The Future Character of Conflict[R]. London: UK Ministry of Defence, Development, 2010.

[64] UK Ministry of Defence, Development. Concepts and Doctrine Centre. Global Strategic Trends-Out to 2040 (4th Edition) [R]. London: UK Ministry of Defence, Development, 2010.

[65] 俄罗斯研制杀手机器人 引外界担忧[EB/OL]. http://ru.people.com.cn/n/2013/0520/c360528-21541024.html[2013-05-20].

[66] 普京开学日谈人工智能：赢 AI 者得天下[EB/OL]. https://www.yicai.com/news/5340264.html[2017-09-04].

[67] CCW. Position Paper Submitted by China (CCW/GGE.1/2018/WP.7) [R]. Geneva: CCW, 2018.

[68] Singer P W. Wired for War: The Robotics Revolution and Conflict in the 21st Century[M]. London: Penguin Press, 2009.

[69] Cummings M L, Bruni S, Mitchell P J. Human supervisory control challenges in network-centric operations[J]. Reviews of Human Factors and Ergonomics, 2010, 6(1): 34-78.

[70] ICRC. International humanitarian law and the challenges of contemporary armed conflicts[C]. Official Working Document of the 31st International Conference of the Red Cross and Red Crescent, 2011: 39.

[71] Geip R, Lahmann H. Lethal Autonomous Weapons Systems: Technology, Definition, Ethics, Law & Security[R]. Berlin: Federal Foreign Office, 2016.

[72] Nakamitsu I. UNODA Occasional Papers No.30: Perspectives on Lethal Autonomous Weapons Systems[R]. New York: United Nations, 2017.

[73] Paul S. 无人军队:自主武器与未来战争[M]. 朱启超, 王姝, 龙坤, 译. 北京: 世界知识出版社, 2019.

[74] Fuller D F. How to Develop a Robust Automatic Target Recognition Capability by the Year 2030[M]. Illustrated edition. BiblioScholar, 2012.

[75] 谭铁牛. 中科院院士谭铁牛：AI 的过去、现在和未来[EB/OL]. https://www.iyiou.com/analysis/2019021992813[2019-02-19]

[76] Murphy R, Woods D D. Beyond Asimov: The three laws of responsible robotics[J]. IEEE Intelligent Systems, 2009, 24(4): 14-20.

第 2 章　当前主要自主无人系统

当前，军用自主无人系统如无人机、地面无人系统、无人水面艇、无人潜航器(无人水下航行器)等，已在多个领域和多种场合实现了成功应用，在未来作战体系中占据了不可替代的地位。本章介绍当前国内外主要的自主无人系统，首先主要介绍自主无人系统的发展概述，包括任务领域、发展历程、分类与型谱分析等；然后按照国外自主无人机系统、国外地面自主无人系统、国外海上自主无人系统和我国自主无人系统，分别介绍相关典型装备和在研项目，并对其自主能力进行初步分析。

2.1　自主无人系统发展概述

2.1.1　无人系统的任务领域

当前，无人系统已经成为国家间军事博弈的重要力量，深刻影响着未来战争形态的演变，将成为未来装备体系不可或缺的具有独特战斗力的组成部分。

美国《无人系统综合路线图(2007—2032)》按照陆军、海军和空军分别分析了已列装、在研和远景目标的无人机、地面无人系统、水面无人系统和水下无人系统的任务领域[1]，如图 2-1 所示。

1. 任务分析

由图 2-1 可以看出美军无人系统承担的任务主要有 23 类，其中重点发展的任务包括四类：

(1) 情报监视与侦察，属于枯燥的任务。高空、长航时隐身无人侦察机能够长时间滞空，实施高强度、大范围战略侦察；通过组网构建空中战斗巡逻圈，可进一步扩大侦察范围，实现全天时、全天候对敌侦察监视。

(2) 时敏目标打击，属于枯燥的任务(有制空权条件下)。集成了目标侦察与火力打击载荷的察打一体无人机，对于敌方首脑或移动防空设施等时敏目标，能够在发现的同时及时打击。据报道，在阿富汗战争中，基地组织恐怖分子头目，一半以上是被 MQ-1 "捕食者" 和 MQ-9 "死神" 察打一体无人机击毙的。

(3) 压制/摧毁敌防空系统，属于危险的、纵深的任务。利用反辐射无人机

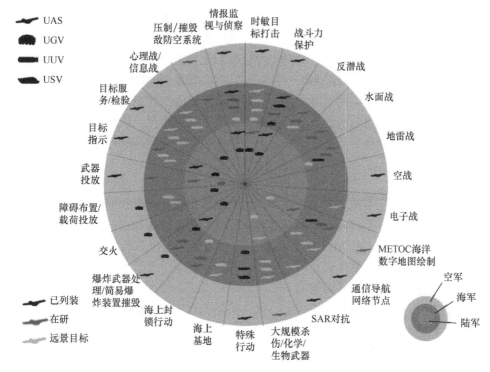

图 2-1　美军各军种无人系统任务领域[1]
METOC 指气象海洋学，SAR 指合成孔径雷达

对敌实施自杀式攻击，使敌方雷达预警系统瘫痪；通过无人机释放电子诱饵诱骗敌方雷达开机，扰乱敌方目标识别系统，暴露敌方防空火力；利用无人机充当"敢死队"、"突击队"，发起第一波对敌打击，压制或者摧毁防空系统，为有人机进攻创造条件。

(4) 核生化/辐射/爆炸物(chemical biological radiological nuclear or explosive，CBRNE)处置，属于恶劣的任务。无人机可在恶劣的条件下执行任务，特别是核生化污染等高危环境。2011 年日本地震发生后，为查清核反应堆和冷却池的破坏情况，"全球鹰"无人机飞临福岛核电站上空拍摄高清图像。

随着无人系统性能的不断提升，无人系统将能够遂行有人系统的大部分任务，并逐步实现有人系统任务的全覆盖。

2. 任务定位

基于未来环境安全和战争威胁分析，结合无人系统适用于执行危险的、枯燥的、恶劣的和纵深的任务环境特点以及未来可能出现的作战样式，无人系统在未来一体化联合作战任务中主要担负以下五大核心作战任务：

(1) 支撑大规模作战、平战结合、广域持久的信息支援任务。以长航时持久侦察监视为重点，遂行长时间、全天候、远距离的战略侦察监视和高威胁环境下的实时战术情报获取任务；以应对隐身目标和低、慢、小目标为重点，通过机动部署，实现空中持久预警探测的快速补网，扩大预警探测覆盖范围，补充卫星、预警机与地面雷达组成的预警体系；针对广域可信通信的能力短板，弥补地空通信距离受限、卫星通信网建设不完善或卫星受干扰等情况，快速构建军兵种级通信网络或临时区域性导航系统，遂行有人作战装备远程指挥通信和高对抗条件下持续导航任务。

(2) 机动灵活、网电一体、软硬一体的信息对抗任务。以对敌重点目标或区域实施长时间电子干扰压制为重点，遂行日常防空和大规模作战中对敌电子攻击和压制任务；遂行瘫痪或破坏敌防空预警、信息获取传输和指挥控制的反辐射攻击、网络攻击任务；模拟作战飞机/舰船信号特征，遂行对敌预警探测系统进行诱饵欺骗任务，增强整体信息对抗能力；遂行空间电子干扰压制任务，增强干扰和压制敌方天基作战力量的能力。

(3) 远程远海、隐身快速、有人-无人协同的火力打击任务。以具备高隐身性能的无人作战力量为重点，在对抗严密防御体系下发挥"踹门"和"破网"作用，对各类地、海面目标实施精确打击，遂行远程远海突防和大纵深持久压制任务；集侦察监视与火力打击于一体，遂行对恐怖分子和战场时敏目标快速、灵活打击任务；利用高隐身、高机动或低成本特性，配合有人装备遂行制空/制海任务，在新型作战单元中发挥"眼睛"、"拳头"、"诱饵"等作用；有人-无人协同作战弥补无人装备应对复杂环境自主能力的不足，延伸有人装备的探测攻击和安全作战距离，提高体系作战效能和战场生存能力，在对敌作战中发挥"1+1＞2"的作用。

(4) 高效机动、灵活多样、军民融合的特种作战任务。在作战或非战争军事行动中，特种无人作战平台辅助救援部队快速、准确地搜索并发现遇险车辆、船只及人员，以实现对遇险人员的及时救助；地面无人平台和无人机等可担负对指定目标特别是人员难以接近和高风险区域的机动突击任务、清剿等多样化任务；在执行护航任务的大型舰船上采用无人水面艇游弋、无人机前出护航等方式，可以及早发现可疑船只，并进行攻击驱赶，既可以扩大舰艇的护航范围、减少人员伤亡、降低护航舰艇的危险性，又可以加大对海盗的打击力度。

(5) 灵活迅速、高性低价、补缺扩能的综合保障任务。在危险战场、复杂地理环境及核生化、辐射和爆炸物侦测与处理等恶劣环境下，遂行重要装备和物资投送任务；利用无人加油机对无人机(或有人机)进行空中加油任务，延伸无人飞行器作战半径或续航时间的能力；通过天地往返无人运载平台，遂行空间往返运输物资任务；通过班组伴随保障系统，遂行携带装备物资和降低士兵负载等任务。

2.1.2　无人系统的发展历程

1. 无人机系统发展历程

无人机突破了有人机设计以及战场行动受限于人类生理/心理极限的制约，可形成有人机难以达到的能力，承担有人机无法完成的任务。通过分析 1917 年"柯蒂斯"无人机到目前无人机的核心技术特征，可将无人机的发展历程分为六个阶段[2]：1917～1963 年为萌芽起步阶段，1964～1990 年为初步发展阶段，1991～2000 年为崛起发展阶段，2001～2010 年为蓬勃发展阶段，2011 年至今为稳步发展阶段，目前正在进入智能化发展阶段，也是未来的终极目标。

1) 萌芽起步阶段(1917～1963 年)

无人机当时为靶机的一种别称，主要在英、美、德等国使用。1917 年，美国斯佩里研制"柯蒂斯"无人机("空中鱼雷")，并于 1918 年成功飞行 900 多米。20 世纪 20 年代起，由于防空训练的需求，出现了简单遥控无人靶机(如英国的"蜂后"(Queen))，如图 2-2 所示。二战后，无人机开始作为导弹/火炮武器系统的试验靶标进入应用阶段，以检验其对空中活动目标的攻击精度和杀伤效果(如美国的"火蜂"系列靶机)。值得一提的是，"蜂后"英文的首字母后来成为美军无人机的代号，即用"Q"指代无人机。

(a) "柯蒂斯"无人机　　　　　　　　　　　(b) "蜂后"无人机

图 2-2　萌芽起步阶段的典型无人机

这一阶段无人机主要用作遥控靶机，一般没有任务载荷，导航系统主要采用低精度的三轴机械陀螺仪，控制方式主要采用无线电遥控。该阶段无人机在发展过程中，先后突破了低速、高亚声速、超声速的速度飞行界限，高空、中高空、低空、超低空的空域飞行界限，在机动能力上从平直飞行发展到大机动飞行，其技术研究直接影响当前和未来无人机系统的发展。

2) 初步发展阶段(1964～1990 年)

20 世纪 60 年代起，无人机作为战场辅助手段在美、以等国开始大量使用。美军在越战中期，由于有人机伤亡惨重，改装"火蜂-147"无人机飞行 3000 余架次，执行诱饵、侦察等任务。第五次中东战争期间(1982 年)，以色列使用"侦察兵"、"猛犬"等多种无人机进行侦察、诱饵、电子欺骗,在贝卡谷地使叙利亚防空系统遭到毁灭性打击,在战争初期消灭了对手80%以上的精锐武装,最终取得了全胜,如图2-3所示。贝卡谷地战役的辉煌战绩震惊了全世界,无人机也因此声名鹊起,进入了快速发展阶段。

(a) "火蜂-147" 无人机　　　　　　　　　(b) "侦察兵" 无人机

图 2-3　初步发展阶段的典型无人机

该阶段无人机的主要技术特征是加装简单载荷,一般加装了相机、红外探测(固定安装、录像/静态照片)等任务载荷,其导航系统主要采用"无线电导航+罗兰"+惯性导航的方式,控制方式主要采用"无线电遥控+程序控制"(1 级自主,预先规划任务,人操作),主要用于侦察校射、诱饵欺骗、通信中继。

3) 崛起发展阶段(1991~2000 年)

20 世纪 90 年代以来,美、英、以等国在海湾战争、科索沃战争中广泛使用各型无人机,主要执行战场支援任务。1991 年,在海湾战争中投入 200 架无人机,6 个"先锋"(以色列研制)无人机连参战,执行 522 架次飞行任务;1997年,以色列发布了"哈比"反辐射无人机;1999 年,在科索沃战争中投入"捕食者"、"猎人"、"先锋"等 7 型 300 多架无人机,执行战场监视、电子对抗和散发传单等任务,如图2-4所示。

该阶段无人机的主要技术特征是开始加装了光电吊舱,其任务载荷主要是可见光、红外、激光等(吊舱/双轴万向节、标清 480p),导航系统主要采用 GPS+惯

(a) "先锋" 无人机　　　　　　　　　(b) "猎人" 无人机

(c) "哈比" 无人机

(d) "捕食者" 无人机

图 2-4　崛起发展阶段典型无人机

性导航,其控制方式主要采用"程序控制+指令控制"(2 级自主,可变任务,离机重规划,人操作),主要用于电子对抗、心理战、战场监视、毁伤评估等。

　　4) 蓬勃发展阶段(2001～2010 年)

　　世界各国无人机发展呈现井喷发展态势,全球有 60 多个国家和地区研发了共计上千种型号,成为装备或产品的有近 400 个。2001 年 10 月 18 日("9·11"事件爆发后),美空军首次使用 RQ-1"捕食者"无人机发射 2 枚"地狱火"导弹,对塔利班头目奥马尔的家人车队进行了攻击,开创了无人机对地攻击的先河(察打一体);2002 年,美国空军成立了第一个 MQ-1"捕食者"无人机中队;2004 年,美国空军成立了第一支 RQ-4"全球鹰"无人机中队;2007 年,MQ-9"死神"(即"捕食者 B")无人机正式服役,如图 2-5 所示。

(a) 武装化"捕食者"无人机

(b) "死神" 无人机

(c) "全球鹰" 无人机

图 2-5　蓬勃发展阶段的典型无人机

该阶段无人机的主要技术特征是武器化+长航时，其任务载荷主要采用可见光、红外(三轴万向节、高清 720p)、合成孔径雷达(SAR)等，开始携带空地导弹和使用大展弦比的平台结构，其导航系统主要采用"差分 GPS+惯性导航"，其控制方式主要采用"程序控制+交互控制"(3 级自主，故障自适应，人委派)，主要用于察打一体和战略侦察任务。

5) 稳步发展阶段(2011 年至今)

无人机系统技术日臻成熟，各国军用无人机开始向高隐身作战型发展，同时民用无人机(如"大疆")开始得到大量应用。2011 年 2 月，美国海军 X-47B 在爱德华空军基地完成首飞；2012 年 12 月，欧洲"神经元"在法国伊斯特里斯飞行试验中心首飞成功；2013 年 8 月，英国"雷神"在澳大利亚武麦拉试验场完成首飞；2013 年 11 月，中国"利剑"在西南某机场首飞成功；2019 年 8 月，俄罗斯"猎人 B"无人作战飞机在试飞场完成首飞，如图 2-6 所示。这个时期有个

(a) X-47B 无人机　　　　　　　　　　(b) "神经元"无人机

(c) "雷神"无人机　　　　　　　　　　(d) "利剑"无人机

(e) "猎人 B"无人机

图 2-6　稳步发展阶段典型无人机

重要事件值得一提，在 2011 年 12 月，一架长航时隐身无人机 RQ-170 "哨兵"被伊朗捕获，引起美国等国家对无人机安全的重视。

该阶段无人机的最主要技术特征可以总结为隐身性，其任务载荷主要采用侦察监视载荷(360°万向节、超清 1080p)和精确制导武器等，通过飞翼布局和隐身材料来实现平台隐身，其导航系统主要采用"差分 GPS+光纤陀螺"，其控制方式主要采用单机自主控制(4 级以上自主，意外自适应，机载重规划，人委派)，主要用于压制敌防空系统、纵深打击、渗透式侦察。

6) 智能化发展阶段(未来终极目标)

人工智能技术的快速发展，促进了无人机系统自主能力的快速提升。2016年 6 月，美国辛辛那提大学开发的人工智能飞行员(Alpha)首次击败美军退役空战教官基纳·李上校；2020 年 8 月，美国苍鹭系统公司研制的智能空战算法在DARPA "空战进化"(air combat evolution，ACE)项目的 "Alpha Dog Fight" 虚拟空战挑战赛中以 5 场全胜战绩击败了美空军 F-16 战斗机飞行员，如图 2-7(a)所示。

2019 年 2 月，DARPA "拒止环境下协同作战"(CODE)进入第三阶段，完成 6 架"虎鲨"无人机和 14 架仿真机的飞行试验验证；2020 年底在"复仇者"无人机上开展了飞行试验；2022 年 1 月，美国通用原子航空系统有限公司通过虚拟的红外搜索与跟踪(infrared search and track，IRST)传感器网络，使用一架真实的 MQ-20 "复仇者"无人机与五架硬件在环(hardware in loop，HIL)的虚拟复仇者无人机进行了自主搜索与跟踪能力演示，如图 2-7(b)所示。

2019 年 6 月，DARPA 的 OFFSET 项目实现了 50 个空地混合集群在 30min内隔离街区，为地面部队提供近距作战支援。2021 年底，完成了现场综合(FX-6)试验，使用了多达 300 个背包大小地面无人车、多旋翼和固定翼无人机组成的异构蜂群，协同完成了既定任务，如图 2-7(c)所示。

(a) Alpha 击败人类飞行员

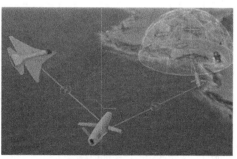
(b) CODE 项目作战概念

(c) OFFSET 项目 FX-6 试验

图 2-7　智能化发展阶段典型试验项目

该阶段无人机最主要的技术特征是智能自主,其任务载荷包括通用化任务载荷(4K)和空空导弹等,采用适用于高机动/分布式任务的平台结构,其导航系统将采用定位、导航和计时(positioning, navigation and timing,PNT)+激光陀螺,其控制方式实现自主协同控制(6 级以上自主,多平台协同,人监督),主要用于协同空战、集群作战等任务。

可以看出,无人机在战争的洗礼中不断成长,是军事需求和技术发展的双牵引/双驱动的产物。本节系统梳理了各个阶段的主要战争和无人机的应用情况,给出了各个发展历程与技术特点的总结,如表 2-1 所示。

表 2-1　无人机主要发展历程与技术特点

发展阶段	1. 萌芽起步阶段(1917～1963 年)	2. 初步发展阶段(1964～1990 年)	3. 崛起发展阶段(1991～2000 年)	4. 蓬勃发展阶段(2001～2010 年)	5. 稳步发展阶段(2011 年至今)	6. 智能化发展阶段(未来终极目标)
特征	遥控靶机	加装简单载荷	加装光电吊舱	武器化长航时	隐身化	智能自主
军事需求与使命任务	防空系统精度校验需求(危险)	地空导弹导致大量人员伤亡(危险)	大量的战场支援、信息对抗(枯燥、危险)	长航时持久反恐任务(枯燥、危险、恶劣)	高威胁环境下自主对地作战(危险、纵深)	充当忠诚僚机、大范围管控(危险、纵深)
	无人靶机	侦察校射、诱饵欺骗、通信中继	电子对抗、心理战、战场监视、毁伤评估	察打一体、战略侦察	压制敌防空系统、纵深打击、渗透式侦察	协同空战、集群作战
任务载荷	无	相机、红外探测(固定安装),录像/静态照片	可见光/红外/激光等吊舱(双轴万向节、标清480p)	可见光/红外等吊舱(三轴万向节、高清720p)、SAR、空地弹	侦察监视载荷(360°万向节、超清 1080p)制导武器	通用化任务载荷(4K)、空空导弹、分布式打击武器
导航系统	三轴机械陀螺仪(惯导)	无线电导航+惯导	GPS + 惯导	差分 GPS + 惯导	差分 GPS+光纤陀螺	PNT+激光陀螺

续表

发展阶段	1. 萌芽起步阶段 (1917~1963 年)	2. 初步发展阶段 (1964~1990 年)	3. 崛起发展阶段 (1991~2000 年)	4. 蓬勃发展阶段 (2001~2010 年)	5. 稳步发展阶段(2011 年至今)	6. 智能化发展阶段(未来终极目标)
特征	遥控靶机	加装简单载荷	加装光电吊舱	武器化长航时	隐身化	智能自主
控制方式与自主能力	无线电遥控	无线电遥控+程序控制	程序控制+指令控制	程序控制+交互控制	单机自主控制+混合主动控制	自主协同控制+监督控制
	0 级自主，远程遥控，人操作	1 级自主，预先规划任务，人操作	2 级自主，可变任务，离机重规划，人操作	3 级自主，故障鲁棒响应，人委派	4 级以上自主，意外自适应，机载重规划，人委派	6 级以上自主，多平台协同，人监督
标志性事件与平台	无人机首飞成功	美越战争、贝卡谷地战役	海湾战争、科索沃战争	阿富汗战争、伊拉克战争、叙利亚战争	"神经元" 三机编队飞行、X-47B 航母起降/空中加油	Alpha 击败人类飞行员
	无人靶机	无人侦察机	信息支援无人机	长航时打察无人机	高隐身无人机	全自主无人机

2. 地面无人系统发展历程

地面无人系统的起步稍晚，主要分为如下四个阶段。

1) 起步发展阶段(1938~1967 年)

地面无人系统的起源可追溯到 20 世纪 30 年代苏联研制的无线电遥控坦克。二战期间，德国研制了 "歌里亚" 遥控坦克(图 2-8)，在有线遥控下可以实现 5km/h 的行进速度。这一阶段的地面无人系统主要采用有线/无线遥控方式，运行速度低，在 10m/h 以下[3]。

图 2-8 德国 "歌里亚" 遥控坦克

2) 初步发展阶段(1968～2000 年)

以斯坦福大学研究出世界首台智能型机器人 Shakey 为标志，地面无人系统

进入初步发展阶段。1968 年，斯坦福大学研究人员公布了 Shakey 机器人，如图 2-9 所示。该机器人装备了电视摄像机、碰撞传感器、编码器等，并通过无线通信系统由两台计算机进行控制，能够自主进行感知、环境建模、行为规划和控制，这也成为后来机器人和无人驾驶的通用框架。

1977 年，日本筑波工程研究实验室的 S.Tsugawa 团队开发出了第一个基于摄像头来检测导航信息的自动驾驶汽车。1983 年开始，DARPA 通过"战略计算计划"开展自主陆地车辆项目研究，以推动室外自主机动无人车技术的发展，并研制出首辆最高车速达到 20km/s 的自主越野无人车。随后，开展了以 DEMO 系列为代表的半自主无人车研究，对于正障碍和负障碍都能检测和避让。

图 2-9　世界首台智能型
机器人 Shakey

在我国"八五"期间，由北京理工大学、国防科技大学等五家单位联合研制成功了 ATB-1 无人车，这是我国第一辆能够自主行驶的测试样车，其行驶速度可以达到 21km/h。ATB-1 的诞生标志着中国无人驾驶行业正式起步并进入探索期。这一阶段地面无人系统的主要特征是采用遥控/半自主控制方式，具备一定的环境感知能力，实现了野外环境下遥控/半自主运行，最大运行速度不超过65km/h。

3) 稳步发展阶段(2001 年至今)

地面无人系统开始进入快速发展，并进入战场实战应用，标志性的装备是以色列"守护者"半自主无人车，如图 2-10 所示，最大速度达到 80km/h，能够探测与规避障碍，可自主"跟随"车辆或士兵行进。这一时期美、英、以等国开始开展有人-无人系统以及无人系统间的协同技术研究，以发展地面无人系统协同作战能力。

2011 年 7 月 14 日，国防科技大学研制的红旗 HQ3 首次完成了从长沙到武汉 286km 的高速全程无人驾驶试验，实测全程自主驾驶平均速度 87km/h，在特殊情况下进行干预，距离合计约为 2.24km，仅占自主驾驶总里程的 0.78%，创造了我国自主研制的无人车在复杂交通状况下自主驾驶的新纪录。这标志着我国无人车在复杂环境识别、智能行为决策和控制等方面实现了新的技术突破。

图 2-10　以色列"守护者"半自主无人车

4) 智能化发展阶段(未来终极目标)

可以实现自主/编队，野外环境下实现大于 80km/h 的运行速度。智能化发展目标主要如下：

(1) 提高平台复杂路况通过性能及环境适应性，实现特种悬挂结构、仿生行走系统及多模态驱动；

(2) 提高平台续航性能，采用全电、仿生及混合驱动等新型动力系统；

(3) 提升平台底层智能化程度，实现分布式驱动、能量高效管理及行走系统自适应控制；

(4) 提升系统灵巧性，实现智能自主控制、特种武器载荷、高效通信。

3. 水面无人系统发展历程

水面无人系统可以分为如下四个阶段。

1) 萌芽起步阶段(1898～1950 年)

无人水面艇的发展历史最早可追溯到 1898 年，当时著名发明家尼古拉·特斯拉(Nikola Tesla)发明了名为"无线机器人"的遥控艇，如图 2-11 所示，首次应用于实战则在二战时期，最初设计成鱼雷状用以清除碎浪带的水雷和障碍物。

在二战诺曼底登陆战役期间，盟军为实现其战略欺骗和作战掩护的目的，曾设计出一种装载大量烟幕剂的无人水面艇，可按预先设定的航向机械地驶往欺骗海域，从而造成舰艇编队登录的假象。二战后期，美军还曾通过在小型登陆艇上加装无线电控制的操舵装置和扫雷火箭弹，用于浅海雷区作业。二战结束后，无人水面艇得到了进一步的发展，主要用于扫雷和战场损伤评估(battlefield damage assessment，BDA)等任务，例如，1946 年的"十字路口行动"中，原子弹每次爆炸后，均使用无人水面艇收集辐射水域样品[4]。

图 2-11　尼古拉·特斯拉发明的"无线机器人"遥控艇

这一阶段的主要特点为有缆控制方式，主要是一次性制导无人水面艇。

2) 初步发展阶段(1951~1990 年)

20 世纪 60 年代，苏联研制了小型遥控式无人水面艇，用于向敌方舰艇发动自杀式的撞击爆炸性攻击。这一时期，美国将一型 V-8 汽油机驱动的 7m 玻璃钢小艇改装为遥控扫雷艇，配备到越南胡志明市南部的第 113 水雷分队，用于越南境内的扫雷作业。20 世纪 70~80 年代，由于技术的限制，无人水面艇发展并未获得很大突破，主要应用于军事演习和火炮射击的海上靶标。

这一阶段的主要特点是采用遥控方式，主要用于自杀式攻击、扫雷、靶标等任务。

3) 崛起发展阶段(1991 年至今)

随着信息技术、自动控制技术、导航技术及材料科学等方面的进步，无人水面艇技术也得到了新的发展。20 世纪 90 年代，美国研制的遥控猎雷作战艇(remote minehunting operational prototype，RMOP)成功在波斯湾"库欣"号驱逐舰进行了海上作业，如图 2-12 所示。1997 年 1~2 月的"SHAREM 119"演习中 RMOP 进行了长达 12 天的措雷行动。

图 2-12　美国遥控猎雷作战艇

2007 年 7 月，美国海军发布了《海军无人水面艇主计划》，为无人水面艇赋予了 7 项任务，同时还确定了无人水面艇的船型、尺寸和标准等要素，这标志着美国无人水面艇进入规范化发展阶段。纵观当前世界在研和现役的无人水面艇，可用于执行数据收集、传输和中继等 C⁴ISR 任务，支持常规打击、介入作战、布雷、远程反潜等进攻任务，以及防空、防御性反潜、反水雷、水面战等防御任务。从技术成熟度来看，大多数达到了 TRL6 和 TRL7 的水平[5,6]，即在相关环境或实际作战环境下进行了组件或试验模型演示。从长度、自持力、有效载荷和有效输出功率等与平台大小相关的指标看，大部分在研无人水面艇为小型平台，这是由小型平台具有成本优势且试验易用性高等因素决定的。

这一时期的主要特点是半自主方式，主要用于反潜/反水雷/ISR 等任务。

4) 智能化发展阶段(未来终极目标)

无人水面艇未来的发展目标是实现高速、智能、自主水面无人系统。智能化发展目标主要如下：

(1) 提升环境适应性，实现高精度航迹跟踪、自主避障、恶劣海况下自适应航行；

(2) 提升生存能力，实现综合隐身与防护、海战场任务环境理解与认知；

(3) 提升作战效能，实现模块化、自主航行与载荷复合控制、集群协同响应；

(4) 提升战场智能化综合保障水平，实现高海况条件下自主布放回收、平台状态智能管理、训练验证及管理。

4. 水下无人系统发展历程

水下无人系统也分为如下四个发展阶段。

1) 萌芽起步阶段(1950～1970 年)

1953 年，第一艘遥控无人潜航器问世。1960 年，美国利用新研制的深潜器首次潜入世界大洋最深处——马里亚纳海沟，下潜深度 10916m。

1966 年 1 月，美国 B-52 战略轰炸机携带的一枚 B28 型氢弹因意外事故掉进地中海，美国紧急调用"柯沃"号遥控型水下机器人进行探测和打捞，如图 2-13 所示。经过两个多月的艰苦努力后，这枚坠落在 800 余米海底、当量为 150 万 t 的氢弹被打捞出水，开启了无人潜航器水下成功作业的先河。

从 1953 年第一艘遥控无人潜航器问世，到 1974 年的 20 多年里，全世界共研制了 20 艘遥控无人潜航器，特别是 1974 年以后，由于海洋油气业的迅速发展，遥控无人潜航器也得到飞速发展。

这一阶段的无人潜航器主要采用遥控方式，主要用于科学研究。

图 2-13　美国"柯沃"号遥控型水下机器人

2) 初步发展阶段(1971～1990 年)

美国海军最早的无人潜航器是用制式 MK-48 重型鱼雷改装而成的。用大油箱和模块化的传感器装置取代了战雷头,虽然这一技术粗糙的水下装置从未投入使用,但却是美国海军对无人潜航器的首次尝试。1975 年,美国海军的第一种实用型 MK-30 无人潜航器投入服役,主要用于在反潜战中模拟潜艇的反射特征,起到干扰和诱骗作用。1980 年法国"逆戟鲸"号无人深潜器下潜 6000m。日本"海沟"号无人潜水探测器最大潜水深度 1.1 万 m,如图 2-14 所示。1988

图 2-14　日本"海沟"号无人潜水探测器

年，无人遥控潜水器又得到长足发展，这个时期增加的潜水器多数为有缆遥控潜水器，大约为 800 艘。

这一时期无人潜航器主要用于反水雷、监视、情报收集和海洋测量等领域。

3) 稳步发展阶段(1991 年至今)

自 20 世纪 90 年代中期以来，无人潜航器这一新概念的水下作战平台日益受到海军大国的重视，美欧一些国家竞相在这一领域展开研究，提出了各种各样的开发方案。1999 年，美国海军研制出了第一代搜索鱼雷用无人潜航器侦察系统，当年提出了第一个无人潜航器的发展计划，并于 2005 年明确要发展大型、重型、中型和便携式无人潜航器。在 2003 年的"伊拉克自由"战争中，美国启用了"海神之子"无人潜航器，对伊拉克乌姆盖斯尔港的水雷进行探测和清除，为载有人道主义救援物资的英国两栖舰开辟了航道；2005 年 8 月，俄罗斯海军一艘小型潜艇被困在勘察；加半岛东部海域深水，艇员生命危在旦夕，英国海军紧急派"天蝎"号无人潜航器前往救援，5 个小时后终使俄潜艇浮上水面，7 名艇员全部获救。2005 年 1 月，美海军发布新的无人潜航器总体规划，明确提出了未来无人潜航器的开发级别，并对无人潜航器在未来海军四大支柱(力量网、海上盾牌、海上基地、海上打击)中的使命任务做出了具体规定。2013 年美海军已将第一批 MK18Mod2"王鱼"型无人潜航器部署在第五舰队，如图 2-15 所示。

图 2-15　"王鱼"无人潜航器

这一时期的主要特点是采用半自主方式，主要用于反水雷、反潜、侦察等任务。

4) 智能化发展阶段(未来终极目标)

未来发展的主要目标是实现自主、大型、高速、集群航行器。智能化发展目标主要如下：

(1) 提升机动性，实现模块化设计、集成仿生构型、综合隐身优化、多航态设计与构型；

(2) 提升作战能力，实现水下特种预置、超大型潜器、低成本及集群；

(3) 提升保障能力，实现仿生驱动设计实现高效推进，自主布放回收。

2.1.3　无人系统的分类与型谱分析

无人系统的分类和型谱分析有利于指导无人系统的发展、制定无人系统设计规范或标准、便于无人装备的管理。无人系统分类有各种各样分类依据，如用途、任务能力、构型、尺寸、重量、速度、高度、距离等。第 1 章将无人系统按照使用空间域、使命任务、自主能力、控制权限、人机关系等维度进行类别划分，本节主要参考和总结美军无人装备型谱，并按照重量、尺寸、距离等来综合考虑进行分类和型谱分析[1,7-12]。

1. 无人机系统分类和型谱

无人机常用的划分方式主要有以下七类，具体每种划分方式的尺度标准在不同的应用场景可能有所不同。

(1) 按用途，无人机可以划分为战略无人机和战术无人机两大类。

(2) 按任务能力，无人机可以划分为无人侦察机、电子对抗无人机、察打一体无人机、无人作战飞机、通信中继无人机、无人靶机、无人加油机等类别。

(3) 按构型和飞行方式，无人机可以划分为固定翼无人机、无人直升机、多旋翼无人机、倾转旋翼固定翼无人机、复合翼无人机、扑翼无人机、无人飞艇等类别。

(4) 按尺寸和质量，无人机可以划分为大型(500kg 以上，翼展 10m 以上)、中型(200～500kg，翼展<10m)、小型(<200kg，尺寸 3～5m，活动半径 150～350km)、轻型(<100kg)、微型(<1kg，翼展 15cm 以下)五类。

(5) 按飞行速度，无人机可以划分为低速($Ma<0.3$)、亚声速(Ma 为 0.3～0.8)、跨声速(Ma 为 0.8～1.2)、超声速(Ma 为 1.2～5)、高超声速($Ma>5$)五类。

(6) 按实用升限，无人机可以划分为超低空(离地高度<100m)、低空(离地高度 100～1000m)、中空(1000～7000m)、高空(7000～20000m)、临近空间(20～100km，又称高高空、超高空、亚太空)五类。

(7) 按作战半径，无人机可以划分为超近程(<15km)、近程(15~50km)、短程(50~200km)、中程(200~800km)、远程(>800km)五类。

美国国防部对无人机系统进行了综合分类，将无人机按照最大起飞质量、正常飞行高度、航速等因素综合考虑分成微型战术、小型战术、中型战术、大型长航时和战略渗透五类[7]，如表 2-2 所示。

表 2-2 美国国防部对无人机系统的分类[7]

无人机类型	最大起飞质量	正常飞行高度	航速	无人机示例
第一类 微型战术	<20lb	<1200ft	<100kn	"大乌鸦"
第二类 小型战术	21~55lb	<3500ft	<250kn	"扫描鹰"
第三类 中型战术	<1320lb	<18000ft	<250kn	"影子"(RQ-7)
第四类 大型长航时	≥1320lb	<18000ft	任意速度	"捕食者"(MQ-1)
第五类 战略渗透	≥1320lb	≥18000ft	任意速度	"死神"(MQ-9) "全球鹰"(RQ-4)

注：1lb=0.45kg，1ft=0.305m，1kn=1.852km/h。

近年来，美国无人机技术快速发展，初步形成了"大、中、小型"搭配、"高、中、低空"互补、"远、中、近程"结合、"战略、战役、战术"衔接的较为完整的无人机装备体系，如图 2-16 所示。

2. 地面无人系统分类和型谱

美国是最早研制地面无人作战系统并在实战中成功运用的国家。美军认为地面无人系统将重点在以下五个方面提高部队的作战能力：①增强态势感知能力；②有效降低士兵负载；③改进后勤保障能力；④提升战场机动能力；⑤保护士兵远离危险。针对这五种能力美军近年来重点发展的型号装备型谱如图 2-17 所示。此外地面无人系统还常按照质量进行分类，一般分为重型(>10t)、中型(5~10t)、轻型(0.3~5t)、小型(5~300kg)和微型(5kg 以下)。

3. 水面无人系统分类与型谱

世界各国在研和投入使用的各种无人水面艇已近 100 余型，国外无人水面艇主要装备型谱如图 2-18 所示。水面无人系统一般按照排水量一般分为大型(100t 以上)、中型(10~100t)和小型(10t 以下)，目前美军小型无人艇种类繁多，中型无

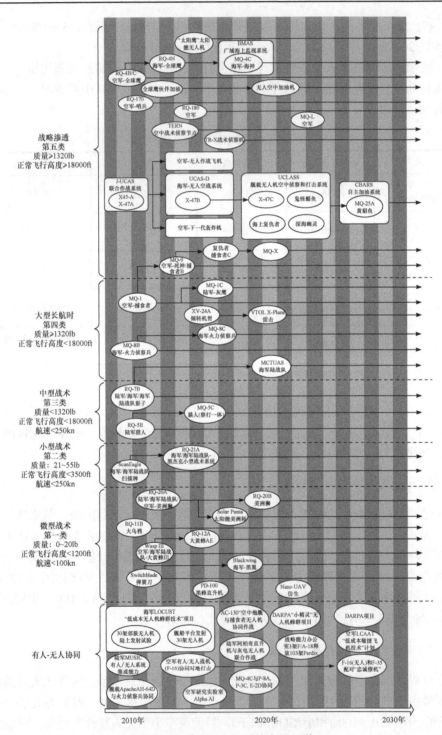

图 2-16　美军无人机系统发展型谱

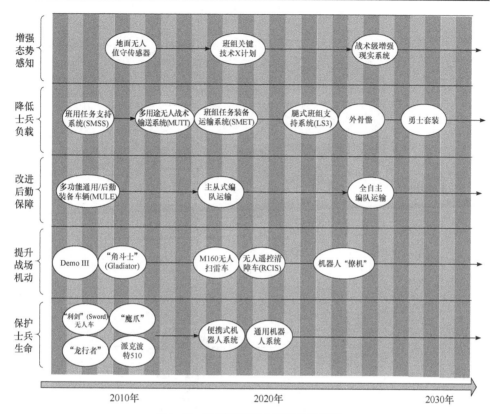

图 2-17　美军地面无人系统发展型谱

人艇相对较少，正大力发展大型无人艇。

4. 水下无人系统分类与型谱

按照美国海军无人潜航器发展规划，依据排水量将无人潜航器分为便携式、轻型、重型和超大型等四大类，如表 2-3 所示。

表 2-3　无人潜航器综合分类[9,13]

级别	直径/in	排水量/lb	续航力(低负荷状态)/h	载荷/ft³
便携式	3~9	<100	10~20	<0.25
轻型	12.75	约500	20~40	1~3
重型	21	<3000	40~80	4~6
超大型	>36	约2000	远大于400	15~30

注：1in=2.54cm。

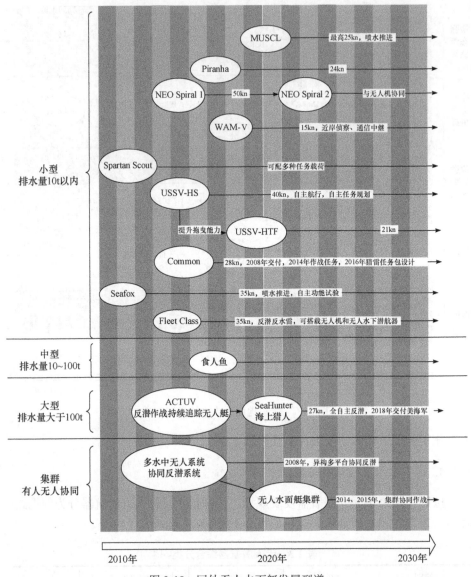

图 2-18　国外无人水面艇发展型谱

　　2000 年美国便发布了首版《海军无人潜航器主计划》[8]，2004 年对此进行了修订[9]。2007 年以后，无人潜航器与空中、地面等无人系统整合，每两年发布一次《无人系统综合路线图》并滚动修订。美国有多型在研和在役无人潜航器，涵盖全部排水量类型和动力类型。其中便携式无人潜航器 2 型，均在役，全部用于反水雷；轻型无人潜航器中，4 型用于反水雷，1 型用于海洋环境调查，均在役；重型无人潜航器中，在役 3 型，在研多型。大型无人潜航器目前多型在

研，其中 LDUUV "蛇头"(又称 "黑鱼")正在寻求商用解决方案，并重点发展
超大型无人潜航器(XLUUV) "虎鲸"，如图 2-19 所示。

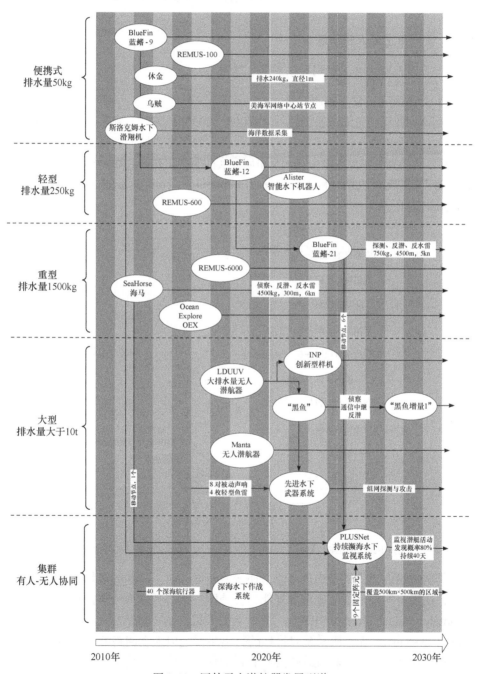

图 2-19　国外无人潜航器发展型谱

2.2　国外自主无人机系统

2.2.1　美国自主无人机系统

1. 美国无人机自主控制等级及基本情况

1) 美国无人机自主控制等级

美国国防部在《无人系统路线图(2005—2030)》提出了侧重于规划与决策需求的自主等级划分方法，并考虑了单平台自主到多平台协同的自主水平的时序发展趋势，具体划分参见附录中美国空军研究实验室(Air Force Research Laboratory，AFRL)定义的无人机系统自主控制等级(autonomous control level，ACL)，其示意图如图 2-20 所示。

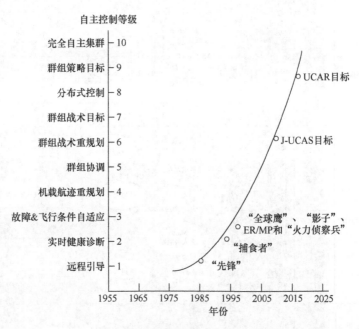

图 2-20　美国《无人系统路线图(2005—2030)》自主控制等级[10]

美国现役的无人机系统自主能力还普遍较低，自主控制等级都在 3 级或 3 级以下，还没有实现机载航迹重规划能力。美国空军将其称为"遥控驾驶飞行器"(remotely piloted aircraft，RPA)，将小型无人机称为"SUAS"(small unmanned aircraft systems)。无人机系统对目标的打击主要是以人在回路的方式实现，即无人机执行作战任务时，将机载传感器获得的侦察图像远程传回地面站，由地面站飞行员/操作员从图像中识别目标并确认攻击。

2) 美国各军种无人机的基本情况

美陆军主要使用无人机执行联合 ISR 任务，以及侦察、监视和目标获取 (reconnaissance, surveillance, and target acquisition，RSTA)任务。陆军作战需要持续地监视和侦察，以提供态势感知和对迫在眉睫威胁的及时预警，无人机理所当然成为理想工具。陆军无人机系统能够代替有人驾驶飞机执行威胁性高的飞行任务，尤其是陆军的中小型无人机系统，为地面部队提供了便捷的空中视角，提供火力侦察、火炮校射、监视定位、警戒、打击、战斗支援、通信支援、后勤补给等功能。美国陆军典型无人机装备除了 MQ-1C "灰鹰"(Gray Eagle)无人机为中大型无人机外，其余为小型战术无人机。

美空军无人机装备主要支持其在本土和海外常态化、高强度执行侦察监视、电子战、火力打击、战场评估等任务。近年来，美空军高度重视无人装备发展，加快无人机系统迭代升级和实战化部署，在役无人装备型谱日益完善，能力水平持续提升，已成为不可或缺的空中作战力量。与陆军偏爱小型无人机不同，空军倾向于使用更大、持续时间更长、高度更高的无人机，其目标是在更广泛的地理范围内收集大量数据，并在更长的时间内跟踪特定目标。美国空军的第一架广泛使用的 MQ-1 "捕食者"(Predator)无人机，是为了满足高质量 ISR 数据的需求而部署的。随着技术的进步，空军已经转向 MQ-9 "死神"(Reaper)无人机，比 MQ-1 "捕食者"更大、装备更重，具有更长的续航能力和更好的传感器，用于执行火力打击和 ISR 任务。美空军主要在役无人机系统如表 2-4 所示。

表 2-4 美空军主要在役无人机系统

序号	类别		型号	使命任务
1	大中型无人机	中空长航时察打一体无人机	"死神"(MQ-9A)	侦察监视、目标指示、对地攻击
2		高空长航时无人侦察机	"全球鹰"(RQ-4B)	高空、广域、持久的侦察监视和电子战
3		隐身长航时无人侦察机	"哨兵"(RQ-170)	高威胁环境下的侦察监视任务
4		隐身长航时无人侦察机	"白蝙蝠"(RQ-180)	高威胁环境下的高空侦察监视、电子战等任务
5	小型无人机	小型战术无人侦察机	"大乌鸦"(RQ-11B)	近距侦察监视、目标指示
6		小型战术无人侦察机	"美洲狮"(RQ-20A)	低空侦察监视、目标指示
7		小型战术无人侦察机	"黄蜂"(RQ-12)	视距外侦察监视

美海军在役无人机主要包括 MQ-4C "海神"(Triton)无人机、MQ-8 "火力侦察兵"(Fire Scout)舰载无人直升机、"扫描鹰"(Scan Eagle)和 RQ-21A "黑杰克"(Blackjack)舰载战术无人机、"黑翼"(Blackwing)潜射无人机 6 型。

美国各军种无人机自主控制等级如表 2-5 所示。

表 2-5　美军典型现役无人机的自主控制等级

代号	无人机	ACL	军种
MQ-1	Predator, "捕食者"	大于 2	空军、陆军、海军
RQ-2	Pioneer, "先锋"	大于 1	海军陆战队
RQ-4	Global Hawk, "全球鹰"	接近 3	空军
MQ-4C	Triton, "海神"	接近 3	海军
MQ-1C	ER/MP, 增程/多用途	接近 3	陆军
RQ-7	Shadow200, "影子 200"	接近 3	陆军、海军陆战队
RQ-8/MQ-8	Fire Scout, "火力侦察兵"	接近 3	海军
MQ-9	Predator B, "捕食者 B"	大于 2	空军、海军
RQ-11	Ravens, "大乌鸦"	大于 1	陆军

2. 美国典型无人侦察机

1) "全球鹰"(RQ-4)/"海神"(MQ-4C)高空长航时无人侦察机

"全球鹰"无人机是美国诺思罗普·格鲁曼公司为美国空军研制的单发涡扇高空长航时无人侦察机,主要遂行远程、高空、广域、持久的 ISR 任务。该机是目前世界上已列装的尺寸最大、重量最重的无人机,是高空长航时无人机的典型代表,如图 2-21 所示。"全球鹰"(RQ-4)高空长航时无人侦察机能够执行预先规划任务、可变任务,具有基本的实时故障/事件的鲁棒响应,自主控制等级接近 3 级,其性能参数如表 2-6 所示。

图 2-21　"全球鹰"(RQ-4)高空长航时无人侦察机

表 2-6　"全球鹰"无人机 RQ-4A 和 RQ-4B 的性能

机型	RQ-4A	RQ-4B
总重	12000kg	14600kg
有效载荷	890kg	1360kg
续航时间	32h	28h
最大/巡航速度	650/630km/h	640/580km/h
升限	19000m	18000m
发动机	涡扇 AE-3007E	涡扇 AE-3007E
传感器	光电/红外/SAR	光电/红外/SAR

　　"全球鹰"无人机采用大展弦比下单翼、V 形尾翼布局，轮式起降。机上安装有综合任务管理计算机(integrated mission management computer，IMMC)，采用双余度配置，可完成制导、导航与控制功能，配置英国航空航天公司(BAE)的任务规划软件。每个地面控制站最多能同时控制 3 架无人机，但只能接收 1 架无人机的图像情报，地面控制单元可同时向战区内的 7 个情报接收点发送侦察图像。可配装光电/红外传感器、合成孔径雷达、信号情报、战场机载通信节点等载荷，机头还集成了 1 台用于为地面操作人员提供视景的视频摄像机，以便在起飞和着陆时进行监控，机上集成有功能强大的数据处理机，可直接将情报数据转换成图像，并将图像下传给地面指挥控制站。该无人机携带的光电载荷可在 110km 外提供分辨率为 6m 的图像或情报视频，每次任务可覆盖 7.4 万 km^2；雷达载荷可穿透云雨等障碍，在 100km 外监视地面/海面移动目标，聚束模式下分辨力为 0.3m，广域监视模式下分辨力为 1m，成像范围达 200km^2。

　　"全球鹰"无人机正逐步代替有人侦察机成为美军空中侦察情报的主要来源。2012 年 9 月，DARPA、美国诺思罗普·格鲁曼公司和美国国家航空航天局(National Aeronautics and Space Administration, NASA)代顿飞行研究中心利用两架经过改装的"全球鹰"(RQ-4)无人机成功地完成了无人机空中加油试验，如图 2-22 所示，标志着无人机在编队飞行及协同方面取得突破性进展，也标志着"全球鹰"无人机自主控制等级接近 5 的水平。

　　2019 年 11 月，北约订购的首架"全球鹰"(RQ-4D，代号"凤凰")无人机进驻意大利锡戈内拉空军基地，着力构建"联合地面监视系统"，计划采购 5 架，耗资 12 亿欧元(17 亿美元)。2020 年 10 月，4 架"全球鹰"高空长航时无人侦察机已交付韩国。

　　MQ-4C "海神"(Triton)无人机是美国诺思罗普·格鲁曼公司在美国空军使用的 RQ-4B "全球鹰"(Global Hawk)基础上为美国海军"广域海上监视"(BAMS)项

图 2-22　"全球鹰"无人机伙伴加油

目研制的一种高空长航时无人侦察机,专为海上环境设计,主要遂行高空侦察监视、电子战等作战任务,具备广域海面持久监视能力,可承担战略侦察任务,如图 2-23 所示。MQ-4C "海神"无人机能够执行预先规划任务、可变任务,具有基本的实时故障/事件的鲁棒响应,自主控制等级接近 3,其性能参数如表 2-7所示。

图 2-23　MQ-4C "海神"无人机

表 2-7　MQ-4C 无人机性能参数

性能参数	取值
机长	14.5m
翼展	39.9m
总质量	14630kg
最大飞行速度	575km/h

续表

性能参数	取值
实用升限	18288m
最大航程	22780m
续航时间	30h

该无人机外形上保留了"全球鹰"(RQ-4B)的许多基本设计单元，采用大展弦比下单翼布局，V 形尾翼，背部安装涡扇发动机。配备美国诺思罗普·格鲁曼公司专为海上目标监视任务而设计的、可 360°旋转的 AN/ZPY-3 多功能主动传感器(multi-function active sensor，MFAS)、先进多功能雷达、光电/红外传感器系统、电子支援措施系统、宽带 Ka 和 X 波段军用卫星通信系统、Link16 数据链等任务设备。2019 年 6 月 20 日，一架 MQ-4C 在霍尔木兹海峡执行任务时被伊朗击落，被击落时的画面如图 2-24 所示，这也暴露了 MQ-4C 无人机自主能力和隐身性能较弱等问题。

图 2-24　一架 MQ-4C 无人机在霍尔木兹海峡被伊朗击落

2) "哨兵"(RQ-170)无人机/"白蝙蝠"(RQ-180)隐身无人机

"哨兵"(RQ-170)又称"坎大哈野兽"，如图 2-25 所示，是由美国洛克希德·马丁公司"臭鼬"工厂为美国空军研制的隐身无人侦察机，主要遂行穿透性侦察监视任务。无人机"哨兵"(RQ-170)能够执行预先规划任务、可变任务，具有基本的实时故障/事件的鲁棒响应，自主控制等级接近 3。

"哨兵"(RQ-170)采用大后掠角的无尾飞翼式布局，背负式进气道，左右机翼上各有 1 个凸起的任务载荷舱，机腹上方的中央传感器舱内的传感器件除了光电/红外传感器系统和 1 个小侧视雷达外，其内部还有 1 个玻璃隔舱，该舱装有

图 2-25　"哨兵"(RQ-170)无人机

原来专为 F-22 战斗机研制的 3 块可以降低雷达散射截面的红外透明材料制成的面板，还可配备远程倾斜摄影摄像机。

　　"哨兵"(RQ-170)是美军第二型进入服役的隐身高空长航时无人侦察机，该机服役后长期在阿富汗、伊朗等地区秘密使用，支持美空军在中东等地区的作战行动，曾在抓捕本·拉登的行动中发挥了极其关键的作用。2011 年，伊朗官方宣称成功捕获了一架深入伊朗领空的美军隐身无人机 RQ-170，如图 2-26 所示，暴露了其抗诱骗能力不足等问题。

图 2-26　伊朗捕获一架美军隐身无人机 RQ-170

　　"白蝙蝠"(RQ-180)是美国诺思罗普·格鲁曼公司研制的隐身高空长航时无人侦察机，如图 2-27 所示，可在拒止区域遂行高空隐身持久侦察监视、目标指示等任务，以填补 SR-71 侦察机退役后留下的能力空白，并逐步替代"全球鹰"无人机成为美空军主力侦察机型。从目前公开的消息来看，RQ-180 无人机能够执行预先规划任务、可变任务，具有实时故障/事件的鲁棒响应和自适应能力，自主控制等级接近 4。

图 2-27　RQ-180 无人机

RQ-180 无人机采用大展弦比无尾飞翼式布局，兼具极低可探测性和良好的气动效率，可能配装中等涵道比涡扇发动机。主要携带有源电子相控阵(active electronically-scanned array，AESA)雷达和一些无源电子检测设备等射频传感器，以及电子战载荷，能够执行电子攻击任务。

RQ-170/RQ-180 无人机性能参数如表 2-8 所示。

表 2-8　RQ-170/RQ-180 无人机性能参数

机型	RQ-170	RQ-180
机长	5.2m	21m
机高	1.8m	—
翼展	20m	62m
总重	3860kg	14641kg
续航时间	5～6h	24h
发动机	霍尼韦尔 TFE731	两台通用 CF-34 涡扇发动机

3) 小型无人机"大乌鸦"(RQ-11B)

美国装备数量最多的无人机是手持发射的轻型侦察用无人机 RQ-11"大乌鸦"(Ravens)，如图 2-28 所示。该无人机由加利福尼亚州的航空环境公司(Aero Vironment)研制生产。无人机"大乌鸦"(RQ-11A/B)主要供陆军排级部队使用，用于战场上的低空侦察、监视与目标辨识。"大乌鸦"机身非常小巧，分解后可以放入背包内携带，安装完成后由士兵直接用手投掷起飞。小型无人机"大乌鸦"(RQ-11B)能够执行预先规划任务，自主控制等级大于 1，其性能参数如表 2-9 所示。

图 2-28　"大乌鸦"便携式无人机

表 2-9　小型无人机"大乌鸦"(RQ-11B)性能参数

性能参数	取值
机长	0.9144m
翼展	1.37m
最大起飞质量	1.91kg
最大飞行速度	96km/h
典型飞行高度	100～150m
有效工作半径	12km
续航时间	90min

该无人机采用自主或人工控制飞行，GPS 导航。具备四种自主导航模式：高度保持、航点导航、自主巡逻和返航。任务载荷配备双前视和侧视光电/红外(electro-optical/infrared EO/IR)摄像头，电荷耦合元件(charge-coupled device，CCD)彩色电视相机。机上装有实时下行数据链；采用电推进，由锂离子电池供电。

4)　"扫描鹰"战术无人机

"扫描鹰"战术无人机由英西图公司研制，如图 2-29 所示，主要用于海上侦察监视、情报搜集、目标搜捕、通信中继等各种战术支援。2002 年 6 月首次自主飞行，2005 年列装，主要配备驱逐舰、巡洋舰、大型两栖舰。"扫描鹰"战术无人机能够执行预先规划任务，自主控制等级大于 1，其性能参数如表 2-10所示。

图 2-29　"扫描鹰"战术无人机

表 2-10　"扫描鹰"战术无人机性能参数

性能参数	取值
机长	1.55m
翼展	3.11m
最大起飞质量	22kg
最大任务载荷质量	3.4kg
最大平飞速度	148km/h
使用升限	5950m
续航时间	≥24h

该无人机采用圆柱形机身，中单翼布局，机翼后掠，无起落架，模块化电子设备舱。采用机载精密导航系统和辅助的全球定位系统，由地面控制站实时控制。"扫描鹰"机头装备一台光电或红外摄像机，视频数据链和 C^2(command and control，指挥与控制)数据链可将图像实时传回地面控制站。

5)　"黑蜂"微型无人直升机

"黑蜂"是挪威普罗克斯动力公司(Prox Dynamics)研制的微型无人直升机，质量只有 16g，仅携带小型相机，该机具有夜间飞行、悬停、凝视和监视能力。为进一步加强美陆军 ISR 无人机系统的能力，美国的 FLIR 公司收购了挪威普罗克斯动力公司，并在 2018 年 12 月的欧洲防务展上推出了最新的"黑蜂 3"(Black Hornet 3)及其配套组件，如图 2-30 所示，可供单兵便携和车载侦察，其飞行平台质量约 33g，具备红外和可见光侦察能力，是目前世界上最轻、最小的无人直升机。"黑蜂"微型无人直升机能够执行预先规划任务，自主控制等级大于1，其性能参数如表2-11所示。

图 2-30　"黑蜂 3"微型无人直升机

表 2-11　"黑蜂"微型无人直升机性能参数

性能参数	取值
机长	0.166m
旋翼直径	0.123m
总重	33g
最大平飞速度	21.49km/h
实用升限	1000m
航程(视距)	≥1.5km
续航时间	25min

该无人机采用常规直升机布局，双桨叶旋翼桨，带尾桨，电池供电，单手操控手柄控制；搭载 GPS、图像导航传感器、热敏传感器和小型光电/夜视摄像机，可将信息传输到袖珍显示器上。

3. 美国典型察打一体无人机

为满足不同作战需求，美军通过现役无人装备进行改进改型或批次渐进发展，实现系列化发展。例如，美国在空军 RQ-1"捕食者"无人机的基础上，为满足陆军需求，发展了 MQ-1C"灰鹰"无人机；通过伊拉克战争，美空军发展了 MQ-9 "死神" 无人机；为满足高对抗条件下使用，正在发展 MQ-X 无人机，如图 2-31 所示。

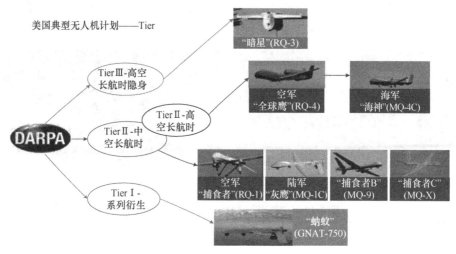

图 2-31　美国无人机系列化发展

1) "捕食者"(MQ-1)/"灰鹰"(MQ-1C)察打一体无人机

"捕食者"(Predator)(MQ-1)是由美国通用原子航空系统有限公司研发及制造的中海拔、长时程无人机系统，可以执行侦察任务，也可发射两枚 AGM-114 "地狱火" 导弹执行打击任务，如图 2-32 所示。从 1995 年服役以来，该型飞机参加过阿富汗、巴基斯坦、波斯尼亚、塞尔维亚、伊拉克和也门的战斗。2018 年，美国空军宣布退役所有 "捕食者"，让位于 "死神"(MQ-9)。

图 2-32　"捕食者"(MQ-1)无人机

　　"灰鹰"(MQ-1C)(图 2-33)是美国通用原子航空系统有限公司基于"捕食者"(MQ-1B)研制的大型察打一体无人机，主要用于执行侦察监视、目标截获、对地攻击等任务。"灰鹰"(MQ-1C)能够执行预先规划任务和可变任务，自主控制等级大于 2，其性能参数如表 2-12 所示。

图 2-33　"灰鹰"(MQ-1C)无人机

表 2-12　"灰鹰"(MQ-1C)无人机性能参数

性能参数	取值
机长	8.53m
机高	2.21m
翼展	17.07m
最大起飞质量	1633kg
最大平飞速度	309km/h
实用升限	8840m
续航时间	25h
发动机	"百夫长"1.7(Centurion1.7)涡轮增压柴油发动机
最大功率	123kW

　　该无人机已列装美陆军陆航旅下属无人机连，实现了与 AH-64D/E 攻击直升机混编和协同作战。美国陆军 "灰鹰"累计飞行时间超百万小时。2021 年 6 月，美国通用原子航空系统有限公司完成增程型"灰鹰"无人机无刷发电机试飞，并对各种状态下无刷发电机的输出功率进行了全面测试。"灰鹰"增程型无人机的续航时间已达 40h。

　　2)　"死神"(MQ-9)无人机

　　"死神"又名"收割者"(图 2-34)，是美国通用原子航空系统有限公司在"捕食者 A"(Reaper)基础上于 1998 年研制的中空长航时察打一体无人机，又称"捕食者 B"，主要遂行持久战场监视、目标指示和时敏目标打击任务，并逐步发展为美空军实施"斩首"等特种作战行为的重要装备。"死神"(MQ-9A)无人机能够执行预先规划任务和可变任务，自主控制等级大于 2，其性能参数如表 2-13 所示。

图 2-34　"死神"(MQ-9A)无人机

表 2-13　"死神"(MQ-9A)无人机性能参数

性能参数	取值
机长	10.82m
翼展	20.12m
机高	3.81m
机身直径	1.13m
最大起飞质量	4763kg
最大任务载重	1747kg
使用最大平飞速度	440km/h
巡航速度	389km/h
使用升限	>15240m
作战半径	2963km
续航时间	>30h

　　"死神"(MQ-9A)采用大展弦比平直翼、Y 形尾翼布局，轮式起降。该机可配备多光谱秒转系统、合成孔径/地面移动目标指示雷达等任务载荷，左右机翼各分布 3 个挂点，最多可携带多达 16 枚的 AGM-114"海尔法"空地导弹，或同时携带 4 枚"海尔法"导弹及 2 枚质量为 230kg 的 GBU-13"宝石路"激光制导炸弹。除此之外，还可以挂载 AIM-9"响尾蛇"近距空空导弹和 GBU-38"联合

直接攻击弹药"JDAM。

美军"死神"系列无人机 MQ-9 继首次成功完成独立反潜战能力演示后，不断拓展任务能力。2020 年 1 月，美军在伊拉克利用"死神"无人机实施"斩首行动"，刺杀了伊朗圣城旅旅长苏莱曼尼，如图 2-35 所示。

图 2-35　"死神"(MQ-9A)无人机刺杀苏莱曼尼

2020 年 11 月，美国通用原子航空系统有限公司首次成功完成 MQ-9A 无人机独立反潜战能力演示。2021 年 1 月，美国海军首次进行无人机机载反潜作战测试，使用从 MQ-9A Block V 型"死神"无人机上投掷的声呐浮标对模拟的潜艇目标进行了追踪测试。

2022 年 7 月，在 2022 年环太平洋军事演习中，美国空军首次使用了"死神"(MQ-9B)无人机。2022 年 8 月美国通用原子航空系统有限公司在 MQ-9B 上测试了加拿大普拉特·惠特尼(普惠)公司的 PT6 E 系列涡轮螺旋桨发动机，展示了其在某些配置下超过 40h 的机载续航能力。

3)"复仇者"(MQ-20)无人机

"复仇者"(MQ-20)无人机(图 2-36)是美国通用原子航空系统有限公司继"死神"(MQ-9)之后推出的全新隐身无人机产品，又称"捕食者 C"。通过先进机载数据链路，可实现机间自主组网，与有人机协同对地攻击，其性能参数如表 2-14 所示。

2021 年 6 月，美空军于加利福尼亚州基地成功以研发中的"复仇者"(MQ-20)

无人机，搭载"天空博格人"Skyborg 的"自主核心系统"(autonomy core system, ACS)试飞成功，成功展示了自动完成飞行航线规划、航线调整、与基地沟通确认指令变动，以及确认周边友军载体的相关能力。

图 2-36　"复仇者"(MQ-20)无人机

表 2-14　"复仇者"(MQ-20)无人机性能参数

性能参数	取值
机长	12.5m
宽	20.12m
翼展	20m
发动机	普惠(Pratt&Witney)的 PW545B 发动机
最快速度	740km/h

2021 年 8 月，美国通用原子航空系统有限公司使用 MQ-20 无人机完成空中有人-无人协同演示，成功证明了其有人-无人协同相关系统有能力指挥空中装备，同时自主执行相关任务，能够为作战人员提供更好的态势感知能力并提升作战效率。

4)　"火力侦察兵"(MQ-8B/MQ-8C)无人机

"火力侦察兵"(MQ-8B)无人机(图 2-37)是美国诺思罗普·格鲁曼公司基于 RQ-8A 研发的舰载无人直升机，主要执行侦察监视、目标截获、后勤补给及攻击等任务。"火力侦察兵"(MQ-8B)无人机能够执行预先规划任务和可变任务，自主控制等级大于 2。

该无人机采用单旋翼带尾桨的总体布局，尾桨布置在机尾左侧，主旋翼可折叠；配装 1 台 250-C20W 涡轴发动机，配备光电/红外传感器、水雷探测系统和声呐浮标、合成孔径/地面移动目标指示雷达，还可外挂火箭弹及货物吊舱。MQ-8 还可以通过短翼挂载"海尔法"空地导弹、"蝰蛇打击"(Viper Strike)小型

图 2-37　"火力侦察兵" (MQ-8B)无人机

空地制导炸弹、APKWS 70mm 激光制导火箭弹进行攻击。

　　MQ-8B 在使用中暴露出体积小、发动机功率不足、难以搭载新型传感器和挂载攻击武器的问题，因此美国诺思罗普·格鲁曼公司于 2011 年开始研发续航能力和负载能力更强的"火力侦察兵" (MQ-8C)无人机(图 2-38)。MQ-8C 能够执行预先规划任务、可变任务，具有基本的实时故障/事件的鲁棒响应，自主控制等级接近 3，其性能参数如表 2-15 所示。

图 2-38　"火力侦察兵" (MQ-8C)无人机

　　相比于 MQ-8B，新型"火力侦察兵" (MQ-8C)无人机更大，它的高空滞留时间长达 11～14h。采用单旋翼带尾桨的总体布局；配装 1 台 M250-C47E 涡轴发动机，配备有源相控阵雷达和光电/红外传感器等任务设备，还可外挂武器系统。MQ-8C 可挂载超过 450kg 的传感器或武器系统。MQ-8B 目前安装了重 16kg、射程 6000m 的"格里芬"导弹以及 11.4kg、直径 70mm、射程 6000m 的制导火箭弹，而 MQ-8C 可挂载诸如 48.2kg 的"地狱火"导弹。2022 年 8 月，装备美国海军的"火力侦察兵"(MQ-8C)无人机成功完成"远征前沿基地作战概念"下的演习,并在演习中展示了其情报、监视、侦察和精确定位能力。

表 2-15 "火力侦察兵"(MQ-8B/MQ-8C)无人机性能参数

机型	MQ-8B	MQ-8C
发动机	罗尔斯·罗伊斯公司 M250-C20W 涡轴发动机	罗尔斯·罗伊斯公司 M250-C47E 涡轴发动机
功率	313kW	522kW
长度	7.3m	12.6m
宽度	1.9m	2.7m
高度	2.9m	3.3m
主旋翼直径	8.4m	10.7m
桨叶数目	四片	四片
自重	907kg	1452kg
最大起飞质量	1429kg	2721kg
有效载荷	272kg	内载:454kg 外载:1202kg
巡航速度	148km/h	213km/h
最大速度	157km/h	250km/h
作战半径	204km	278km
实用升限	3810m	4877m
最大飞行高度	6100m	6100m
载油量	720L	2420L
续航时间	8h	14h
航程	1104km	2272km

5)"弹簧刀"无人机

"弹簧刀"(Switchblade)无人机(图 2-39)是美国航空环境公司研发的一种背包式、非视距、小附带损伤的精确攻击无人机,撞击目标后引爆,未攻击目标情况下可回收。该机可在数分钟之内提供超视距(beyond-line-of-sight,BLOS)之外目标的 ISR 信息。"弹簧刀"无人机能够执行预先规划任务,自主控制等级大于1,其性能参数如表 2-16 所示。

(a) "弹簧刀" 300　　　　　　　　　　　　　　(b) "弹簧刀" 600

图 2-39　"弹簧刀" 300 和 "弹簧刀" 600 无人机

表 2-16　"弹簧刀" 无人机性能参数

机型	"弹簧刀" 300	"弹簧刀" 600
总重	约 2.5kg(含任务载荷、发射与运输包)	约 54.4kg(全套装备，单平台质量 22.7kg)
翼展	展开后为 610mm	—
最大飞行速度	160km/h	185km/h
巡航速度	101km/h	112km/h
最长续航时间	10min	40min
使用半径	10km	50km

　　"弹簧刀" 300 无人机采用 GPS，单兵通过地面控制站操控，由于采用了独特的 "GPS+电视" 复合制导方式，命中精度可控制在 1m 内。"弹簧刀" 发射后，操作手(步兵)可通过机载高分辨率彩色摄像机传回的实时目标图像来监视和搜索目标，接到消灭命令后，步兵可通过 PSP(便携游戏机)大小的掌上控制器锁定目标，"弹簧刀" 就会收回机翼，以俯冲方式高速撞向目标，并引爆机载高爆弹头。

　　2021 年 10 月，美国航空环境公司在北约 "认知环境图-海上无人系统 21" 演习中成功演示了 "美洲狮" 无人机与 "弹簧刀" 300 巡飞弹的海上协同能力。

　　"弹簧刀" 600 是 "弹簧刀" 300 的升级版无人机。"弹簧刀" 600 代表下一代小型远程攻击无人机，具有高精度光学瞄准跟踪能力和 40min 巡航察打时间。该机配有新的 RSTA 和精确打击能力，具有反装甲弹头，可对抗更大防护力的轻型装甲目标。"弹簧刀" 600 采用高性能光电/红外传感器套件和精密飞行控制系统，允许在更大对峙距离下精确攻击超视距目标，不需要外部雷达或红外监测引导。该机可以用人工便携式触摸屏火控平板操作，能执行跨陆地、海上或空中攻击的多种任务。

4. 美国在研自主无人机项目

目前美国在研的自主无人机系统自主控制能力都在 6 级左右(实时多平台协同)，作战任务以高空隐身侦察和对地打击为主，目前重点针对空天无人机、无人作战飞机、下一代多用途无人机等方向开展研究。已经基本解决了无尾翼高隐身长航时平台的自主能力，包括自主舰上起降、人干预自主飞行、动态任务重规划、编队协同飞行、协同对地攻击、超视距通信、自主空中加油等。

1) 空天无人机

"乘波者"(X-51A)飞行器(图 2-40)是美国空军研究实验室(AFRL)与 DARPA 联合主持研制的超燃冲压发动机高超声速验证机(代号："乘波者"(scramjet engine demonstrator-waverider，SED-WR))。该飞行器由波音公司与普惠公司共同开发，由一台 JP-7 碳氢燃料超燃冲压发动机推动，美军希望通过多次测试，使其最终达到以 6 倍声速飞行 300s 的计划，可以在 1h 内攻击地球任意位置目标。2010 年 5 月 26 日，美国在加利福尼亚州南部太平洋海岸的军事基地，首次成功试飞了 X-51A 试验机。2011 年和 2012 年分别进行了第二次和第三次试飞。2013 年 5 月 3 日，美国空军宣布"乘波者"飞行器 X-51A 在第四次，也是最后一次测试中一度以 5 倍多声速飞行，在约 6min 的时间里飞行了约 230n mile (1n mile=1.852km)。

图 2-40　"乘波者"(X-51A)飞行器

"临界鹰"(SR-72)无人机(图 2-41)是在美空军"一小时打遍全球"的战略思想引导下诞生的。SR-72 是由美国洛克希德·马丁公司于 2007 年提出的新型战略隐身多用途无人飞机概念，该型机本身涵盖完整的侦察系统并可携带在超高至临界空域的新型武器，集情报收集、侦察、监控、打击等诸多功能于一体。SR-72 无人机将采用涡喷发动机与超燃冲压发动机组合作为动力，其飞行高度可以达到 30.48km，最高飞行速度将达到马赫数为 6 的极声速(7350km/h)，是 SR-71 高速高空侦察机最大飞行速度的 2 倍，是第四代战斗机最大飞行速度的 3 倍，其飞行速度甚至比一些常见的导弹还要快，是目前人类制造的"最速飞机"。因为其速度优势，高超声速飞行器对 21 世纪防空系统的压力极大，一些著名的地空导弹，如美国的"爱国者"、俄罗斯的 S-400 和中国的"红旗-9"甚至无法追上这种飞机，从而无法进行拦截和击落，从而形成了"速度即隐身"的作战概念。

图 2-41　　"临界鹰"(SR-72)无人机

X-37B(图 2-42)是一种可重复使用的空天无人飞行器(空天无人机)，其由波音公司的"鬼怪工程队"研制完成。作为航天飞行器，它不仅可以进行轨道飞行，也可进行再入地球轨道飞行。X-37 验证机长 8.38m，机高 2.74m，翼展 4.57m，可由载人航天飞机带入轨道，作为第二载荷运载体以节省飞行费用。美国空军的无人飞行器 X-37B，外形变化不大，但结构相对 X-37 有所变动。使用太阳能电池阵作为能源，可增加 X-37 在轨运行时间，这也是美国空军试图验证的项目之一。2005 年 6 月 21 日，X-37 搭乘曾首次进入太空的民用运载飞机"白骑士"首次空中飞行试验。2017 年 9 月，美国空军宣布，X-37B 空天无人机发射升空，执行第五次在轨飞行任务。与此前四次飞行任务不同的是，此次 X-37B 是

图 2-42　　空天无人机 X-37B

由太空探索技术公司(Space X)全推力版"猎鹰 9 号"火箭送入太空。这也是 Space X 首个来自美国空军的发射任务。此前的四次飞行任务，美军使用的均是洛克希德·马丁公司和波音公司合资企业"联合发射联盟"的运载火箭。未来 X-37B 具有无人驾驶、天地往返、长期驻轨、快速反应等优势，将成为遂行航天侦察、通信指挥、空间对抗、远程精确打击等多样化任务的新型太空作战平台。

2) 无人作战飞机

2002 年，美国陆军和 DARPA 启动无人战斗武装旋翼机(unmanned combat armed rotorcraft，UCAR)项目(图 2-43)，自主控制等级预计达到 7～9，实现远程复杂低空环境下的自主任务能力，无人机系统具有协同发现、跟踪和打击隐藏在地面复杂背景下的作战人员等目标的能力。

图 2-43　UCAR 作战概念图

美国海军一直致力于研发高度自主的无人作战飞机(unmanned combat aerial vehicle，UCAV)系统，自主控制等级预计达到 5～6，最终使得单个地面站控制 4 架无人作战飞机协同执行目标打击任务。UCAV 的发展分为三个阶段[14]：

第一阶段，即海军 X-47A(诺思罗普·格鲁曼公司)和空军 X-45A(波音公司)单独发展(1999～2003 年)；

第二阶段，即联合无人空战系统(joint unmanned combat air system，J-UCAS)(2003～2006 年)；

第三阶段，即 J-UCAS 项目变更(2006 年)。

2006 年初，由于需求的变化，美国国防部对 J-UCAS 项目进行了调整，空、海军分型发展，海军继续支持诺思罗普·格鲁曼公司发展海军型无人空战系统(navy-unmanned combat air system，N-UCAS)，即 X-47B(无人空战系统验证机(unmanned combat air system carrier demonstration，UCAS-D))，向长航时、高隐身、高自主的海上监视-攻击系统方向发展；美国空军则将波音公司的 X-45C 和诺思罗普·格鲁曼公司的 X-47B 并入其远程打击轰炸机(long range strike-bomber，LRS-B)项目。

2011 年 5 月，美国海军 N-UCAS 项目进入第二阶段，即"无人舰载空中监视与打击系统"(unmanned carrier-launched airborne surveillance and strike, UCLASS)，包括诺思罗普·格鲁曼公司的 X-47B、波音公司的"鬼怪鳐鱼"无人作战飞机验证机改型、美国通用原子航空系统有限公司的"海上复仇者"、洛克希德·马丁公司的"海上幽灵"无人侦察攻击机等，如图 2-44 所示。

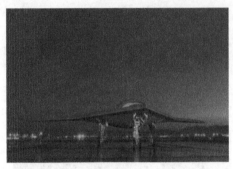

(a) 诺思罗普·格鲁曼公司的 X-47B

(b) 波音公司的"鬼怪鳐鱼"无人作战飞机验证机改型

(c) 美国通用原子航空系统有限公司的"海上复仇者"

(d) 洛克希德·马丁公司的"海上幽灵"无人侦察攻击机

图 2-44　UCLASS 的竞标机型

波音公司开展了 X-45 系列自主能力验证(图 2-45)。2002 年 5 月，波音公司 X-45A 技术验证机实现首飞；2004 年 9 月，验证了 X-45A 对变化环境做出快速反应的能力(自主控制等级为 4，威胁规避、机载重规划)；2005 年 2 月，验证了 X-45A 的第五级自主控制能力(双机编队飞行、任务分配、目标攻击)；2005 年 8 月，X-45A "毕业演习"验证了第六级自主控制能力(双机自主航线规划、威胁规避、任务协调、目标攻击)；2008 年，波音公司自主筹资在 X-45C 的基础上发展了"鬼怪鳐鱼"无人作战飞机，并于 2011 年 4 月在爱德华兹空军基地进行了首飞。

图 2-45　波音 X-45 系列验证机

诺思罗普·格鲁曼公司开展了 X-47 系列自主能力验证(图 2-46)。2003 年 2 月诺思罗普·格鲁曼公司发展的海军型 X-47A 技术验证机成功首飞，验证了低速飞行品质等关键技术；2006 年，J-UCAS 项目取消后，在海军支持下，诺思罗普·格鲁曼公司继续发展 X-47B (UCAS-D)；2011 年 2 月，X-47B 验证机在爱德华兹空军基地首飞成功；2012 年 11 月，在"杜鲁门"号航空母舰上开展首次航空母舰操控测试；2013 年 11 月，X-47B 无人作战飞机在"罗斯福"号航空母舰进行自主弹射起飞和拦阻着舰全流程飞行试验；2014 年 8 月，X-47B 无人机与"大黄蜂"F/A-18 在"罗斯福"号航空母舰上协同起降；2015 年 4 月 22 日，X-47B 首次与波音 707 加油机完成自主空中受油试验，加注燃油 4000lb(图 2-47)。

图 2-46　诺思罗普·格鲁曼公司 X-47 系列验证机

图 2-47　X-47B 空中受油验证

2016 年 5 月，由于任务不断加码、发展目标模糊、性能不足、缺少配套武器等，美国决定终止 X-47B 项目。美国将 UCLASS 调整为舰载无人空中加油系统(carrier-based aerial-refueling system，CBARS)，X-47B 改造成加油机，代号 MQ-25"黄貂鱼"。

MQ-25 无人加油机(图 2-48)的设计初衷，是美国海军需要一款能够伴随有人舰载机作战的无人战斗机。但美国海军后来发现，如果把有人、攻击、网络、智能几个要素叠加到一款作战飞机上，成本太高，所以美国海军退而求其次，研发了一种加油机，企图以新型加油方式，特别是隐身加油机与隐身战斗机的组合，形成空中作战以及保障的双隐身布局。

图 2-48　MQ-25"黄貂鱼"无人加油机

MQ-25 全机长约为 15.545m，翼展 22.86m(折叠后 9.54m)。作为对比，"超级大黄蜂"战斗机全机长为 18.35m，翼展 13.69m(折叠后 9.97m)，MQ-25A 与"超级大黄蜂"战斗机尺寸上可以说处于一个级别。MQ-25 具备一定的隐形能力，可以在 900km 外，为 4～6 架舰载机提供 15000lb(6804kg)的燃油，能将 F/A-18E/F 和 F-35C 的作战半径扩大到 1300km 以上。美军希望通过扩大舰载机作战半径的方式，避免航空母舰被反舰火力打击。此外，美国海军正在考虑扩大 MQ-25 无人机的任务范围，包括让其执行信息传输、监视和侦察任务。在 2021 年 8 月 19 日发布的声明中，美国海军航空系统司令部强调了这款无人机在情报、监视和侦察方面的作用：这款舰队的"眼睛"和"耳朵"将能够从战区深处提供最新的信息，为航空母舰战斗群的领导快速做出决策提供帮助。

2021 年 6 月，波音公司成功完成了 MQ-25A 无人机为 F/A-18E/F"超级大黄蜂"战斗机空中加油；8 月 18 日，美国海军完成了"黄貂鱼"舰载无人加油机 MQ-25 T-1 原型机为 E-2D"先进鹰眼"舰载预警机的空中加油试验，此次试验的成功标志着 E-2D 将由一型受限于航空母舰环境、滞空时间有限的超地平线空中早期预警平台，转变为可在战场空间任意地点提供复杂作战管理能力的延时滞空平台。9 月 13 日，美国波音公司的"黄貂鱼"无人加油机 MQ-25A T1 首次完成对海军 F-35C 隐身战斗机空中加油测试；12 月，美海军和波音公司完成"黄貂鱼"舰载无人加油机 MQ-25 T1 原型机首次舰上试验(图 2-49)。

图 2-49　MQ-25 空中加油

3) 下一代多用途无人机 MQ-Next

2020 年 6 月，美军发布了对"死神"战术侦察/打击无人机 MQ-9 的采购信息，被称为 MQ-Next，要求是全新下一代通用、中空、长航时、侦察和打击无人机或无人机系列平台，其包括人工智能/机器学习、自主性、开放任务系统(open mission system，OMS)、数字工程和可穿戴等先进技术。

美国空军希望在 2030 年获得新一代战术侦察/打击无人机原型，2031 年具备初始作战能力，之后新建若干生产线投入全速生产，取代 MQ-9"死神"。名为 MQ-Next 的美空军的下一代战斗无人机计划的确切要求仍未确定，但是已经有多家具备能力的企业参与竞标。9 月初，在虚拟的美国空军协会航空、航天和网络会议(网络会议)上，美国诺思罗普·格鲁曼公司、通用原子航空系统有限公司和洛克希德·马丁公司的臭鼬工厂都提交了 MQ-Next 无人机的概念设计(图 2-50 和图 2-51)，另外波音公司和 Kratos 公司也提交了概念设计，但没有披露图纸。

美国诺思罗普·格鲁曼公司、通用原子航空系统有限公司和洛克希德·马丁公司 MQ-Next 无人机不约而同采用了飞翼气动布局，因为飞翼气动布局用于无人机具有非常大的优势，具有更大的升力和隐身性，并且减少了燃料使用量，存在的缺陷是飞行控制较为复杂和机动性能弱化，这对于不追求空战，但是已经有多种飞翼结构无人机服役的美军已经不是问题。在此次会议上，还阐明 MQ-Next 无人机都将嵌入美国空军正在发展的"高级战斗管理系统"(advanced battle management system, ABMS)人工智能指挥控制系统[15]。

图 2-50　　美国通用原子航空系统有限公司方案

图 2-51　　洛克希德·马丁公司设计方案

5. 美国在研自主技术相关项目

1) 自主能力

"快速轻量自主"(FLA)项目(图 2-52)于 2015 年启动，致力于发展全新算法，使小型无人机仅凭所搭载的高分辨摄像机、激光雷达、声呐或惯性测量单元，便可在房间等设障环境中自主导航飞行、搜集态势感知数据。该项目在 2016 年利用商用四旋翼无人机在设置障碍物的机库内进行了验证试验，达到了

20m/s 的飞行速度指标。2018 年 7 月，FLA 项目完成了第二阶段的飞行测试，研究人员演示最新 FLA 软件在模拟城市环境中，在没有人类帮助的情况下执行现实世界的任务。其展示的先进算法可以将小型空中和地面系统转变为能自主执行危险任务的编队成员。例如，在充满敌军的城市环境中执行任务的先前侦察，或者在地震后搜索受损建筑物以寻找幸存者[16]。

图 2-52　四旋翼无人机在各种受限飞行环境下自主飞行(以上为试飞机上的摄像机拍摄的航途画面，DARPA 图片)

"阿尔法"(Alpha)(图 2-53)是美国辛辛那提大学旗下 Psibernetix 公司开发的人工智能飞行员，它将充当空军有人机的智能僚机飞行员，具备同时规避几十颗导弹、对多目标精准打击、协调成员行动、通过观察记录和学习敌方战术的能力。2016 年，在围绕"阿尔法"开展的一系列模拟作战中，共计 12 名战斗机驾驶员既与"阿尔法"驾驶的平台一起飞行模拟空战任务，也与后者进行了对抗。尽管被做出诸多限制，存在不少能力缺口，但"阿尔法"充分利用了无人"蜂群"和有人-无人编组的潜力，无论在四机对双机还是在双机对双机的设定中，"阿尔法"都取得了大量的胜利。2016 年 6 月，"阿尔法"在模拟战斗中战胜了著名空军战术教官基纳·李上校。

空战演进(ACE)项目(图 2-54)是"马赛克战"最终愿景的关键组成部分，旨在实现空中视距内机动(通常称为空中格斗或狗斗(Dogfight))的自动化和智能化，建立飞行员对无人系统自主能力的信任，使飞行员能够从空中格斗任务中解放出来，聚焦于高层次的认知活动(如制定交战策略、选择目标、目标排序等)，成为真正意义上的空战指挥官，为实现未来有人-无人编队奠定基础。

"天空博格人"(Skyborg)项目(图 2-55)旨在开发一种软件系统，实现基于人工智能的辅助决策、自主驾驶等核心功能，最终部署在有人机或无人机上，实现

图 2-53　"阿尔法"人工智能飞行员

图 2-54　空战演进(ACE)项目

虚拟副驾驶和自主无人作战飞机能力。项目的核心目标是提高任务规划效率和人机协同配合能力，以应对高对抗作战环境下的各类威胁。"天空博格人"项目主要聚焦于四方面的能力：①自主起飞和降落；②可在飞行中避开其他飞机、地形、障碍物和恶劣天气；③将有效载荷(传感器)和飞机的机身分离，允许模块化调整，实现快速的配置更换；④采用开放式架构，可以兼容现有和未来的飞行平台。"天空博格人"项目开发的系统可通过两种模式参与空战：第一种模式是集成在有人战斗机中，作为虚拟副驾驶减轻人类飞行员的负担；第二种模式是集成在无人平台上，实现无人飞行器自主驾驶。2021 年 4 月 29 日，在美国佛罗里达州廷德尔空军基地，集成了"天空博格人"项目"自主核心系统"(ACS)的 UTAP-22 "鲭鲨"无人机发射升空，进行了历时 2h 10min 的飞行试验。2021 年 5 月 5 日，搭载"自主核心系统"的 UTAP-22 无人机为"天空博格人"项目进行了第二次飞行试验，改装后的 UTAP-22 无人机由一架空军第 96 测试联队的

F-16C 战斗机陪同飞行。

图 2-55　UTAP-22 无人机搭载"自主核心系统"发射

2) 有人-无人编组

美国积极开展有人-无人编组、"忠诚僚机"等演示验证。2019 年 3 月，美"忠诚僚机"项目"女武神"无人机 XQ-58A(图 2-56)完成首飞。低成本僚机"女武神"作为有人长机(F-16、F-35 等)的左膀右臂，主要负责观察、警戒和掩护，与长机密切协同，共同完成任务。XQ-58A 长 9.14m，翼展 8.23m，最大起飞质量 2721kg，巡航速度为 0.72 马赫，最大升限 13716m，最大航程 5500km，采用后掠中单翼、V 形尾翼、背负式进气道、扁平机身的隐身化布局，配装 1 台 FJ33-5 涡扇发动机。该机 2 个内埋式武器弹仓可分别挂载 1 枚 GBU-39 制导炸弹或 AIM-120 中距空空导弹，且可扩展翼下外挂能力。2020 年 12 月，F-22、F-35 与搭载 gatewayONE 网关设备的 XQ-58A 无人机首次编队(图 2-57)，XQ-58A 充当翻译官，支持 F-22 和 F-35 互相连接，以增强态势感知能力；2021 年 3 月，XQ-58A 无人机作为空中母机，在空中发射了一架 ALTIUS-600 迷你无人机；2023 年 3 月，美海军陆战队接收了 2 架带有传感器和武器载荷的 XQ-58A 无人机，并开展自主起降、情报监视与侦察、编队协同飞行等一系列测试。

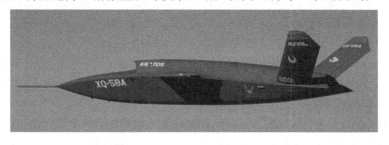

图 2-56　XQ-58A "女武神"无人机

图 2-57　F-22、F-35 战斗机与 XQ-58A 无人机协同飞行

　　2021 年 2 月 27 日，波音公司澳大利亚分公司为澳大利亚空军研制的"空中力量编组系统"ATS 忠诚僚机完成了验证机首飞(图 2-58)，可与 E-7 预警机、P-8 反潜巡逻机 F-35、F/A-18E/F 等战斗机协同作战。

图 2-58　"空中力量编组系统"ATS 忠诚僚机验证机飞行

　　2022 年 3 月，澳大利亚皇家空军将 MQ-28A "幽灵蝙蝠"(Ghost Bat)作为 50 多年来第一架澳大利亚生产的军用战斗机的代号和名称。新研发的忠诚僚机即 MQ-28A "幽灵蝙蝠"，是由澳大利亚出资与波音公司合作开发的人工智能战斗无人机，机身长 11.6m，最大航程可达 3700km。它的主要特征之一是其 2.6m 长的模块化鼻锥，可容纳不同的有效载荷。这款 MQ-28A "幽灵蝙蝠"无人机将与有人机平台一起飞行，并在电子对抗、干扰雷达、执行监视和打击目标等方面提供帮助。目前它可与 E-7、P-8A、F-35 或 F-16、F/A-18 等机型搭配出击，并且在接到指令后，可由机内人工智能系统自行控制飞行路线和战斗方式。

　　2022 年 7 月，波音公司联合美国海军相关部门及第三方供应商完成了一系列有人-无人编队(MUM-T)飞行试验，其中一架 Block Ⅲ型 F/A-18 "超级大黄蜂"展示了指挥控制三架无人机的能力。

　　2023 年，美空军启动"合作式作战飞机"(collaborative combat aircraft, CCA)项目，计划未来五年内投入 58 亿美元，采购 1000 架 CCA 无人机与战斗机

(300 架 F-35 战斗机、200 架 "下一代空中主宰"(next generation air dominance, NGAD))协同作战,采用 "1∶2" 的编配方式,即 1 架有人机搭配 2 架 CCA 无人机,遂行侦察监视、火力打击、电子对抗等任务[17]。

3) 无人机集群

美国注重创新集群作战概念,探索新的协同作战模式。随着智能、网络、协同与控制技术的发展,未来具备较高自主能力的各型无人机系统,以大量分散的单平台或者小编组形式,通过一定的手段获取战场态势,基于共同学习和认知,根据所承担的使命任务,以目标聚焦式连续打击为中心,从不同方向快速机动集结,最终实现对敌作战体系的高度毁瘫,逐步提高无人机自主控制等级达到 9 级的战场集群认知。

美国诺思罗普·格鲁曼公司提出的集群作战概念(图 2-59):15 架 X-47B 无人机构成战斗集群,续航时间可达 50h(空中加油),可以实现每周 7 天 24h ISR 和战斗巡逻任务。美国通用原子航空系统有限公司提出的集群作战概念(图 2-60):16 架 "捕食者 C" 无人机在 2 架 F-22 战斗机指挥下协同对地攻击,可以实现对敌方防空阵地的高效压制。

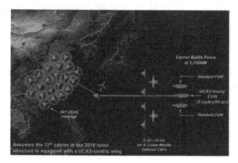 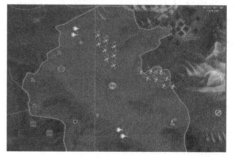

图 2-59　美国诺思罗普·格鲁曼公司集群　　图 2-60　美国通用原子航空系统有限公司
作战概念　　　　　　　　　集群作战概念

2015 年 4 月 16 日,美国海军研究办公室(Office of Naval Research, ONR)公布了低成本无人机集群技术(low-cost UAV swarming technology, LOCUST),代号 "蝗虫",旨在开发一种部署小型、低成本无人机集群的系统,以其自主性压倒对手。LOCUST 项目(图 2-61)聚焦于发展通过发射管将大量可进行数据共享、自主协同的无人机快速连续发射至空中的技术,实现目的性地集群飞行、协同配合,对敌方目标执行侦察、打击任务。2015 年 3 月该项目完成演示验证工作,其中包括发射可携带不同任务载荷的 "郊狼"(Coyote Drone)无人机,并完成了 9 架无人机完全自主同步和编队飞行的技术验证。2016 年 4 月成功完成 30 架 "郊狼" 无人机的连续发射及编队飞行试验。2018 年 6 月,美国海军研究办公室授予雷神公司(Raytheon)一份价值 2970 万美元的合同,研制 LOCUST 创新海军原型。2021 年 4

月美海军启动"无人系统综合战斗问题 21"(Unmanned System Integrated Battle Problem21，UxS IBP 21)演习，演示了无人系统集群飞行能力，以及水下无人潜航器潜射无人机蜂群等能力，目标是实现 50 架无人机攻击 50 个小型目标。

图 2-61　LOCUST 项目"郊狼"无人机发射过程

2015 年 8 月，DARPA 宣布启动一项旨在开发可从现有运输机上发射和回收的廉价无人机集群的"小精灵"(Germlins)项目，计划从敌方防御范围外的大型飞机(C-130 运输机、B-52/B-1 轰炸机等空中平台)上发射具备自主协同和分布式作战能力、可回收的小型无人机集群，执行 ISR、电磁战、网络战及可拓展性任务(图 2-62)。2019 年 9 月，美国空军已正式将编号 X-61A 指定给 Dynetics Gremlins 无人机，2020 年 1 月，X-61A "小精灵"无人机已经完成了首飞，后续将先后完成使用 C-130 运输机开展多架无人机的空中投放回收验证，回收速率为 30min 4 架。2021 年 10 月，DARPA 首次成功完成 C-130 飞机空中回收 X-61A "小精灵"无人机演示，并证明了可以在一次飞行后对 X-61A 进行维护，使其在 24h 内复飞。

(a) 发射回收方案　　　　　　　　　　　　(b) "小精灵"无人机

图 2-62　"小精灵"无人机集群项目

DARPA 发起并持续推动 OFFSET 项目(图 2-63)，旨在设计、开发并验证由小型无人机同地面机器人组成的协同自主作战系统，实现 250 个作战单元协同自主蜂群作战行动。OFFSET 项目是发展战术而不是平台，因此将使用商用货架无人机：第一阶段使用 50 架无人机集群定位一个目标；第二阶段使用 100 架无人机在城市中开展一次攻击；第三阶段使用 250 个无人系统抢夺一片地域；最终目标是使用 250 个或更多的无人系统在 8 个城市街区自主执行 6h 的任务。2019年，实现了 50 个空地混合集群在 30min 内隔离街区，为地面部队提供近距作战支援。2021 年 12 月，DARPA 进行了"进攻性蜂群使能战术"项目的现场综合试验(FX-6)，试验中展示的技术包括使用 2 个蜂群系统进行协同操作、并行使用虚拟和现实蜂群单元、利用沉浸式蜂群界面对蜂群进行指挥控制，包括多达 300个背包大小的地面无人车、多旋翼和固定翼无人机组成的异构蜂群。2022 年 1月，雷神公司展示了单人操作上百架无人机的蜂群技术。

图 2-63　OFFSET 项目

　　DARPA 启动了"拒止环境下协同作战"(CODE)项目，将多架军用无人机组成编队，在电子干扰、通信降级、GPS 无法使用以及拒止环境中自主协同完成任务，重点解决三个任务场景的作战——战术侦察、反水面战、摧毁地面的防空力量(图 2-64)。

图 2-64　DARPA 的 CODE 计划想定图

　　CODE 项目的主要目标是验证无人机编队在执行任务中的协同自主性，包括相互间或与指挥人员间共享数据、自主分配和协调任务，实现行动和通信同步化并根据已经建立的规则发现、跟踪、确认目标，独立或联合执行各种任务。项目的关键技术涉及四个方面，包括单机自主管理、编队自主协同、监督控制界面，以及适用于分布式系统的开放式结构，如表 2-17 所示。

表 2-17　CODE 主要目标、关键技术和指标

主要目标	关键技术	指标
开发验证无人机自主算法； 开发通信困难环境下协同算法； 提供任务指挥官/任务规划者界面； 开发软件架构兼容新兴开放标准，现有平台可重复使用	单机自主： 　复杂飞行路径生成； 　机载传感器开发 多机协同： 　间歇低带宽通信； 　高度自主动态响应 监督控制： 　从操作员到监督员转变； 　打破线性操作平台比例缩放 在兼容新兴标准的开放架构中开发： 　飞行验证阶段在政府提供平台验证 全任务能力： 　目前/将来发展的无人机技术将过渡给海军、空军、陆军、海军陆战队	任务效率：与参考相比性能提高 2 倍 通信要求：与指挥站之间的平均带宽小于 50Kbit/s 人员配置：只需 1 人操控或无人操控 指挥站：与战术部署兼容 开放架构：每个开放性架构评估工具开放性达到最高水平 转化能力：成本低于参考成本的 10% 多任务能力：在三个参考任务中软件有高于 90% 的通用性

　　(1) 单机系统的自主管理能力。

　　单机系统的自主管理能力主要指无人机平台子系统、任务设备及飞行轨迹的自主管理，实现常规和异常情况处理，具体为分析飞行器状态数据(无人机的温度、压力、剩余能量等状况及其他功能)；能识别意外且可处理；可应对数据链突然失效的情况(执行任务、防撞等)，平台上处理数据(减少通信数据量)；自动跟踪移动目标，可以定义并控制复杂的飞行轨迹。目前，降低通信带宽、飞行器自身状态的分析以及其他飞行器状态的评估主要通过机载健康预测模型实现。

　　(2) 多机编队系统的自主协同能力。

　　多机编队系统的自主协同能力主要指系统能够实现多来源数据融合(形成统一战场图像)，具有共同决策架构(适应不同网络情况，通信带宽降低时给出传输任务优先级排序)，能够动态组合编队和子编队，可在无天基/空基的支援下工作，能够适应高度的不确定性；主要技术包括协同感知、协同打击、协同通信、协同导航、编队飞行、多限制自动路径规划、带宽降低措施等。

　　(3) 多机监督控制系统界面。

　　多机监督控制系统界面主要指多无人机监督控制人机系统接口和界面，使指控人员保持态势感知能力，可部署在移动控制站，以控制多于 4 架无人机，促进

任务规划(定义)，人机之间可自然交互，简洁但综合性较强的组合(指挥官可以运用人的判断力判断当前状态)，满足训练和实战需求，支持双向信息流动；主要技术包括多模型接口耦合点触/声音、指挥官意图理解、上下文理解、不确定性表示、辅助决策、目标分类要求、编队和子编队可视化、编队和子编队任务规划、系统权限或自主水平定义、视觉和听觉预警等。

(4) 模块化的开放式软件架构。

模块化的开放式软件架构可弹性适应带宽受限、通信中断等意外，与现有标准兼容，因此只需要较低成本就可以改装到现有的平台上。人机接口与自主算法的开发充分基于该开放式架构，包括陆军和海军的"未来机载能力环境"(future airborne capability environment，FACE)、"无人控制单元"(unmanned control segment，UCS)、空军的"开放式任务系统"(open mission system，OMS)等，强调体系协同与开放式系统集成，实现快速整合、自主调整和灵活测试。

第一阶段 2016 年初完成，包括系统分析、架构设计和发展关键技术，集中研制无人机的自主性和协同作战的途径，以及 CODE 项目的初步设计评审。第二阶段从 2016 年初到 2017 年底，旨在增加现有无人机自主行为能力，提升协同作战能力，并进行早期的单个飞行器的飞行验证。第三阶段 2018 年开始，包括完成软件的研制以及在设想任务中进行无人机编队的飞行演示，验证全任务能力。2019 年 2 月，CODE 进入第三阶段，完成 6 架"虎鲨"无人机和 14 架仿真机的飞行试验验证。在 DARPA 设想中，未来指挥官可以通过指挥站在显示屏上圈中特定的无人机，并在地图上指定具体区域作为搜索区域，然后 CODE 机载软件将搜索任务分配给无人机。如果损失了其中 1 架无人机，算法会自行把原始任务重新分配给其他无人机，简化了指挥员对无人机集群的指挥控制。为无人机自主控制等级达到 6~9 奠定技术基础。2022 年 1 月，美国通用原子航空系统有限公司基于 CODE 项目软件，使用 1 架 MQ-20"复仇者"真机和 5 个硬件在环虚拟机完成目标自动搜索和跟踪演示。12 月，进一步演示了"复仇者"无人机对 3 架有人机的空对空目标跟踪能力。

2.2.2　其他国家自主无人机系统

1. 亚洲典型无人机装备及项目

1) 以色列"苍鹭"无人机

"苍鹭"(Heron)无人机系统是首批可提供海上一体化作战任务能力的无人机系统之一(图 2-65)。该无人机携带的有效载荷包括雷达、定向电子支援设施(electronic support measures，ESM)、通信情报(communication intelligence，COMINT)以及光电载荷等。"苍鹭"无人机能够从陆上基地起飞，利用卫星数据链加入海上任务部队或远离海岸几百千米进行巡逻。"苍鹭"无人机能够执行预先规划任务和可变任务，自主控制等级大于2。

图 2-65　"苍鹭"无人机

以色列航空工业公司(IAI)"苍鹭"无人机家族的新成员是"超级苍鹭"(Super Heron)无人机，是"苍鹭-1"无人机系统的加强版，能够在翼下携载约450kg 的有效载荷。近年来，以色列又展出了一款"苍鹭"家族的最新产品——T-Heron 战术无人机，其专为战场战术任务而设计，用途多样，性能先进。该机采用矩形机身和低重心布局，机身细长，具有良好的气动性能。T-Heron 战术无人机的尺寸相比于"苍鹭"基本型小了 30%左右，翼展约 10m，机长约 6m，空重约 600kg。T-Heron 战术无人机信息化、智能化程度较高，具备自主起降、飞行、遂行任务能力。

2) 以色列"黑豹"无人机

以色列"黑豹"(Panther)无人机(图 2-66)是一款可垂直起降的长航时无人机，全电力驱动。该无人机采用独特的倾斜旋转翼推进系统，能够携载其本身质量1/3的有效载荷。"黑豹"无人机能够执行预先规划任务，自主控制等级大于1。

迷你型"黑豹"无人机质量12kg，能够持续 2h 支援特种作战任务。体型较大的"黑豹"无人机质量 65kg，可携载更重的载荷，持续飞行时间为 8h。近期，IAI 与韩国 Hankuk Carbon 公司合作研发出了 67kg 级的"黑豹"垂直起降无人机——前置发动机型"黑豹"无人机，简称 PE "黑豹"(PE Panther)。PE "黑豹"无人机由汽油-电力混合推进系统驱动。

3) 以色列"赫尔墨斯"系列无人机

"赫尔墨斯"(Hermes)无人机是以色列研发的中空长航时无人机。"赫尔墨斯"在希伯来语中意为竞技神，竞技神是以色列人仰慕的古代的常胜武神。其中寄托着以色列人"武技居先"的理想。有"赫尔墨斯"450(图 2-67)、"赫尔墨斯"900 和"赫尔墨斯"1500(图 2-68)等型号。

图 2-66　"黑豹"无人机

图 2-67　"赫尔墨斯" 450 无人机

　　"赫尔墨斯" 450 无人机(图 2-67)又称"竞技神" 450 无人机,由埃尔比特系统公司研发,用于满足地面部队的情报需求。该无人机的典型任务包括实时侦察、监视与目标定位、为炮兵校射、通信中继、对海域监视以及战斗毁伤评估等。"赫尔墨斯"无人机能够执行预先规划任务和可变任务,自主控制等级大于2,其性能参数如表 2-18 所示。

图 2-68　"赫尔墨斯" 1500 无人机

表 2-18　"赫尔墨斯" 450、1500 无人机性能参数

机型	"赫尔墨斯" 450	"赫尔墨斯" 1500
机长	6.1m	9.4m
翼展	10.5m	15m
最大任务载荷	150kg	350kg
最大起飞质量	450kg	1500kg
待机速度		148km/h
海平面最大爬升速度(大约)		4.6m/s
升限	5500m	9145m
最大平飞速度	175km/h	240km/h
最大巡航速度		222km/h
续航时间(约)	20h	24h

"赫尔墨斯" 900 无人机拥有一套更为高级的自动起降系统，使无人机可在相对不够平滑的跑道上起降，且无人机的升限更高，负载也采用模块化配置，易于更换，此外还能在恶劣天气条件下使用，这也就意味着它的飞行控制系统能适应各种复杂的飞行环境。"赫尔墨斯" 900 无人机具有更大的有效载荷容量(300kg)和更长的续航时间，其通用地面控制站可以在任何给定时间控制两架无人机，同时由一名操作人员操作一架飞机平台及其上的有效载荷。

"赫尔墨斯" 1500 是性能最先进的一款，可用于获取信号及图像情报、电子对抗、通信中继、边界巡逻、污染监测等。"赫尔墨斯" 1500 无人机作为"先进技术概念验证"项目，由相关公司和美国国防部联合投资研制。它比"赫尔墨斯" 450 无人机外形更大，动力更强。该机于 1997 年 6 月在巴黎航展上首次亮相，1998 年初首飞。"赫尔墨斯" 1500 为大展弦比上单翼、V 形尾翼，带有全收放的前 3 点起落架；动力装置为 2 台 Rotax 914 型涡轮增压对置 4 缸发动机，2 叶螺旋桨，采用常规轮式起飞和着陆。该机的翼展 15m，机长 9.4m，最大任务载荷 350kg，最大起飞质量 1500kg，待机速度 148km/h。海平面最大爬升速度约为 4.6m/s，升限 9145m，最大平飞速度 240km/h，最大巡航速度 222km/h，续航时间约 24h。

4) 土耳其"旗手"无人机 TB-2

"旗手"(Bayraktar)无人机 TB-2(图 2-69)是卡勒·巴卡公司为土耳其国民军开发的中空长航时战术无人机系统，其前身是该公司研制的"贝拉克塔"战术无人机，主要用于侦察和情报搜集任务，被视为理想的无人侦察平台，其性能参数如表 2-19 所示。TB-2 无人机为了达到雷达隐身效果，多采用碳纤维等复合材料。机身挂载光电吊舱可以进行远距离侦察，挂载远程反坦克导弹 UMTAS(红外成像制导)进行攻击任务。

图 2-69　土耳其 TB-2 无人机

表 2-19　"旗手"无人机 TB-2 性能参数

性能参数	取值
机长	6.5m
翼展	12m
发动机功率	100hp
起飞最大质量	650kg
最长滞空时间	约 24h
搭载质量	55kg
最大飞行速度	≥200km/h

注：1hp=745.7W。

　　2020 年 9 月 27 日，亚美尼亚与阿塞拜疆围绕纳卡地区爆发武装冲突，阿塞拜疆军队广泛使用 TB-2 无人机，摧毁了亚方大量技术装备和人员，极大影响了局势发展。在 2022 年俄乌战争中，乌克兰大量使用 TB-2 察打一体无人机用于侦察监视、火力打击等任务。

　　2. 欧洲典型无人机系统及项目

　　与美国和以色列相比，欧洲及相关国家也不甘示弱，纷纷加快了无人机装备的发展。从有效载荷、续航时间和升限等关键性能指标来看，欧洲的无人机技术在世界上也较为领先。

　　1）"神经元"无人机及编队飞行

　　2003 年，法国、瑞典、意大利、西班牙、希腊和瑞士等国一起启动了"未来欧洲空战系统"计划"神经元"(nEUROn)；2012 年 12 月，"神经元"验证机(图 2-70)在法国南部伊斯特里斯飞行试验中心首飞成功，初步验证了隐身无人机的适航性。"神经元"自主控制等级在 6～7，具有自动捕获和识别目标，以及复杂飞行环境中自主选择攻击线路、躲避敌方拦截的能力。

图 2-70 "神经元"验证机

2014 年 3 月 20 日，达索公司展示了"神经元"验证机与"阵风"双发战斗机、"猎鹰"公务机三机编队飞行的能力。飞行任务持续 1h 50min(图 2-71)。这是全球首次实现无人作战飞机与其他飞机的编队飞行。虽然该编队飞行中，无人机为地面站远程遥控，并不是自主编队飞行，但是仍面临不小的挑战。2020 年 2 月，法国进行了"神经元"无人机与 5 架"阵风"战斗机以及 1 架预警机进行战术配合作战的测试，标志着"神经元"无人机自主控制等级达到 6 左右。

图 2-71 "神经元"无人机编队飞行

2) "雷神"无人机

2006 年，英国 BAE 公司启动"雷神"(Taranis)无人机项目(图 2-72)。"雷神"于 2013 年 8 月在澳大利亚武麦拉试验场完成首飞。"雷神"具有飞翼气动布局，装备有先进的自主控制系统，自主控制等级预计在 6～7，作战任务以对地打击为主。2013 年 8 月 10 日，"雷神"原型机在澳大利亚南部一处试验场完成了约 15min 的试飞。该无人机翼展超过 9m，机长大约 11m，起飞质量超过 8000kg。2014 年，英法两国签订一份价值 1.2 亿英镑合约，探索利用两国无人机技术合作发展的可能。

图 2-72　"雷神"无人机

3) "猎人"系列无人机

2019 年 8 月，俄罗斯联邦国防部宣布其由苏霍伊设计局开发的重型无人作战飞机 S-70(Okhotnik，"猎人-B")已经成功完成首飞(图 2-73)。"猎人-B"无人机尺寸和吨位较大，翼展超过 15m，长 10m，起飞质量超过 25t，堪称各国飞翼无人机之最。该机尾部直接采用了一台战斗机使用的大推力涡扇发动机。"猎人-B"无人机能够执行预先规划任务和可变任务，自主控制等级大于 2。

(a) "猎人-B"首飞　　　　　　　　(b) "猎人-B"与苏-57 编队飞行

图 2-73　"猎人 B"无人机

2019 年 9 月，俄罗斯联邦国防部公布了"猎人-B"无人机 S-70 与苏-57 比翼齐飞的视频，并宣称"猎人-B"将成为苏-57 的"千里眼"和"长臂"。"猎人-B"无人机首飞成功，标志着俄罗斯航空工业在无人作战飞机领域迈出了极为关键的一步，未来发展潜力十足。"猎人-B"无人机的系列生产已于 2023 年开始。

2.3　国外地面自主无人系统

地面自主无人系统是指不设操作员在主平台上、能够通过远程操纵或者自主指定任务的动力物理系统。它既可以是移动平台，也可以是静止平台，能够智能学习和自适应，由操作员控制单元等一系列相关支持元件组成。

2.3.1　美国地面自主无人系统

　　地面自主无人系统，是以无人化的地面平台为载体，配置各种不同的任务载荷形成的地面无人机动武器装备。地面自主无人系统利用人工智能等技术赋予无人系统平台强大的自主能力和良好的人机交互能力，使其能够在操作人员授权和远程监控下，自主高效地执行作战任务。

　　地面自主无人系统在战场上的潜在巨大军事价值引起了很多发达国家重视，美国、俄罗斯、以色列等国在伊拉克、阿富汗、叙利亚、巴以边境等战场部署使用了大量地面自主无人系统，产生了显著作战效益，其作战实践向世人昭示地面自主无人系统将在未来战场上扮演重要角色。美军地面自主无人系统谱系如图 2-74 所示[11]。

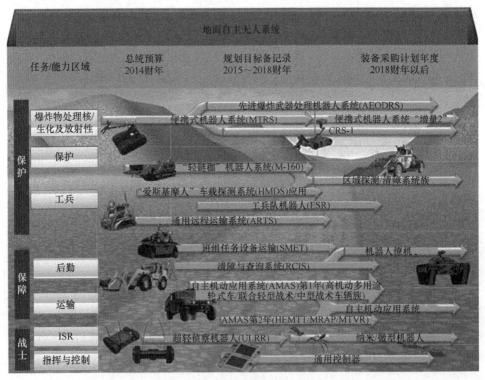

图 2-74　美军地面自主无人系统谱系[11]

1. 便携式机器人系统 MTRS

　　美军已经装备部队的便携式机器人系统包括两种型号：由 iRobot 公司开发的便携式机器人系统(man transportable robotic system，MTRS)PackBot(该部分业务现在归 FLIR 公司)；由福斯特·米勒公司(已并入 QinetiQ 公司)开发的 MTRS

Talon。这两款机器人已在阿富汗和伊拉克战争中大量使用。

"派克波特"(PackBot)是一种小型便携式机器人,是世界上经受考验最多、最成功的机器人之一(图 2-75)。其 510 型每台造价约 9 万美元,可以执行拆弹、监视/侦察、危险物质侦测等范围广泛的危险任务。PackBot 机器人外形像小型坦克,会爬楼梯,能穿过各种类型的崎岖地形,并可在水下 3m 工作,机动灵活,可以用于搜索隧道、下水道、洞穴、房间等狭窄地方,深受士兵欢迎。其每次充电后行驶距离超过 13km,行驶速度最高可达 9.3km/h。PackBot 的鳍手能够有效增加其攀爬能力,使其具备了翻越较高障碍和台阶的能力。操作员通过无线遥控器可以在千米之外操控 PackBot,运动状态及实时图像显示在一个 15.1in 的液晶屏上。

"魔爪"(Talon)成功地应用于"9·11"事件中对世贸大厦的救援工作[18],它重 15kg,高 0.203m,安装有 0.254m 长,可以左右、上下活动的机械臂,平台机动性高,可以全天候、24h 使用,具有两栖行动能力(图 2-76)。它属于执行战场侦察任务的轻型机器人,伸出的桅杆上安装的特制军用激光防爆侦察探头,通过向目标区发射激光束可以进行精确定位测量,并配有适用于昼间和夜间的摄像机。该型机器人通过加宽履带提高了地形适应能力。

图 2-75　PackBot 小型便携式机器人　　　　图 2-76　"魔爪"小型多用途机器人

2. MAARS

模块化高级武装机器人系统(modular advanced armed robotic system, MAARS)是 QinetiQ 公司研发的一款功能强大、模块化且随时可战斗的无人地面车辆,专为 RSTA 任务而设计,以提高前沿人员的安全性(图 2-77)。MAARS 装备 1 挺 M240B 机枪、4 个 M203 榴弹发射管,最多可携带 400 发弹药,具有 360°可视能力,双向通信,配备有红外热像仪和激光雷达,满载质量为 167kg,它可以使用轮子而不是履带来提高速度并降低噪声,可以在与操作员 1km 的距离内进行控制。MAARS 的底盘能够应对绝大多数地形，包括上下楼梯，最高速度为 12km/h，可持续工作 3～12h。MAARS 由配备轻便、可穿戴控制单元的操作员远程控制，具有多个机载昼夜摄像头、运动探测器、声学麦克风、敌对火灾探测系统和带警报器的扬声器系统，以提供最佳的态势感知和警报。MAARS 甚至可以在交战规则要求时提供多种武力升级选项，从非致命性激光眩目器和音频威慑物，到非致命性手榴弹，再到来自榴弹发射器的致命火力机枪。MAARS 也非常安全，因为它只有在收到操作员正确编码的指令后才能运行。

图 2-77　QinetiQ 公司的 MAARS 战斗机器人

3. LS3 四足运输机器人

"腿式小队支援系统"(legged squad support system，LS3)是美国波士顿动力公司在著名的"大狗"四足机器人基础上发展的军用四足运输机器人，针对崎岖的越野环境设计，坚固耐用，可在炎热、寒冷、潮湿等各种环境中正常工作(图 2-78)。它可负载 400lb 行走 20mile(1mile=1.61km)，活动时间可持续 24h。LS3 头部安装的传感器包括立体相机和激光雷达，可令 LS3 准确感知周围环境，穿越非常狭窄的通道。LS3 可由语音控制，操作人员不需要使用计算机或操作杆，只需要发出语音命令即可令 LS3 完成启动引擎、跟随前进、停止等动作。除此以外，LS3 也可自行根据 GPS 移动到指定地点。

LS3 的四条腿是非常有力且协调的，不仅可以行走，还能小跑前进，行进间受到撞击也不会倾倒。在穿越林地测试中，LS3 曾因地势太陡而翻倒，但它能马上自行恢复站立姿势。LS3 的环境感知与路径规划能力也很强，在穿越林地测试中，并不完全按测试员的路径前进，而是根据感知结果规划出更适合的路径，在密集的树木间穿行。这些事实表明，与其前身"大狗"相比，LS3 在实用化方面

图 2-78 LS3 四足运输机器人

已取得了很大进步。

4. "猎人狼"无人战车

"猎人狼"(Hunter wolf)无人战车是由美国 HDT 环球公司为美国陆军开发的一款用于执行后勤运输、情报侦察、火力支援等作战任务的多功能无人战车(图 2-79 和图 2-80)。HDT 环球公司根据美国陆军班组支援系统计划的需求，从 2012 年开始研发，初期的研制目标是帮助一个步兵作战班组的士兵携带用于执行 72h 标准作战任务的给养。美国陆军、海军陆战队、特种作战司令部对该车进行了大量的测试。

图 2-79 "猎人狼"无人战车

"猎人狼"采用不需要充气的六轮独立驱动结构，整个车辆上部是一个平整的表面，可以方便地搭载不同的任务载荷。整车长 2.3m，宽 1.4m，高 1.17m，自重 1100kg，最大载重 450kg，可以方便地配置扫雷犁、伴随桥、工程作业工

图 2-80　"猎人狼"无人作战平台

具、通信中继站、光电侦察系统和自动化武器站等。该车最大输出功率 130hp，采用全电驱动技术，一台 20kW 的燃油发电机用于向电池进行充电。"猎人狼"系统配置了一款手持式无线遥控器，具备原地转向能力，最大行驶速度 32km/h，最大牵引速度 80km/h，最大行驶里程大于 100km，最大爬坡大于 30°，最大越障高度大于 0.6m，能够用 UH-60 直升机进行投送。

5. MUTT

多功能战术支持系统(multi-utility tactical transport，MUTT)是美国通用动力公司研制的一款系列化的班组战斗支援机器人，其四种变型分别为履带/轮式 4×4、履带/轮式 6×6 和履带/轮式 8×8 共六种(图 2-81)。

图 2-81　美国通用动力公司的 MUTT

代号为 MUTT600 的履带式 4×4 系统主要用于步兵作战过程中的火力支援和伴随保障，美国海军陆战队和陆军从 2016 年 7 月开始对该系统进行大量战术测试。该战斗支援机器人外形尺寸为 1.52m×1.37m，自重 340kg，最大负载 273kg，水中行进时最大负载 136kg，采用锂离子电池供电，全电驱动，满载情况下最大行驶里程 24km，遥控距离 200m，集成了一台自动化武器站，使用人员可以以多种方式灵活地操作该系统。该机器人可以方便地搭载在 "鱼鹰" 运输机 MV-22 上。

轮式 8×8 版本的 MUTT 外形尺寸 2.9m×1.5m，有效载荷 1136kg，可用于运输水、弹药、口粮、备用电池和其他补给品。该车被美国陆军用于其小型多用途设备运输 (SMET)计划，这也使其成为北约主要军队正式采用和部署的同类产品中的第一款无人地面车辆。

6. EMAV

远征模块化自主战车(expeditionary modular autonomous vehicle，EMAV)，由奎奈蒂克公司北美分部和普拉特·米勒防务公司联合研发，作为美军现役的远征模块化无人载具，并具备反步兵和战斗能力(图 2-82)。该无人战车质量 3855kg，最大有效载荷达到 3175kg，最快速度达到 65km/h，由混合发电机驱动，该发电机为高压电池供电，有助于实现静音监视和隐身能力。该轻型无人战车，既可以由士兵远程控制，也可以沿编程路线半自主操作，其自主能力有望增强作战人员在战场上的能力、机动性和杀伤力，同时提高运输物资的效率。前部安装了一挺12.7ms 遥控机枪，尾部是一个平顶，可乘坐 6～8 名士兵，并且还能运载一些弹药和武器补给等，其他型号还可安装机炮炮塔、导弹炮塔和工程炮塔等[19]。

图 2-82　EMAV 自主战车

7. "粗齿锯" 地面无人战车 M5

"粗齿锯" (Ripsaw)地面无人战车 M5 是美国德事隆系统公司、豪威科技公司以及菲力尔系统公司联合研发的一种地面无人多功能战斗平台(图 2-83)，具有态势感知能力，尺寸与 B 级轿车同等，安装了一个可旋转炮塔，内置一门 30mm 自动火炮，而且车内还能投放一小型无人机和排雷机器人等，它也可以执行一些自主的战斗任务，包括侦察、巡逻、战斗支援等，炮塔上还搭载全影摄像机，可以提前预知附近的敌情。它的战斗质量达到了 15t，而且最大行驶速度能达到 80km/h，相当于一台轻型无人坦克[20]。

图 2-83   "粗齿锯"地面无人战车 M5

2.3.2   其他国家地面自主无人系统

1. 欧洲典型地面无人系统

1) 俄罗斯"天王星"系列无人战车

"天王星"(Uran)系列无人战车是由俄罗斯卡拉什尼科夫集团推出的，典型的有 Uran-6 扫雷车和 Uran-9 无人突击车(图 2-84)，都在叙利亚战场上获得了应用。2016 年推出的 Uran-9 的武器系统包括一座 30mm 机关炮、一挺 7.62mm 机枪、六个最大射程 1000m 的 93mm 火焰喷射器、四枚作战距离 6000m 的 "ATAKA"反坦克导弹，车上还配备有可昼夜全天候工作的光电观察和瞄准系统。Uran-9 采用履带行走系统，整车长 5.12m，宽 2.53m，高 2.5m，自重 10t，能够抵抗小型弹药和炮弹碎片袭击。最大速度 35km/h，最大行程约 200km。该车可以有一名士兵在移动式指挥控制站上对其进行遥控操作，最远无线遥控距离 3000m。自主模式下，操作员可以对目标识别、跟踪、打击等作战任务进行快速预编程。Uran-9 无人突击车可用于执行侦察和火力支援任务，俄军已经在叙利亚战场对多个批次的 Uran-9 无人突击车进行了大量实战测试。据报道，2017 年，俄罗斯将履带式无人突击车 Uran-9 部署到叙利亚战场，协助叙利亚政府军作战，以 4 人轻伤的代价，击毙击伤敌 70 余人。

(a) Uran-6 扫雷车　　　　　　　　　　　　　(b) Uran-9 无人突击车

图 2-84　俄罗斯 Uran 系列无人战车

2) 俄罗斯"战友"地面无人作战平台

"战友"(Soratnik) BAS-01G 是由俄罗斯卡拉什尼科夫集团为俄罗斯陆军研制的一种多用途履带式无人作战平台(图 2-85)，可执行侦察、步兵火力支援、扫雷、运输补给和战斗巡逻等任务。作战平台全重为 7t，作战范围为 400km，最大行进速度为 40km/h，操控人员可在 10km 外进行遥控，超出范围后，该型作战系统还可进行自主作战，具备敌我识别系统，搭载了 7.62mm 轻机枪和 12.7mm 重机枪，副武器为 30mm AG-17A 火焰自动榴弹发射器，或者 40mm 6G27 榴弹发射器，重武器还能搭载"短号"EM 反坦克导弹，该型无人战车曾在叙利亚参与过实战。

图 2-85　俄罗斯"战友"地面无人作战平台

3) 英国 Viking 多用途无人地面车辆

Viking 是一种 6×6 多用途无人地面车辆，配备人工智能、低带宽通信系统、指挥和控制系统，设计用于承载一系列有效载荷并履行多种专业角色(图 2-86)。在 2t 车辆总重时，车辆的有效载荷为 750kg，电池供电模式保证了 20km 的静音行驶里程，而车辆的最大续航里程为 200km，最高车速大于 50km/h。该车辆可以执行多项任务，如最后一英里后勤支援、士兵支援、安全和监视、情报、监视、目标获取和侦察(intelligence surveillance target acquisition and reconnaissance，ISTAR)、战斗或直接火力支援以及简易爆炸装置检测。与载人平台相比，Viking 具有较低的声学特征，其先进的自主性和对用户定义路线的适应性使 Viking 能够跨越复杂地形运送任务设备和补给品，即使在 GPS 无法使用的区域，车辆也可以自主运行。它的导航系统允许在没有太多人为干预的情况下进行半自主操作。Viking 的模块化自主控制系统支持远程控制、遥操作、战略路线生成、自主路线跟随、障碍物检测、避障和战术改道等功能。

图 2-86 执行不同作战任务的 Viking 多用途无人地面车辆

4) 英国"泰坦"无人战车

"泰坦"(TITAN)无人战车由英国奎奈蒂克公司研制，在 2013 年首次亮相，作为一种地面无人多用途战车(图 2-87)，可运输物资、伤员、弹药补给，还可搭载遥控机枪武器站和反坦克装备，进行地面战斗。它配备了传感器、光学系统、雷达、电子监测系统等，采用油电混合驱动，最高速度为 24km/h，加满燃料的工作时间可达 72h。

5) 英国"黑骑士"无人战车

"黑骑士"(Black Knight)无人战车是由英国 BAE 系统公司研发的一款智能化无人战车(图 2-88)，主要用途是侦察敌情、收集情报、步兵火力支援和追踪目标等。搭载了很多先进机器人技术，包括感知能力、控制模块、高灵敏度摄像机、激光雷达、热成像摄像机和 GPS 等。武器系统安装了一个类似主战坦克的炮塔，内置一门 30mm "大毒蛇"机关炮，以及一挺 7.62mm 并列机枪。动力部分采用了一台 300hp 的柴油发动机，最快行驶速度为 77km/h，战斗全重为 9.5t，车身长度为 5m，宽度为 2.44m，高度为 2m，可以远程遥控作战，也可自主化独立作战，它就相当于一款无人化的迷你坦克，未来将是英美军的主要地面无人装备。

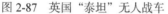

图 2-87   英国"泰坦"无人战车   图 2-88   英国"黑骑士"无人战车

6) 德国"任务大师"地面通用无人系统

"任务大师"(Mission Master)地面通用无人系统是由德国莱茵金属公司研制的一种地面多用途无人作战平台(图 2-89),分为运输型、运兵型、救援型、战斗型、侦察型、指挥型、通信型,还可分为 4×4 型和 6×6 型,采用油电混合驱动,最高速度 45km/h,可以承载 600kg,并具备水陆两栖能力,充满电后可工作 24h。战斗型可搭载 7.62mm 机枪或 12.7mm 机枪、一个更换反坦克武器和火箭弹前部,以及烟幕弹发射装置。装备方面还配备了光电传感器、敌我识别系统、红外线侦察系统和高清摄像机,可以配合特种部队进入基地大型建筑中作战,还具备独立作战能力。

7) 乌克兰"幻影 2"无人战车

乌克兰"幻影 2"(Phantom)无人战车是由乌克兰研发的一款新型轮式无人地面战斗车(图 2-90),于 2017 年公开亮相,采用 8×8 轮式底盘,最大行进速度能达到 60km/h,行程为 130km,可以在 20km 的范围内进行遥控战斗。武器系统包括 1 门双管 23mm 的机炮、20 联火箭弹发射巢以及 1 具反坦克导弹。它还具备全天候多种环境下的工作能力,可以使用运输机快速空投作战。

图 2-89   德国"任务大师"地面通用无人系统   图 2-90   乌克兰"幻影 2"无人战车

8) 爱沙尼亚"泰米斯"模块化通用无人车

爱沙尼亚的 Milrem Robotics 公司生产的"泰米斯"(Themis)模块化通用无人车(图 2-91)底盘采用油电混合动力驱动，尺寸 240cm×200cm×115cm，自重 1200kg，最大承载 750kg，最大遥控距离 1500m，最大车速 20km/h，地形适应能力强。该车搭载不同的任务载荷，可以执行多种作战任务。"泰米斯"模块化通用无人车可以作为伴随运输车，跟随步兵行军，提高部队的机动能力。该车可以配备轻型或重型机枪、40mm 榴弹发射器、30mm 自动加农炮和反坦克导弹系统。该系统可以有效地加强部队和执法机构收集及处理原始信息的工作，减少指挥官的反应时间。"泰米斯"模块化通用无人车也可用作简易爆炸装置检测和处置平台。

图 2-91　2018 年英国军队测试"泰米斯"模块化通用无人车

2. 亚洲典型地面无人系统

1) 以色列"乌鸦"无人战车

"乌鸦"(ROOK)无人战车(图 2-92)是一种多有效载荷军用 6×6 无人地面车辆，具有独特的设计和内置自主套件，提供更大容量、改进的机动性和现场敏捷性，这是提高任务效率的关键。该系统已在美国、法国、以色列和英国等多个国家部署。

"乌鸦"无人战车能与士兵并肩作战，其采用模块化箱式结构，内置的 TORCH-X 机器人和自主应用程序(RAS)为 ROOK 提供了完全自主权，并能够在

图 2-92　执行不同作战任务的"乌鸦"无人战车

白天和黑夜有效地在崎岖地形中前行以运送补给品、疏散伤员、执行情报收集任务，并作为远程武器系统运行。"乌鸦"无人战车自重 1200kg，重心低，离地间隙 24cm，可承载高达 1200kg 的有效载荷，同时保持卓越的机动性和转移性。"乌鸦"无人战车使用电池和可选内部发电机的模块化混合能源配置，可提供长达 8h 的运行续航力和 30km/h 的速度，还可通过 TORCH-X RAS 应用程序或全天候 7in 加固显示单元进行操作，使单个操作员可以控制多个无人系统。

2) 以色列"守护者"无人车

以色列"守护者"(Guardium)无人车(图 2-93)是世界上第一种可控的自主式无人车，它在运行参数设定后展示了高度的自控能力。"守护者"系列地面无人车在 2008 年初就装备在以色列国防军，并部署在了加沙地带。

"守护者"无人车采用 4×4 轻型全地形车作为底盘，具有良好的越野性能，最大行驶速度可达 50km/h，可以连续工作 24h。"守护者"无人车高 2.2m，宽 1.8m，长 2.95m，重 1400kg。"守护者"无人车可

图 2-93　以色列"守护者"无人车

以搭载 300kg 的有效载荷，包括摄像机、夜视仪、各种传感器、通信设备以及轻型武器系统等模块化装备，这些都可以根据用户的需要来选择。有了这些智能化的传感器设备，"守护者"无人车能够实时自主发现和侦察到危险及障碍物，以便于及时做出反应。它的遥控指挥控制系统非常容易操作，有固定式、移动式和便携式三种，控制人员可以根据需要控制数辆"守护者"来完成相应的任务。

3) 韩国 I-UGV 无人战车

I-UGV 无人战车(图 2-94)是由韩国的韩华防务公司在 2021 年 10 月亮相的一款全新无人地面战车，包括 4×4 和 6×6 两种型号，全部采用电力驱动，它属于 2t 级别的无人地面战斗车辆，充满电后可巡航 100km，最高速度 40km/h，具备昼夜作战能力，车内还搭载了人工智能系统，战车可自己决定开火或不开火，不过大多数作战时都需要有专业人员在后台遥控。它的武器系统也比较模块化，可以安装 12.7mm 重机枪、40mm 榴弹发射器或者反坦克导弹等。

4) 土耳其"匕首"无人战车

"匕首"(Hancer)无人战车是由土耳其罗兰电子防务公司研发的一种履带式无人地面战车(图 2-95)，它有效载荷能力为 500kg，充电 3h 后，可工作 6h，操作员可在 1500m 的范围内使用遥控装置操控战斗。武器搭载了一挺 7.62mm 机枪和 40mm 榴弹发射器，装备方面配备了红外线热像系统和传感器。在行走过程中，遇到极端道路，履带还能自动翻转，保持良好的通过性。

图 2-94　韩国 I-UGV 无人战车

图 2-95　土耳其"匕首"无人战车

2.4　国外海上自主无人系统

海上无人系统可分为无人水面艇(USV)和无人潜航器(UUV)两种，主要执行反水雷、情报监视侦察、反潜、港口保护等任务，目前正在发展精确打击、编队蜂群作战等能力。

由于在第二次海湾战争时期无人水面艇的优异表现增加了世界各国海军对无

人水面艇的兴趣，目前，美、英、法、以、日等国都在不断研发先进的高速无人水面艇，以增强其海军战斗力。从发展现状来看，无人水面艇的功能集成正在日益增多，船型正在由单体向多体等高性能船舶发展，使用范围也在不断拓展。目前，无人水面艇发展典型代表有美国的"Autocat"和"Spartan"、以色列的"Protector"和"Stingray"、葡萄牙的"Delfim"、意大利的"Charlie"和英国的"Springer"等。

无人潜航器的研制最早始于 20 世纪 50 年代末，主要用于海洋科学研究。对军用无人潜航器发展影响较大的是 2011 年美海军发布的《水下战纲要》，其中提出要加强对大型无人潜航器、特种作战航行器、水下分布式网络、全球快速打击系统等有效负载的利用。欧洲针对无人潜航器的研究一直在展开，一些关键技术的研究更优先于美国。2010 年，欧洲防务局(European Defense Agency，EDA)发布了《海上无人系统方法与协调路线图》，提出协调欧洲各国力量，共同促进无人潜航器等系统的发展[21]。

2.4.1 美国海上自主无人系统

美国海上自主无人系统由海上无人平台、必要的支持单元以及完成规定任务所需的全集成式传感器与有效载荷组成。鉴于美军对海上利益的重视程度，未来海上自主无人系统的发展还会不断增长。图 2-96 为美国海上自主无人系统概览图。

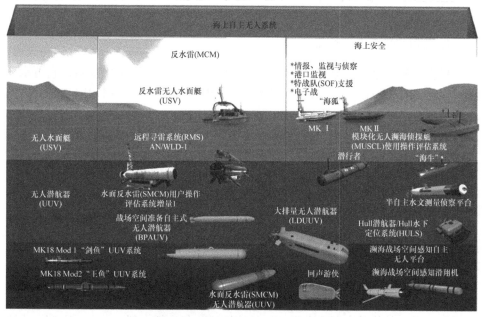

图 2-96 美国海上自主无人系统概览图[11]

近年来，美海军将无人装备作为"分布式海上作战"的新型作战力量，在役、在研无人装备类型和规模快速增加。目前美海军无人装备处于小规模列装、探索性使用阶段，在役海上无人装备主要包括 6 型无人潜航器和 6 型无人水面艇，美海军主要在役海上自主无人系统如表 2-20 所示。

表 2-20　美海军主要在役海上自主无人系统

序号	类别	型号	使命任务
1	无人潜航器	半自主水文侦察无人潜航器	反水雷、侦察监视
2		"剑鱼"无人潜航器	反水雷
3		"王鱼"无人潜航器	反水雷
4		"蓝鳍金枪鱼-9"无人潜航器	反水雷、侦察监视
5		战场预置式无人潜航器	反水雷、侦察监视
6		"斯洛克姆"无人水下滑翔机	海洋环境信息收集
7	无人水面艇	"海上猎手"无人水面艇	反潜探测跟踪
8		"海狐"无人水面艇	反水雷、侦察监视
9		"斯巴达侦察兵"无人水面艇	反水雷、侦察监视、部队防护、反潜战
10		反潜无人水面艇	反潜战
11		反水雷无人水面艇	反水雷
12		模块化近海无人水面艇	侦察监视

1. 美国主要无人潜航器

早在 1957 年，美国海军研究实验室就已经开始研发无人潜航器，它可水下持续运行 4h。2003 年"伊拉克自由行动"期间，美国海军使用 REMUS-100 无人潜航器在乌姆卡斯尔港附近完成了航道清扫任务，这是世界上无人潜航器的首次作战运用。2004 年，美国海军发布修订版《无人潜航器主计划》，提出未来无人潜航器的九大优先任务领域：情报、监视与侦察、反水雷战、反潜战、水下检查与识别、海洋调查、通信/导航网络节点、负载投送、信息战和目标打击。

2021 年，美国海军发布了《无人装备发展行动框架》和《智能自主系统科技战略》，重点指出未来将打造无人系统与有人系统组成的"混合部队"，其海军舰队和陆战队航空兵力中，无人系统将分别占 1/3 和 1/2 强，并重点关注智能自主系统，加强自主性、无人系统和人工智能的融合。

美国海军通过对未来作战需求的分析，结合美国国内潜航器续航力、指挥和通信、自主性控制、负载/传感器等技术发展情况，将潜航器划分为自推进型、环境动力型、其他动力型三大类，并具体按尺寸归为超大型、大型、中型、小型自主式水下潜航器和浮力滑翔机、波浪滑翔机等。这些无人潜航器功能作用各异，但都对提升拓展战斗力有帮助，美国海军一直都在鼓励发展[22]。美国开发的部分军用无人潜航器概况如表 2-21 所示。

表 2-21　美国开发的部分军用无人潜航器概况[23]

名称	性能参数					作战用途					布放方式			
	工作深度/m	外形尺寸	航程/km	巡航速度/kn	最大航速/kn	情报侦察	反潜作战	反水雷战	通信导航	防御支援	潜艇	发射管	遮蔽舱艇体	舰艇
AUSS	6000	长5.2m，直径0.8m	111	—	6	√	√	—	—	—	—	√	—	√
XP-21	9～3654	长2.44～7.32m，直径0.533m	—	—	5	—	—	√	—	—	√	—	—	—
NMRS	180	长5.23m，直径0.533m	65	4	6	—	—	√	—	—	√	—	—	—
LMRS	460	长6.1m，直径0.533m	222	4	7	—	—	√	—	—	√	—	—	—
Seahorse	300	长8.69m，直径0.97m	926	4	6	—	—	—	—	—	√	—	—	—
Bluefin-9	200	长1.65m，直径0.238m	67	3	5	√	—	√	√	√	—	—	—	√
Bluefin-12	200	长2.1～3.8m，直径0.324m	93～213	0.5	5	√	—	√	—	—	—	—	—	√
Bluefin-21	4500	长4.93m，直径0.533m	139	3	5	√	—	√	—	—	√	—	—	√
BPAUV	270	长3.05m，直径0.533m	100	3	5	√	—	√	—	—	—	—	—	√
REMUS-100	100	长1.57m，直径0.19m	122	3	5	√	—	√	√	√	—	—	—	√
REMUS-600	600	长3.25m，直径0.324m	390	3	5	√	—	√	—	—	—	—	—	√
REMUS-6000	6000	长3.84m，直径0.71m	122	3	5	√	—	√	—	—	—	—	—	√
LDUUV	—	长7.6m，直径0.67m	—	—	12	—	—	—	—	—	—	√	—	√
Slocum	—	长1.5m，直径0.321m，翼展1.2m	—	0.7	—	√	—	—	√	—	—	—	—	√
Sea Glider	1000	长1.8m，直径0.3m，翼展1m	5000	—	—	√	—	—	√	—	—	—	—	√
Manta	—	长15m，宽5.8m，高1.7m	50	5	10	√	√	√	√	—	√	—	—	√
STDV	—	长10.36m，宽4.72m，高0.91m	40	—	10	√	√	—	—	—	—	—	√	√
XRay	—	翼展6m	—	—	5	√	√	—	—	—	—	—	—	√

美海军在役无人潜航器主要包括"剑鱼"、"王鱼"、"蓝鳍金枪鱼-9"半自主水文侦察无人潜航器、"蓝鳍金枪鱼-21"自主式水下航行器、"近海战场感知-

滑行者"无动力无人潜航器等 6 型，基本处于半自主状态，采用预编程方式执行任务。

1）"剑鱼"和半自主水文侦察无人潜航器

"剑鱼"(Swordfish)和半自主水文侦察无人潜航器均基于 REMUS100 民用无人潜航器研发，主要执行水雷探测任务(图 2-97 和图 2-98)。"剑鱼"无人潜航器于 2008 年形成初始作战能力。这两型无人潜航器全长约 1.6m，直径 0.19m，质量 36kg，下潜深度 100m，航速 4.5kn，续航时间约 10h，可从小艇上布放回收。

图 2-97　美军"剑鱼"无人潜航器

图 2-98　半自主水文侦察无人潜航器

2)　"王鱼"无人潜航器

"王鱼"(Kingfish)无人潜航器(图 2-99)基于 REMUS 600 民用无人潜航器研制,可执行反水雷任务。2012 年首批交付,2013 年和 2014 年开展了多次作战测试。该无人潜航器全长 3.25m,直径 0.324m,质量 240kg,下潜深度 600m,航速 5kn。

图 2-99　"王鱼"无人潜航器

3)　"蓝鳍金枪鱼-9"无人潜航器

"蓝鳍金枪鱼-9"无人潜航器(图 2-100)由"蓝鳍金枪鱼"(Bluefin Robotics)机器人技术公司研发,全长 2.418m,直径 0.238m,质量 70kg,最大下潜深度200m,航速 6kn,续航时间 8h。该无人潜航器主要列装在美海军空间与海战系统司令部、爆炸物处置项目办公室。

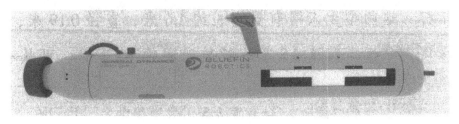

图 2-100　"蓝鳍金枪鱼-9"无人潜航器

4) "蓝鳍金枪鱼-21"自主式水下航行器

"蓝鳍金枪鱼-21"自主式水下航行器(图 2-101)主要用于验证无人潜航器的反水雷功能,少量配装近海战斗舰,多次参加美海军演习。该无人潜航器全长 3.3m,直径 0.53m,质量 330kg,航速 4.5kn,续航时间 16h。2014 年,为寻找失联的 MH-370,美军派出"蓝鳍金枪鱼-21"自主式水下航行器,潜入水下 4500m 深处,在配置相关声呐后能以最高 7.5cm 的分辨率搜寻水下物体。

图 2-101　　"蓝鳍金枪鱼-21"自主式水下航行器

5) "斯洛克姆"无人水下滑翔机

"斯洛克姆"(Slocum glider)无人水下滑翔机(图 2-102)由碳纤维及铝构件制成,主要执行海洋环境数据收集任务,能够组网实施对常规潜艇的长期、大范围监视,2011 年开始大规模列装。该无人潜航器全长 1.5m,直径 0.22m,质量 54kg,航速 0.68kn,主要由水面舰船布放回收,能借助环境能源实现近海范围内 (100n mile×100n mile)每次长达数月的部署。

图 2-102　　"斯洛克姆"无人水下滑翔机

2017 年 12 月，中国海军"南救 510"号打捞救生船在距离菲律宾苏比克湾约 50km 的海上打捞走美国泰里达因技术公司研制的"斯洛克姆"无人水下滑翔机，这是美国最复杂的水下无人机，用于进行海洋调查，上面装有用于探测海底地形的非保密装备。

2. 美国主要无人水面艇

美海军在役无人水面艇主要包括"海上猎手"、"海狐"、"斯巴达侦察兵"，以及为配备近海战斗舰而少量采购的反潜无人水面艇、反水雷无人水面艇、模块化近海无人水面艇等 6 型。

1) "海上猎手"无人水面艇

"海上猎手"(Sea Hunter)无人水面艇(图 2-103)由 DARPA 资助研发，主要执行对常规潜艇的长期大范围贴身跟踪任务，2020 年交付，用于作战概念验证。该无人水面艇全长 40m，满载排水量 125t，有效负载 9t，最高航速 27kn，续航力 10000n mile，续航时间 60～90 天。2021 年 4 月 19 日，美海军启动"无人系统综合战斗问题 21"(unmanned systems integrated battle problem 21，UxS IBP 21)演习，参加演习的无人装备就包括"海上猎手"无人水面艇，主要瞄准加快建设有人-无人混合部队。

图 2-103　　"海上猎手"无人水面艇

2) "海狐"无人水面艇

"海狐"(Sea Fox)无人水面艇(图 2-104)由西雅图北风海事公司建造，主要执行侦察监视、港口返劝、海上封锁任务。该无人水面艇分为 MkI 和 MkII 两型。MkI 型艇全长 4.87m，宽 1.75m，排水量 1020kg，最大航速 40kn，续航时间 24h，续航力 300n mile；MkII 型艇全长 5.18m，宽 2.38m，排水量 1179kg，最大航速 35kn，续航时间 12h，续航力 200n mile。

3) "斯巴达侦察兵"无人水面艇

"斯巴达侦察兵"(Spartan Scout)无人水面艇(图 2-105)由美国主持，联合法国、新加坡共同研制。"斯巴达侦察兵"试验艇搭载于"葛底斯堡"号导弹巡洋舰，其参加了波斯湾作战行动后，美国海军部根据其试验结果开始大规模的研制工作，并将其列入濒海战斗舰(littoral combat ship，LCS)的全套武器装备清单中。"斯巴达侦察兵"无人水面艇基于舰载刚性充气艇研发，可根据任务需要配备多种有效载荷，执行侦察监视、部队防护、反水雷、反潜战等多种任务。

图 2-104　"海狐"无人水面艇

图 2-105　"斯巴达侦察兵"无人水面艇

　　该无人水面艇最大航速 50kn，最大续航时间 48h，续航力 1000n mile，有 7m、11m 长两型艇，分别可携带 1350kg、2250kg 有效载荷。根据美国国防部发布的《无人系统综合路线图(2007—2032)》，艇长 11m 的"斯巴达侦察兵"，吃水 0.91m，重 1674kg，工作深度 61m，配备高带宽通信系统，使用类似无线局域网的技术实现与飞机、舰艇的高速信息传输；可按照任务需要选配舰炮、小型导弹、轻型鱼雷等硬杀伤武器，按指令实施精确打击。

3. 美国在研海上自主无人系统

美海军在研无人潜航器主要包括"虎鲸"、"蛇头"等大型多任务无人潜航器、大排量无人潜航器，以及"刀鱼"、"美杜莎"、"剃刀鲸"三型中型无人潜航器。此外，美海军正重点研发大型无人舰、中型无人水面舰，以主力快速扩充舰队规模，支撑分布式海上作战概念实施。

1) "虎鲸"超大型多任务无人潜航器

"虎鲸"(Orca)超大型多任务无人潜航器(图 2-106)根据联合紧急作战需求开发，是美海军无人系统装备体系建设的重要部分。"虎鲸"以波音公司"回声旅行者"无人潜航器为原型设计，初期专注系统集成及布雷作战，之后进一步发展反水雷、反潜、反舰、电子战等相关任务能力。

图 2-106　"虎鲸"超大型多任务无人潜航器

该无人潜航器最大水下速度约 14km/h，最大潜深 3300m，可在电池驱动下以 4.8km/h 的速度持续潜航超过 240km，然后浮出水面利用柴油发电机对电池充电，能连续在海上作业 6 个月，续航力达 12000km。"虎鲸"超大型多任务无人潜航器将大幅增强水下作战能力，推动海上作战样式变革：①携带大量水雷实施攻势布雷作战；②担当通信节点，构建跨域指控网络；③搭载任务载荷前置部署，实施水下网络监视与突袭。

2) "蛇头"大型无人潜航器

为维持水下战优势，美海军在"大型无人潜航器海军创新样机"项目的基础上，启动"蛇头"(Snakehead，又称"黑鱼")大型无人潜航器采办项目(图 2-107)，研发可由近海战斗舰、"弗吉尼亚"级和"俄亥俄"级核潜艇等平台部署的 10t 级大排量无人潜航器，替代攻击性核潜艇前出作战。该无人潜航器可由水面舰、潜艇、民船搭载，执行侦察监视、反水雷、反潜等多种任务。

图 2-107　"蛇头"大型无人潜航器

该无人潜航器直径约 1.5m，长 7.3～11m，以燃料电池为能源，续航时间目标 120 天，可携带鱼雷、水雷等武器以及侦察监视载荷，将具备自主避障、自主打击能力。2017 年 4 月，美海军将大排量无人潜航器项目拆分成两个并行项目：一个被列入快速采办项目以保证研制进度，即"蛇头"，2020 年 12 月启动 2 艘样艇的设计、研发和建造竞标；另一个作为海军创新样机项目继续提高技术成熟度。目前，该项目在寻求新的解决方案，即可商用、具备长航时全海洋深度运行能力等，以支持海军和海军陆战队作战概念。

3)　"刀鱼"中型无人潜航器

美国近海战斗舰反水雷任务需要一型能够有效探测水雷威胁的无人潜航器，2011 年 10 月，美海军授予美国通用动力公司合同，开始研发"刀鱼"(Knifefish)中型无人潜航器(图 2-108)。作为近海战斗舰的猎雷具，该无人潜航器可在复杂海洋环境下进行锚雷、沉底雷、掩埋雷的探测、定位和识别。

图 2-108　"刀鱼"中型无人潜航器

该无人潜航器长 4.93m，直径 0.533m，排水量超过 300kg，最大航速 5kn，最大作业深度 4500m，续航时间超过 24h。"刀鱼"无人潜航器 2018 年形成初始作战能力，2019 年 8 月开始初始小批量生产，美海军初步计划采购 30 艘；同时，"刀鱼"将持续进行能力升级，主要包括增加作业深度、集成燃料电池，以及提升掩埋雷探测识别、通信指控、声呐处理和目标识别能力等。

4)　"美杜莎"无人潜航器

为加强隐蔽攻势布雷能力，美海军授予海德罗伊公司合同，研发能够通过潜艇鱼雷管水下部署、执行布雷作战的潜航器"美杜莎"(Medusa)。

该无人潜航器直径 0.53m，采用 REMUS 无人潜航器的总体设计，续航能力、负载能力强，主要通过潜艇鱼雷管布放回收，未来可能搭载更多种有效载荷扩展使命任务(图 2-109)。

图 2-109　"美杜莎"无人潜航器

5)　"剃刀鲸"无人潜航器

为加强潜艇近海作战情报探测能力，美海军决定研制一型中型无人潜航器，能够在近海对抗环境中自主、持久地执行海洋环境感知和数据收集任务。"剃刀鲸"(Razorback)基于美国海军"近海战场感知无人潜航器"项目研发。该潜航器还可通过更换有效载荷执行多种任务。

潜艇干式遮蔽舱布放型基于 REMUS 600 民用无人潜航器研发，直径 0.324m，航速 10kn，续航时间超过 24h；配置有 GPS、惯性导航系统、长基线声学定位系统、铱星调制解调器、多普勒测速仪、侧扫声呐、压强/温度/传导率传感器，可根据任务需求选配 300/900kHz 双频侧扫声呐、多波束声呐、合成孔径声呐、相机、声成像系统、荧光计、水声调制解调器等载荷。

6)　大型无人水面舰

美海军在"回归制海"战略调整和"分布式海上作战"等新型作战概念牵引下，为扭转目前对全球海洋控制与海上高烈度对抗能力弱化的局面，正通过扩大舰艇规模来全面提高制海作战能力。以大型无人水面舰为代表的无人水面舰成本低，建造周期短，运行维护人力需求小，因而成为美海军扩大舰艇规模的应急选择。2020 年 9 月，美国正式授予 6 家公司 4200 万美元的项目合同，开展大型无人水面舰概念设计工作。为加快大型无人水面舰相关技术的储备、验证和攻关，并加快推进大型无人水面舰型号的研制，在确保较高技术成熟度、降低风险的同时，加快型号列装和作战部署，美国海军计划借助"霸主"试验船进行试验验证

(图 2-110)。

图 2-110　大型无人水面舰"霸主"试验船

该无人水面舰长 61～91m，满载排水量约 2000t，续航时间可达数周，可跨洋航行作业，能携带雷达和声呐等多种模块化有效载荷。大型无人水面舰将以遥控、半自主或全自主方式作业，可与航母打击群、两栖戒备群、水面行动群联合作战。

7) 海底无人水下预置系统

美海军在海上无人系统测试、应用过程中发现航速慢、续航时间短等问题，特别是面对突发状况，严重依赖空中或水面平台的输运，才能快速抵达作业区开展工作。因此，美海军开始尝试发展预置武器系统，通过提前部署、需要时唤醒激活的方式，为海军作战提供快速支援能力。2013 年，DARPA 提出研发可分别在深海、浅海海底预置的无人系统"深海浮沉载荷"和"海德拉"。

(1) "深海浮沉载荷"(upward falling payload，UFP)无人系统。

"深海浮沉载荷"水下战武器系统概念(图 2-111)，旨在探索可长期深海预置的低成本、分布式武器系统概念方案。"深海浮沉载荷"无人系统由储运平台、指挥控制通信、载荷运载器等子系统组成，平时部署在 2000～6000m 深海，最长待机 5 年。2016 年 6 月，美国斯帕顿公司(Sparton Corporation)在年度海军技术演习中，成功利用其研制的"海上载荷投送系统"发射了一架"黑翼"无人机。2017 年，完成项目开发工作。

"深海浮沉载荷"系统和平时期可在特定海域长期潜伏，战时可远程遥控启动，执行应急侦察、中继导航与通信以及干扰或诱骗等多种任务。未来或可装配武器载荷，拓展可执行的任务范围，如鱼雷、水雷或潜空导弹等，执行打击任务。

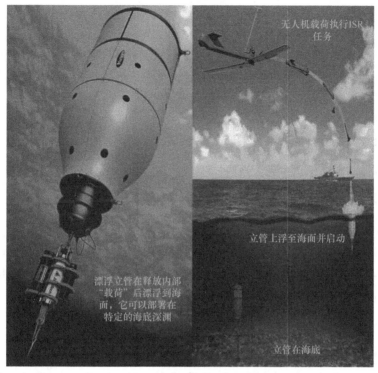

图 2-111　"深海浮沉载荷"无人系统[24]

(2)　"海德拉"无人系统。

　　"海德拉"(Hydra)无人系统(图 2-112)由 DARPA 于 2013 年发布,是一种无人值守、长期待机的水下作战平台族系,包括情报监视侦察型、火力打击型、水下/空中无人载具母船型及特种部队装备支援型等。

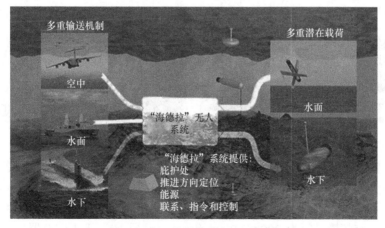

图 2-112　"海德拉"无人系统[25]

"海德拉"无人系统能在水深 300m 的海区连续潜伏数月，通过被动方式接收指挥、控制和情报等信息，完成特定任务。"海德拉"无人系统能够配合有人驾驶的舰船、潜艇和飞机，交替进行水上、水面及水下的能力投送。"海德拉"无人系统可由舰艇、民船预置在近海海底，水下待机达 6～12 个月，可搭载攻击无人机、无人潜航器、导弹以及拖曳阵声呐等载荷，与附近有人装备同时通信，接收指令，自主投放载荷，并指挥无人机、无人潜航器编队执行对潜艇、水面潜艇、飞机和沿海目标的侦察打击任务。

2.4.2　其他国家海上自主无人系统

1. 俄罗斯海上自主无人系统

近年来，俄军方不断加大对无人系统研发的投入，发展了多型无人潜航器，其无人潜航器产品已经达到世界一流水平。俄罗斯研制的一系列无人潜航器包括"大键琴-1R/2R"、"朱诺"、"护身符"、"马尔林-350"、"替代"等各个量级的多型无人潜航器。其中，最引人注目的是正在研发的"波塞冬"战略级核动力无人潜航器。分析人士称，这种武器将彻底击败美国的全球导弹防御体系[26]。

1) "大键琴"系列无人潜航器

"大键琴"(Harpsichord)是俄罗斯研制的深水无人潜航器(图 2-113)，目前发展了"大键琴-1R"和"大键琴-2R-PM"两种型号。"大键琴"系列无人潜航器搭载了数字摄像机、电磁探测器、声学分析器等探测设备，能够进行自主作业和按控制平台指令进行工作，主要用于搜索海底武器装备，研究海底环境和监视通信设备，执行多种军用和民用领域任务。"大键琴"系列潜航器可进行海底测深，对探测到的物体进行摄像，向地面接收站传输高分辨率图像。

图 2-113　"大键琴"无人潜航器

"大键琴-1R"无人潜航器的头部覆盖着一个半球形整流罩，设备长度为 5.8m，壳体直径 900mm，重 2.5t，下潜深度 6083m，移动速度 2.9kn，续航距离 300km，可自主工作 120h。主要观测设备是侧扫声呐，低频模式的扫描宽度达到 800m，高频模式时为 200m。2008 年，"大键琴-1R"无人潜航器生产了 3 部交付俄罗斯海军。

"大键琴-2R-PM"的主要构件是用于安装主要系统的矩形截面框架。"大键琴-2R-PM"长 6.5m，壳体直径 1m，重约 3.7t，航行速度与"大键琴-1R"大致相等，但航程降至 50km。壳体的坚固性可以确保"大键琴-2R-PM"的下潜深度达到 6km。

2)　"朱诺"无人潜航器

"朱诺"(Juno)无人潜航器(图 2-114)是一种类鱼雷式无人自主潜航器，由探测系统、浮力保障系统、蓄电池及动力系统、航行控制系统、水下探照灯及摄像系统、螺旋桨推进系统等几大系统组成。

"朱诺"总长 2.9m，直径 0.2m，总质量 80kg，潜深超过 1000m，自主工作时间 6h；规格比俄海军现役的"潜鸟"潜航器稍大，技术状态也比"潜鸟"有明显提升，技术更复杂，携带的传感器更多样化，性能更强，充分体现出俄罗斯在无人潜航器技术领域的新发展。根据红宝石设计局方面介绍，它可以装备俄罗斯现役的水面舰艇和潜艇，执行侦察、扫雷、海洋探测等多种任务职能。

图 2-114　"朱诺"无人潜航器模型

3)　"视野-600"无人潜航器

"视野-600"属于小型无人潜航器(图 2-115)，于 2011 年 9 月加入黑海舰队服役，潜深 600m、重 15kg，配备的机械手可持重 20kg，最大航速 3.5kn，装备

图 2-115　"视野-600"无人潜航器

声呐，可探测 100m 外的水下目标，并可传输彩色或黑白图像。因其小巧、灵活，适用于复杂或狭窄水下环境。

4)"波塞冬"核动力无人潜航器

"波塞冬"(Poseidon)核动力无人潜航器(图 2-116)由红宝石海洋机械中央设计局和圣彼得堡"孔雀石"海洋机械制造设计局联合研制。"波塞冬"核动力无人潜航器具有下潜深、航程远、速度快、核常兼备等优势，与世界上其他国家研发的无人潜航器相比，优势明显。"波塞冬"是俄海军在研海洋多用途系统的核心装备，具有出色的核打击能力，作为可遂行战略战役任务的超大型核动力无人潜航器，"波塞冬"将是俄海军未来无人装备体系的关键组成部分。

图 2-116　"波塞冬"核动力无人潜航器

"波塞冬"由战斗部、核动力系统、推进器、电子设备等舱段组成；配备核动力装置，续航能力非常强，巡航距离超过 10000km，最高航速接近 60kn，最大潜深为 1000m，携带核鱼雷直径 1.6m，具有超大威力打击能力，一旦装上核弹头，相当于 200 万 t 的三硝基甲苯(TNT)当量。"波塞冬"是一种智能化、高自主的超大型多用途类鱼雷水下机器人系统，具有大潜深、超高速、超长航时和高隐蔽性的性能特点，采用液态金属核反应堆，是一种紧凑型、启动快和超高能量密度的核动力装置，与现有的核潜艇相比，其核动力装置缩小 99%，工作模式转换时间缩短到原来的 1/200，达到指定功率的时间以秒计，具有低辐射噪声特点。

"波塞冬"核动力无人潜航器借鉴了美国海军近年来发展大排量无人潜航器的思路，是俄军构建未来无人装备体系的重要举措，满足了俄罗斯政府对水下作战装备提出的"潜航器航速高出潜艇、现代化鱼雷、所有水面舰艇数倍"等指标要求。"波塞冬"的研制已纳入俄联邦武装力量《2018—2027 年国家武器装备发展纲要》内，计划 2027～2030 年服役，首批装备数量将为 32 艘。

"波塞冬"核动力无人潜航器除了挂载在核潜艇以外，自身动力方面采用核动力并运用了超空泡技术，具有极高的机动性，"波塞冬"将以 60～70kn 的速度在深度超过 1km 的水下前行，据称"波塞冬"核动力无人潜航器最大速度将超过 200km/h。在水下具备如此高的航速，无法对其实施有效拦截，目前服役的最快的核潜艇的最大速度为 60km/h，西方国家装备最先进的鱼雷最大速度为 90km/h，再加上极大的下潜深度，也超过了主流的反潜鱼雷，使得现有的鱼雷武器无法有效拦截"波塞冬"核动力无人潜航器。

2. 其他欧洲海上自主无人系统

1) 法国"检测器"系列无人水面艇

"检测器"(Inspector)MK1 是一种刚性船体充气艇(RH1B)，也是一种远程遥控靶艇(RCT)，易于部署，用于海军士兵应对不对称威胁的训练以及武器系统的研发和验证。"检测器"MK1 采用遥控或者完全自主控制，配置有控制单元，便携式人机接口，用于任务规划、任务监控和实时载荷控制，主要用途是作为小型武器攻击训练艇(SWAT)、海上炮兵和导弹训练靶标、武器装备研发和验证、水面调查和电子战、扫雷等。"检测器"MK1 的外形尺寸为长 7.1m，宽 2.5m，高 0.5m，总重(含载荷)2100kg，速度≤18m/s，远程控制距离 18.52km，续航时间为 15h(速度 10.28m/s)。

"检测器"MK2 是一种用于浅水域调查、分类和目标检测的无人水面艇(图 2-117)。其主要特点是传感器易配置，具有较高的导航精度、较长的续航时间和较高的安全性，以及高可靠性和使用效能。其典型任务是浅水区调查、濒海与近海海洋水文调查、港口和海上资产调查与保护、目标检测与分类等。"检测器"MK2 的外形尺寸为长 8.4m，宽 2.95m，高 0.5m，总重(含载荷)达到 4700kg，任务载荷质量为 1000kg，速度≤12.85m/s，续航时间为 20h(速度 3.84m/s)。

图 2-117　法国"检测器"MK2 无人水面艇

　　"检测器"120 和"检测器"125 是法国电子通信与自动化集团开发的"检测器"系列无人水面艇(USV)的最新成员(图 2-118)。"检测器"120 自主船只供海军、海岸警卫队、执法部门和警察部队使用，适用于广泛的防御、安全和海事应用，包括港口和海上设施的保护、沿海监视、海上巡逻、执法、消防和快速环境评估(rapid environmental assessment，REA)。"检测器"120 可以在 5 级的恶劣海况下运行。该艇的长度为 12m，可以从长度为 50m 或更长的船只上发射。

(a) "检测器"120

(b) "检测器"125

图 2-118　法国"检测器"120 和"检测器"125 无人水面艇

　　"检测器"125 具有更高的有效载荷能力和卓越的牵引能力，适用于一系列防御和安全作战，如反潜战、海洋调查、情报监视与侦察，水雷对抗以及部队支援和保护等。船的总长度为 12.3m，而船体的长度为 11.9m，总宽度为 4.2m，总高度为 3.8m，吃水深度为 0.7m，总重 13.5t。

2) 法国"阿里斯特"系列无人潜航器

"阿里斯特"(Alister)系列无人潜航器主要有便携式"阿里斯特-9"(图 2-119)，重型"阿里斯特-18"(图 2-120)、"阿里斯特-27"和"阿里斯特 REA"等。"阿里斯特"系列无人潜航器拥有先进的通信系统，其通信系统由卫星网络链路、用于数据上传和下载的无线或以太网、水下声通信系统、甚高频射频等设备组成。

图 2-119 法国"阿里斯特-9"无人潜航器

图 2-120 法国双机身"阿里斯特-18"无人潜航器

　　"阿里斯特"系列无人潜航器拥有能够定制、先进的载荷能力。"阿里斯特-9"任务载荷包括侧扫声呐、干涉声呐、合成孔径声呐、避障声呐、多波束回声测探仪、温度湿度电传导传感器探头、录像机。而"阿里斯特 REA"更是搭载避障声呐、侧扫声呐/合成孔径声呐浅地层剖面仪、温度湿度电传导传感器探头、视频摄像机+搜索等、声学照相机等任务载荷，可以根据客户的具体要求定制。

　　表 2-22 给出了"阿里斯特"系列无人潜航器各型号的具体参数对比。

表 2-22　"阿里斯特"系列无人潜航器

型号	外形尺寸	质量	性能	使命任务
"阿里斯特-9"	长 1.7~2.5m	空重 50~90kg	速度 1.03~1.54m/s，作业深度 200m，最大续航时间 24h	快速环境评估、国土安全、反水雷、海底或水文调查
高分辨率和高覆盖率型"阿里斯特-18"	长 3.5~4.6m，直径 465mm	空重 290~440kg	速度 1.54m/s，作业深度 600m，最大续航时间 24h	沿海水文调查、石油天然气检测、水下结构检查、反水雷、海港保护
双机身"阿里斯特-18"	长 2.6~3.3mim	空重 490~620kg	速度低于 2.57m/s，作业深度 600m，续航时间 15h	沿海水文调查、石油天然气检测、水下结构检查、反水雷、海港保护
"阿里斯特-27"	长 5m	空重 800~1000kg	速度≤1.54m/s，作业深度 300m，续航时间 30h	水文调查、高分辨率地震调查、国土安全、快速环境评估、反水雷
"阿里斯特 REA"	长 4.8m，宽 0.7m，高 1.2m	空载 800kg	最大速度 5.1m/s，最小速度 2.06m/s，巡航速度 2.5m/s，作业深度 300m，续航时间 12~20h	反水雷、快速环境评估、情报、监视与侦察、沿海成像、海底成像等

　　3) 法国"海上安全自主水下航行器"

　　"海上安全自主水下航行器"(图 2-121)是一种主要用于执行海上安全任务的重型自主水下航行器，配备有最好的成像和自主导航技术。该计划由法国泰雷兹(THALES)集团和 ECA 集团执行，泰雷兹水下系统公司负责系统设计，ECA 集团则指导设计。该系统采用惯性导航系统，配置障碍物规避系统，具有自校正功能，主要任务是检测浸没在水下的危险、反水雷、海底成像等设备，此外还包括搜索轮船、危险物或污染物、海上丢失的货物等，以及观测地震断层或者构造运动。该系统空重为 800kg，最大前向速度 4.1m/s，最小速度 2.3m/s，作业深度 300m。

　　4) 英国"自动潜水艇"系列无人潜航器

　　"自动潜水艇"系列是由英国国家海洋中心(National Oceanography Centre, NOC)设计、研发和制造，主要用途是地球物理调查、环境监测、海洋科学调查、海洋调查、科学研究、海底测绘等。

图 2-121 法国"海上安全自主水下航行器"

(1) "自动潜水艇 3"(Autosub 3)。

"自动潜水艇 3"外形类似鱼雷,长度 7.0m,宽度 0.9m,高度 0.9m,空载质量 2400kg,航行速度 6km/h,作业深度 1600m,航程 400km,续航时间 72h (图 2-122)。采用碳纤维材料,在低功率需求的最佳条件下,锰碱性电池提供超过 500km 的航程或 6 天续航能力,碳纤维压力容器作业深度为 1600m,可以测量电导率、温度、透射率、荧光、光合有效辐射、水流速度、湍流和水深等。

图 2-122 "自动潜水艇 3"无人潜航器

从 1999 年至今,"自动潜水艇 3"在南极和北极的海冰和浮冰下作业,每次任务作业时间都超过 24h。2009 年在南极西部,"自动潜水艇 3"下潜到松岛厚浮冰下 500~1000m 作业,并且能够深入冰洞的厚度达到 60m。

(2) "自动潜水艇 6000"(Autosub 6000)。

"自动潜水艇 6000"(图 2-123)是"自动潜水艇"系列中的最新型别,作业深度为 6000m。基本上继承了"自动潜水艇 3"的设计,不同的是,"自动潜水艇 6000"的作业深度更深,电池系统采用锂电子聚合物可充电电池而不是原生锰碱性电池。由于具备 1000km 的航程、6000m 的最大作业深度和 0.5m³ 的巨大任务载荷搭载能力,"自动潜水艇 6000"成为世界上潜水最深的执行科学探测任务的自主水下航行器之一。

图 2-123　"自动潜水艇"6000

　　"自主潜水艇 6000"船体采用鱼雷外形，长度 5.5m，宽度 0.9m，高度 0.9m，空载质量 2000kg，航行速度 1.0m/s，作业深度 6000m，航程 1000km，续航时间 70h。

　　(3) "自动潜水艇"远程型(autosub long range)。

　　"自动潜水艇"远程型(图 2-124)的主要用途是海洋勘察、环境监测等。其移动速度相当缓慢，仅有 0.4m/s。由于传感器的电源消耗受到严格控制，它能完成

图 2-124　"自动潜水艇"远程型

续航时间长达 6 个月、航程为 6000km 的使命任务。该系统具有断电并在海底停泊、冬眠的能力，能够定期唤醒或遇到感兴趣的事件或事物时自然唤醒。这对于在海洋盆地长断面地区进行非常详细和长期的小区域检测任务尤其重要。

"自动潜水艇"远程型外形像带翼的鱼雷，采用钛合金材料，采用三自由度推进器，具有自校正功能，采用铱星调制解调器，可以在世界任何地方进行无线通信；最小速度 0.4m/s，作业深度 6000m，航程 6000km，续航时间 4400h。

5) 英国"护身符"系列无人潜航器

"护身符"(Talisman)系列无人潜航器可提供关键设施和资产的监视保护能力，执行港口安全、沿海扫雷，以及情报侦察和监视、海底成像等一系列海洋任务。"护身符"的型别有"护身符"M 基本型和"护身符"L 改进型。

"护身符"M(图 2-125)基本型是一种专门为反水雷而设计的无人水下航行器，具有较强的海上作业能力，目标是在排雷行动时操作人员的干预最少。"护身符"M 集成了"护身符"作战系统平台的远程能力与任务载荷能力，提供了一个综合的反水雷(MCM)能力，包括检测、分类和排雷任务。在反水雷作战任务中，"护身符"M 能够携带 2 艘较小的"护身符"L 的 4 枚"喷水鱼"反水雷销毁弹药。

图 2-125 "护身符"M 无人潜航器

"护身符"M 长度 4.5m，宽度 2.5m，高度 1.1m，空载质量 1000kg，任务载荷质量 500kg，作业深度 300m。

与"护身符"M 相比，"护身符"L 改进型(图 2-126)更新、更小，但是继承了很多核心技术，其航程和性能有所提升。采用了由"护身符"M 推进器改进而来的动力配置，这将提供更大的稳定性和近距离加速能力，其速度将达到 2.57m/s。其导航系统、通信系统、指挥和控制系统与"护身符"M 相同。

图 2-126　"护身符"L 无人潜航器

6) 英国无人水面艇系列

英国无人水面艇主要有"C-猫"系列多用途无人水面艇、"C-恩迪罗"无人水面艇、"C-猎人"无人水面艇、"C-斯塔特"移动浮标系统、"C-扫描"多功能反水雷无人水面艇、"C-目标"系列海军无人靶船、"C-工人"无人水面艇，以及"充气拖曳式靶艇"、"移动反潜艇训练靶"和"SOG 海上滑行器"[27]。

英国在研无人水面艇主要包括"卫兵"、"哨兵"、"黑鱼"等。其中"卫兵"最为典型，由英国奎奈蒂克公司研制，采用先进的隐身设计和喷水推进技术，航速可达 50kn。英国主要无人水面艇如表 2-23 所示。

表 2-23　英国主要无人水面艇

型号	外形尺寸	质量	性能	使命任务
"C-猫 2"	长 2.4m，宽 1.2m	空载 80～120kg，任务载荷≥40kg	速度 1.54m/s，续航时间 5h 48min	水质采样和监测、环境评估和水文勘察、海港安全
"C-猫 5"	长 5.0m，宽 2.2m	空载 650～1000kg	速度≤3.6m/s	水质采样、环境评估和水文勘察
"C-恩迪罗"	长 4.2m，宽 2.4m，高 2.8m	轻型 350kg，满载 500kg	速度 3.6m/s，续航时间>2160h	用于海上安全，以及在各种海洋环境下低成本收集数据
"C-猎人"	长 6.3m，宽 0.6m，高 3.5m	空载 2000kg，任务载荷 300kg	速度 4.1m/s，续航时间 50～96h	水文调查、反水雷、反潜战、环境监测以及水下航行器、遥控潜航器/拖鱼定位

续表

型号	外形尺寸	质量	性能	使命任务
"C-斯塔特"	长 2.4m，宽 1.2m	空重 450kg	速度 1.9m/s，航程 463km，续航时间＜720h	水面和水下通信节点、港口和船舶的安全、海洋数据收集、海底资产定位
"C-扫描"	长 10.8m，宽 3.5m，高 1.0m	空重 9000kg	速度 12.85m/s，航程≥370km，拖曳力 20kN	扫雷、猎雷、遥控潜航器检查和处置的部署，自主水下航行器的部署、跟踪和回收，水文调查，拖曳声呐，遥感和监视
"C-目标 3"	长 3.5m，宽 1.4m，高 1.3m	空重 325kg	最大速度 12.85m/s，巡航速度≥10.3m/s	海军设计训练、武器试验以及船舶指挥和控制评估
"C-目标 6"	长 6.5m，宽 2.1m，高 2.3m	总重 1200kg	速度≥18m/s	海军设计训练、武器试验以及船舶指挥和控制评估
"C-目标 9"	长 9.6m，宽 2.4m，高 3.5m	空重 2750kg	速度≥25.7m/s	海军设计训练、武器试验以及船舶指挥和控制评估
"C-目标 13"	长 12.9m，宽 2.7m，高 3.9m	总重 4200kg	速度≥23.1m/s	海军设计训练、武器试验以及船舶指挥和控制评估
"C-工人"	长 5.85m，宽 2.20m，高 4.75m	轻型 3500kg，重型＞5000kg	速度 3.08m/s，续航时间 24～720h	水下定位、测量和环境监测，提供石油和天然气的无人作业
"充气拖曳式靶艇"	TRI-3M 长 4.0m，TRI-6M 长 6.5m，铝材料船身 4.0m	TRI-3M 总重 30kg，TRI-6M 总重 80kg，铝材料船身总重 200kg		设计训练、试验应用

3. 亚洲海上自主无人系统

1) 以色列海上无人系统

以色列已开发多种型号的海上无人系统(图 2-127)，包括拉斐尔先进防御系统公司和以色列航空防务系统公司联合开发的"保护者"，拉斐尔先进防御系统公司的"海上骑士"，以色列航空防务系统公司的"海星"和"卡塔娜"，埃尔比特系统公司的"黄貂鱼"、"银色马林鱼"和"海鸥"等。其中"保护者"项目开展最早，发展最为成熟，该艇隐身性高，装备现代化传感器系统和多样化武器系统，首批 12 艘于 2006 年服役以色列海军。而"海上骑士"是"保护者"的升级版，继承了"保护者"的基本装备和高速航行的优点，但其体型更大更长，具有更大的油箱和更大范围的通信功能，在偏远地区也能灵活操作，而且具备了一个突出功能——发射导弹。

(a) "保护者"   (b) "银色马林鱼"

(c) "黄貂鱼"   (d) "海鸥"

图 2-127　部分以色列海上无人艇

　　最著名的"保护者"号无人艇是 2003 年以色列拉斐尔先进防御系统公司与以色列航空防务系统公司共同开发的。该艇于 2005 年开始装备部队，用于执行保卫领水和近岸水域任务，在试验和使用过程中显示出了较高的战术技术性能，是以色列无人艇研究的典型代表。该艇长 9m，排水量 4t，最高航速 40kn，最大载荷 1t，续航力约 8h，艇上装备 1 挺 7.62mm 或 12.7mm 机枪，同时备有电动机械瞄准传动装置的火控系统，有遥控和自主两种控制模式。

　　2) 日本无人水面艇与无人潜航器

　　日本对无人艇的相关研究工作开展得相对较早。日本发展的无人水面艇主要是 UMV-H(高速型)、UMV-0(海洋型)和 OT-91 型无人水面艇。其中，OT-91 型为最新研制型号，采用喷水推进，最高航速 40kn，主要用于海上情报侦察和反水雷等。日本 Yamaha 公司研发的无人高速军用艇(UMV-H)采用深 V 形设计，长4.44m，兼具遥控和自主两种模式。

　　日本的无人潜航器发展也较早，型号较多，其中日本东京大学在智能自主无人潜航器方面的研究工作尤为突出，开发了"Tam-egg"、"PTEROA150"和"PTEROA250"等多个型号的无人潜航器。此外，日本还研发了大型的"水瓶座探测器 2000"(Aqua Explorer 2000)、"水瓶座探测器 2"(Aqua Explorer 2)、MR-X1、r2D4、R-one Robot、Tri-Dog 1、"浦岛"(Urashima)和便携式的"双汉堡"(Twin-Burger)I 和 II 等。

日本的 r2D4 水下机器人(图 2-128)长 4.4m，宽 1.08m，高 0.81m，重 1.06kg，最大潜深 4000m，能自主收集数据，可用于探测喷涌热水的海底火山、沉船、海底矿产资源和生物等。

图 2-128　日本 r2D4 海洋探测机器人

最典型的型号是"水瓶座探测器 2000"(图 2-129)。该系统早期由日本东京大学等单位设计，项目目标是以最低成本实现海底和水下通信电缆的检测。"水瓶座探测器 2000"由"水瓶座探测器 2"发展而来，主要用途是海底(对埋设和非埋设)电缆敷设进行勘察。"水瓶座探测器 2000"长 3m，宽 1.3m，高 0.9m，总重 300kg，作业深度 2000m(是"水瓶座探测器 2"的 4 倍)，续航时间 16h。采用自主控制，其操作程序在投放之前在机载计算机上进行预编程，投放后可以不

图 2-129　日本"水瓶座探测器 2000"无人潜航器

接收从母船上发送的任何操作指令。但由于作业的特殊性，需要沿电缆实现螺旋升降，因而不能离母船太远，航行距离是其最大的缺点。

　　3) 韩国无人水面艇与无人潜航器

　　韩国一直以来非常重视水下无人系统的发展，研发了便携式、小型和大型的自主水下航行器。韩国的无人潜航器主要用于深海探测，最新型号有便携式的"集成潜式智能执行任务 100"(ISIMI 100)、"首尔国立大学无人潜航器 I"(SNUUV I)和大型的"玉浦 6000"(OKPO 6000)，尚无军用无人潜航器服役。

　　ISIMI 100(图 2-130)是韩国海洋研究与发展研究所的一个分机构船舶与海洋工程研究所研发的一种小型，易于发射、回收和操作的无人潜航器，无需专门的手持式支持设备。ISIMI 100 是 ISIMI 的最新改进型，呈鱼雷外形，长 1.582m，宽 0.2m，高 0.2m，空重 38kg，最大速度 2.0m/s，作业深度 100m，巡航速度 1.5m/s。未来，韩国海洋研究与发展研究所将开展 ISIMI 的任务试验和 ISIMI 100 的海上试验。

图 2-130　韩国 ISIMI 100 无人潜航器

　　"玉浦 6000"(图 2-131)是韩国大宇造船海洋株式会社研发的第一种大型无人潜航器，能安全下潜到 6000m 的深度进行作业，用于地球物理调查、海洋科学调查、雷区实地勘察、海洋调查。"玉浦 6000"长 3.8m，直径 0.7m，空重 980kg，续航时间 10h。

　　4) 印度无人潜航器

　　印度濒临印度洋，具有很长的海岸线，无人潜航器发展较早，但是经费预算有限，技术储备不足，型号发展速度缓慢。最新型号是"自主水下航行器 150"(AUV 150)，它是由印度中央机械工程研究所(CMERI)科学家团队设计、制造的一种大型无人潜航器(图 2-132)，主要用于遥感成像、海底测绘及检测、军事侦察及管线勘察。该系统机身长度为 4.8m，质量达到了 490kg，作业深度为 150m，续航时间 6h。"自主水下航行器 150"具有网络化分布式控制系统，配备先进的惯性导航系统、深度传感器、多普勒速度记录仪、前视避障声呐和超短基

图 2-131　韩国"玉浦 6000"无人潜航器

图 2-132　印度"自主水下航行器 150"

线等导航设备及侧扫声呐、水下摄像机、温湿度电导率传感器等先进传感器,以
及射频(水面)和水声通信(水下)组合通信系统。

2.5　我国自主无人系统

2.5.1　我国无人机系统

1. 无人作战飞机

1) "攻击-11"无人机

"攻击-11"("利剑")隐身无人机(图 2-133)是由中国航空工业第一集团公司沈阳飞机设计研究所主持设计、航空工业江西洪都航空工业集团有限责任公司制造的工程试验机,为未来中国研制先进的无人攻击机做技术储备。该项目于2009 年启动,经过 3 年试制,于 2012 年 12 月总装下线,随后进行了密集的地面测试。2013 年 5 月进入地面滑行测试。2013 年 11 月,"利剑"隐身无人机在西南某试飞中心成功完成首飞。该机被称为继美国 X-47B、欧洲"神经元"、英国"雷神"之后第四型隐身无人机。2019 年 10 月,"利剑"隐身无人机参加国庆阅兵,代号为"攻击-11"。

(a) "利剑"首飞　　　　　　　(b) 2019 年国庆阅兵——"攻击-11"

图 2-133　　"攻击-11"无人机

2) "彩虹-7"无人机

"彩虹-7"无人机(图 2-134)可在高危环境下执行持续侦察、警戒探测、防空压制、作战支援等任务、发射或引导其他武器对高价值目标发动打击等作战任务。"彩虹-7"融合彩虹系列无人机先进气动、隐身及无尾飞行控制等技术,定位为战略级信息保障和高价值目标打击航空装备。"彩虹-7"具备突出的隐身特征,机身无垂尾、无平尾,外形平滑优美。"彩虹-7"翼展下方没有武器挂载点,弹药全部被装入机身下的内置弹舱中,这样的设计有利于减少雷达散射截面积。该机配备涡扇发动机,发动机进气口位于机身上方,以消除雷达反射源,利于隐身。

图 2-134　"彩虹-7"无人机

3) "天鹰"无人机

2019 年 6 月，中国航天科工集团第三研究院发布了"天鹰"无人机(图 2-135)，该机曾在 2018 年珠海航展公开亮相。据此前的报道，该机首飞时间可能为 2017 年 11 月；装备 1t 推力的涡扇发动机，最大起飞质量 3000kg，属于一种小型的无人机。该机最大飞行高度 7500m，速度约 200km/h，略低于中国的高铁速度。因为这款无人机主要作用是侦察锁定敌方军事目标，所以并没有设计弹舱，不具备打击能力。

图 2-135　"天鹰"无人机

2. 察打一体无人机

1) "攻击-1/2"无人机

"攻击-1"无人机(图 2-136)，外贸版为"翼龙-1"无人机，2014 年 11 月在第十届中国国际航空航天博览会中首次亮相，并参加了 2015 年 9 月 3 日胜利日阅兵，如图 2-136 所示。"攻击-1"无人机集侦察、情报传输和火力打击于一身，可挂载武器，包括空地导弹、精确制导火箭弹、精确制导炸弹等。2019 年 10 月 1 日，在两辆指挥引导车带领下，由"攻击-2"无人机、"攻击-11"无人机和反辐射无人机组成的无人作战第二方队通过天安门，向世界展示了中国无人作战系统的又一崭新成就。

(a) "攻击-1"无人机　　　　　　　　　　(b) "攻击-2"无人机

图 2-136　"翼龙"系列无人机

与"攻击-1"相比，"攻击-2"(外贸版为"翼龙-2")无人机在动力、探测性能、挂载能力等方面都有了大幅提升。"攻击-2"无人机是中国首款装配涡轮螺旋桨发动机的无人机，长 11m、高 4.1m、翼展 20.5m，最高速度可达 370km/h，最高升限 9000m。它具备全自主水平轮式起降、巡航飞行、性价比高、多用途、易使用等突出特点。"攻击-2"任务系统包括合成孔径雷达、光电吊舱、电子侦察系统，能够获取目标更加详尽的信息，为指挥员决策提供更为全面的依据。与"攻击-1"相比，"攻击-2"可以挂载更多武器，其机翼下有 6 个武器挂架，最多能携带 12 枚小型导弹。

2) "彩虹"系列察打一体无人机

2012 年，"彩虹-4"无人机(图 2-137(a))多次亮相国内外航展，它是一款中空长航时侦察打击一体无人机系统，由 1 个地面站和 3 架无人机及相关载荷、武器构成。"彩虹-4"无人机翼展 18m，最大起飞质量 1330kg，最大续航时间 35h，最大载荷能力达 345kg，可挂载 4 枚空地导弹，实现对地面和海上目标进行侦察和打击，攻击精度小于 1.5m。

"彩虹-5"无人机(图 2-137(b))2015 年 8 月在甘肃实现了首飞。2016 年 10 月在第十一届中国国际航空航天博览会中亮相，具有动力强、载重大、航时长、航程远等优势，可靠性、安全性大幅提升。"彩虹-5"翼展 20 余米，起飞质量超过 3t，采用航空汽油活塞发动机，具有优良的油耗率，可连续飞行 40h 左右。通过使用 6 个复合挂架，可挂载高达 16 枚空对地、空对空精确制导武器，最大载荷达到了 1t，具备 8000m 高度升限巡航、3500m 高原起降等能力。

(a)"彩虹-4"无人机　　　　　　　　　　(b)"彩虹-5"无人机

(c)"彩虹-6"无人机

图 2-137　"彩虹"系列无人机

　　"彩虹-6"无人机(图 2-137(c))是一款大型、高空高速、长航时、多用途无人机系统,于 2021 年 9 月在第十三届中国国际航空航天博览会上首次公开亮相。"彩虹-6"采用常规大展弦比气动布局、T 形尾翼、尾吊双发涡扇发动机,具有飞行高度高、载荷能力强、续航时间长和航程远等特点。采用模块化设计,可实现发动机、机翼、有效载荷等原位换装,实现一型多用。最大起飞质量达到了 7.8t,续航时间达到 20h 左右,具备挂载光电、SAR 雷达、预警雷达、电子侦察、空地导弹、空地炸弹、反辐射导弹、中小型巡飞弹等多种载荷的能力,可灵活选配任务载荷,执行高空侦察监视、察打一体、海上反潜及巡逻警戒、空中预警探测、近距空中支援等作战任务,同时可以在未来作战环境下有效地实现有人-无人协同作战,加速推动信息化、智能化作战。

　　3)"双尾蝎"系列无人机

　　"双尾蝎"(twin-tailed scorpion)系列无人机(图 2-138)是四川腾盾科技有限公司自主研发的多用途大型中空长航时无人机,翼展 20m、机长 10m、机高 3.1m,最大航时 35h、使用升限 10000m。该机采用大展弦比、双尾撑、廿式气动布局设计,配置两台发动机。

　　2022 年 7 月,"双尾蝎"无人机在海拔 4238m 的甘孜康定机场成功完成了大型高空全网应急通信无人机平台的高原飞行验证测试,充分验证了无人机平台和通信装备应急保障能力。

图 2-138　"双尾蝎"系列无人机

3. 无人侦察机

1) "无侦-7"无人机

"无侦-7"无人机(图 2-139),又名"翔龙",是中国自行研制生产的高空无人侦察机,主要执行边境侦察、领海巡逻等任务。2021 年 9 月,在第十三届中国国际航空航天博览会上"无侦-7"首次亮相。2021 年 11 月,在庆祝人民空军成立 72 周年前夕,"无侦-7"全面投入实战化训练。"无侦-7"按照命令起飞后,充分发挥自身高空长航时等能力优势,迅速规划侦察阵位,设置侦察航向,综合战场态势快速捕获目标踪迹。随后,"无侦-7"将获取的各类信息上传至指挥所,为空中待战机群展开突防突击提供有力支撑。

图 2-139　"无侦-7"无人机

2) "无侦-8"无人机

在 2019 年 10 月 1 日阅兵中,无人机方阵引起了不小的轰动,除了"攻击-11"这样的隐身无人攻击机引人注目外,一款外形相当别致的无人机——"无侦-8"

(图 2-140),也引起了不小的轰动,这款无人机被定义为"高空高速无人侦察机",结合其外形让人不免想起了美军 19 世纪 20 年代研制的 D-21 高空高速无人侦察机。

图 2-140 "无侦-8"无人机

"无侦-8"的外形其实和"东风-17"的弹头外形很相似,这明显是一种超高声速武器的设计特点,非常适合大气层边缘"打水漂",而且"无侦-8"搭载两台火箭发动机,这其实基本已经表明,"无侦-8"的飞行空间是在"临近空间",这是"飞机上不去,卫星下不来"的空域,这片空域可以使得飞行器在较小的阻力下飞行,在保证速度的情况下也能保证比较远的航程,而且只要规划好路线,加上本身也有隐身设计考虑,是可以有效避免敌防空导弹阵地的拦截的。

3)"无侦-10"无人机

"翼龙-10"无人机,最早以出口型单发版"云影"无人机身份亮相航展,后来又推出了双发版"风影"无人机。后者曾于 2020 年前执行"海燕计划",对台风进行高空观测任务,任务中连续投放 30 枚探空仪,与机载毫米波雷达一起对台风外围云系的 CT(电子计算机断层扫描)探测,并与风云卫星、无人船等多种探测手段形成了立体观测。2022 年,该机以新身份"无侦-10"亮相珠海航展,意味着该机已经进入我军装备序列,如图 2-141 所示。该机机身长 9m,高 3.7m,翼展 18m,双发配置,起飞质量 3.2t,升限 16km 左右,最大起飞质量不低于 3t,注重隐身设计,可以发挥高空高速、低可探测性、较强的战场机动能力,承担战场广域电子侦察任务。

图 2-141　"无侦-10"无人机

4. 无人机集群项目

2017 年 6 月 10 日，中国电子科技集团有限公司完成 119 架固定翼无人机集群飞行试验，刷新此前 2016 年中国国际航空航天博览会披露的 67 架固定翼无人机集群试验纪录，标志着智能无人集群领域的又一突破。试验中，119 架小型固定翼无人机成功演示了密集弹射起飞、空中集结、多目标分组、编队合围、集群行动等动作。2018 年，完成了 200 架无人机集群飞行试验，同时还成功实现了国内首次小型折叠翼无人机双机低空投放和模态转换试验(图 2-142(a))。

2018 年 1 月，国防科技大学智能科学学院无人机系统创新团队针对无人机集群自主作战展开试验飞行，20 余架无人机相继起飞，并在空中集结编队飞行，飞向指定区域完成侦察任务，该试验验证了分组分簇自适应分布体系架构、并行感知与行为意图预判、按需探测自组织任务规划、极低人机比集群监督控制、以意外事件处理为核心的集群自主飞行控制等多项关键技术(图 2-142(b))。

北京航空航天大学仿生自主飞行系统研究组十余年来一直致力于无人机集群先进控制理论和智能感知技术的飞行验证，该团队通过借鉴雁群、鸽群、椋鸟群、狼群、蜂群等生物群体的共识自主性集群智慧，采用分布式策略设计了无人机集群自主控制方法和技术，并结合这些生物群体智能进行了无人机集群编队、目标分配、目标跟踪、集群围捕等任务的外场飞行试验验证，并于 2018 年 5 月完成基于狼群行为机制的无人机协同任务分配的飞行验证(图 2-142(c))。

2022 年 5 月，浙江大学控制科学与工程学院在机器人领域权威期刊 *Science Robotics* 发布了能独立感知、自主导航以及编队飞行的野外微型无人机集群研究成果。10 余架无人机集群能够在密集的树林里边穿梭自如，还可以持续多角度跟踪选定的目标(图 2-142(d))。所用无人机和一个手掌大小类似，重量不超过一听 330mL 的瓶装可乐。其集群算法设计灵感来自鸟群飞行，通过机载视觉、机载计算资源，在复杂的环境下生成感知周围障碍物、定位自身位置及生成飞行路径。

(a) 中国电子科技集团集群飞行试验

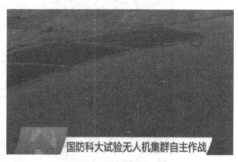

(b) 国防科技大学集群飞行试验

(c) 北京航空航天大学集群飞行试验

(d) 浙江大学集群飞行试验

图 2-142　国内无人机集群飞行试验

2.5.2　我国其他自主无人系统

1. 我国地面无人系统

1)　"沙漠苍狼"系列无人车

"沙漠苍狼"(图 2-143)是在国防科技大学研制的第二代高原无人巡逻侦察车的基础上改进而成，系国防科技大学机电工程与自动化学院与三一重工股份有限公司联合成立的"无人装备工程中心"研制的第一款产品，尺寸 220cm×160cm×130cm，自重 900kg，最大承载 400kg，最大车速 30km/h，具备自主行驶、遥控驾驶和智能牵引三种操控模式。

"沙漠苍狼"从硬件组成到软件架构，均采用模块化的设计理念，在统一的软硬件接口规范下集成多种可自由选配的传感器和任务载荷，能够快速形成指定线路巡逻、敏感区域防控、反恐防暴等特种作战能力，具备分队伴随行进、视距遥控、潜伏侦察、火力打击等多种功能。

图 2-143　　"沙漠苍狼"无人车

2) "五虎"地面无人战车

"五虎"地面无人战车包括 GHRYSOR 地面无人车、MOSRO 室内监控机器人、ASENDRO EOD 模块式排爆机器人、ASENDRO SCOUT 野外侦察机器人、OFRO 微型坦克，由中国兵器工业集团中国北方车辆研究所研制。

GHRYSOR 地面无人车外观如图 2-144 所示。GHRYSOR 全地形车长2.92m，宽 1.64m，高 1.92m，重 950kg，地面最大载荷为 680kg，水上最大载重为 300kg，其地面行驶速度高达 45km/h，水中达 4km/h，最大爬坡度大于 37°。底部车身采用高密度聚乙烯材料，因此可在 $-40\sim50$℃宽温度范围工作。

MOSRO 室内监控机器人是一款用于室内监控的机器人，可以代替警卫人员在仓库、机场、停车场等重点场所执勤，内置多种语音库，可完成更复杂的对话。上面安装有各种气体、温度传感器以及毒气检测传感器，能自动感知周围的障碍物，从而在室内自由行走，最大行进速度 4km/h，可爬 13°的斜坡，从而可以减少军队后勤人员的工作量，并能完成一些危险性的检查工作。

ASENDRO EOD 模块式排爆机器人长约 0.6m，宽和高 0.4m，使用直流电机驱动，最大行驶速度可达 10km/h。该机器人采用 2400MHz 通信频率，同时具有433MHz 的安全数据无线通信功能，可进行视频传输。在野外无线遥控的有效半径可达 2km。ASENDRO EOD 的上方将安装精密的操作臂，操作臂顶端是立体摄像机和平行爪，用来抓取未爆炸弹等危险物。

ASENDRO SCOUT 野外侦察机器人的基本结构、控制站与 ASENDRO

EOD 基本一致，只是把上方的平行爪、立体摄像机换成了宽角彩色和热成像摄像机，具备运动识别能力。最大光学变焦 18 倍，可以工作在 7～14μm 波段，镜头视角达 50°×35°。行走装置可以快速更换为四个轮胎，更便于在野外执行任务。

OFRO 微型坦克(图 2-145)长 1.12m，宽 0.7m，高 0.4m，重 54kg，最大载重 40kg。全车采用电池供电方式，在满电方式下可连续工作 12h。速度可以达到 7.2km/h。工作温度在 –20～60℃。车上安装有超声测距传感器、红外传感器、差分全球定位系统(differential global position system, DGPS)接收器、全球移动通信系统/通用分组无线业务/通用移动通信系统(GSM/GPRS/UMTS)模块等设备，既能自主巡逻，也可以遥控操纵。OFRO 微型坦克拥有多项功能，只要安装不同的任务设备即可。该型机器人能够探测出目前所有的军事、工业用有毒气体，并在数秒钟内给出确切的分析结果。

图 2-144　GHRYSOR 地面无人车

图 2-145　OFRO 微型坦克

3) VU 系列履带式地面无人作战平台

中国兵器工业集团有限公司主打的型号为 VU-T10 和 VU-T2 履带式地面无人作战平台(图 2-146)。前者属于中型无人战车，承载能力好，火力强大，火控系统先进，装备了 1 门 30mm 自动炮、1 挺 7.62mm 并列机枪以及 2 枚"红箭" 12 反坦克导弹，可以说具备了与国外主流步兵战车正面对抗的实力。VU-T2 则属于轻型无人战车，装备 1 挺 14.5mm 机枪以及 2 枚轻型反坦克导弹，在火力上稍逊于 VU-T10。但 VU-T2 轻型无人战车外形尺寸更小、隐蔽性更强、部署也更灵活，是进行伏击战和游击战的最强"尖兵"。此外，我国军工企业、军队科研院校对无人战车进行了大量科研攻关，各种类型的无人车辆陆续面世。在 2021 年中国国际航空航天博览会上，多个军工企业展示了十余款无人战车，展示了我国已在这一领域取得丰硕成果，如图 2-147所示。

(a) VU-T10   (b) VU-T2

图 2-146   VU-T10 和 VU-T2 履带式地面无人作战平台

(a) 侦察突击无人车   (b) 班组无人作战平台

(c) 高机动察打无人平台

图 2-147   2021 年中国国际航空航天博览会上的无人战车

2. 我国水面无人系统

我国的无人艇行业起步较晚，主要研究单位包括哈尔滨工程大学、珠海云洲智能科技股份有限公司(珠海云洲)、上海大学、中国科学院沈阳自动化研究所、中国船舶集团系统工程研究院、中国船舶集团 716 和 702 研究所、上海海事大学、大连海事大学等。

1) "XL"号智能无人水面艇

"XL"号智能无人水面艇(图 2-148)是 2009 年开始由哈尔滨工程大学牵头，联合国防科技大学、江苏科技大学等优势单位研究的无人水面艇。该艇搭载了智能控制系统、航海雷达、光电探测系统、组合导航系统、无线通信、北斗等多种设备，具备了无人自主航行、自主危险规避、海面目标探测能力。

图 2-148　"XL"号智能无人水面艇

2) 珠海云洲 M 系列无人水面艇

M75 救助无人水面艇(图 2-149)，可应用于大型湖泊、海洋、江河、港口的安防、巡逻、调查取证、缉私及水上消防等；船长 5m，宽 1.7m，碳纤维、凯夫拉防弹布的高强度玻璃钢材料，单体深 V 船型；最高航速可达 30kn，喷泵推进，满载排水量 1.25t，布放回收 2 级，工作海况 3 级，生存海况 4 级，船体自

图 2-149　珠海云洲 M75 救助无人水面艇

扶正，可携带一救生筏。2018 年 9 月，"瞭望者"警戒巡逻无人水面艇与"守护者"安防搜救无人水面艇，参加公安部主办的第四届新亚欧大陆桥安全走廊国际执法合作论坛的重要活动之一，全球首次无人水面艇反走私演练，协助警察成功抓捕"走私犯"。

M80 海洋测量无人水面艇(图 2-150)，艇体结构为模块化三体深 V 式，采用了轻型铝合金材质，船体尺寸 7.1m×2.9m×2.6m，排水量达 2500kg，工作航速 6kn，最高航速 12kn，推进形式为电动挂机推进，3 级海况布放回收，工作海况 4 级。

3)　"精海 1 号"无人测量艇

上海大学研制了"精海"系列无人测量艇(图 2-151)，采用了抗倾覆能力的高性能船型，具备一定的自主功能，艇上搭载了声呐测量设备，2013 年，参与了南海水域巡航任务。该无人水面艇设计目标是适应内陆江河、海洋等不同水域的工作环境，并防水、防盐雾腐蚀；能够在风浪中精准测量、顺利回传数据；基于无线遥控操作，并能按照既定路线避障前行。

图 2-150　珠海云洲 M80 测量无人水面艇

图 2-151　上海大学的"精海 1 号"无人测量艇

4) 中国科学院沈阳自动化研究所"先驱号"和"勇士号"无人水面艇

中国科学院沈阳自动化研究所在无人水面艇方向取得了快速发展，先后成功研制了"先驱号"、"勇士号"等无人水面艇(图 2-152)，在海岸测量、海事监管及警戒巡逻等领域实现了应用拓展。2018 年，中国科学院沈阳自动化研究所研制的"先驱号"无人水面艇具备自主、遥控、人工驾驶三种工作模式，可搭载水下摄像机、搜索与导航雷达、激光雷达、红外热像仪等有效载荷；"勇士号"无人水面艇具备人工驾驶、遥控和自主控制三种工作方式，且可相互灵活切换，搭载光电、雷达等传感器，可对视距内水面目标实施自主搜索、识别和决策，对特定目标进行跟踪取证，并具备符合海事规则的自主避碰能力。

图 2-152 "先驱号"无人水面艇

5) JARI-USV 多用途无人作战艇

2019 年，由中国船舶集团 716 和 702 研究所联合开发的 JARI 攻击型无人水面艇首次进行了海上试航(图 2-153)。该艇长为 15m，宽为 4.8m，吃水深度为1.8m，排水量在 20t 左右，航速最高时能达到 42kn，最大航程 500n mile。在隐身桅杆顶部装备的是一个光电复合侦察火控设备，该无人水面艇还有卫星链路天线和导航雷达。一套 30mm 遥控武器站系统装置于舰艏位置，由光电设备保证火控照射，还装置了吊舱接口，能够按照实际需要选配合适的导弹及非制导火箭，配合舰炮，提高攻击火力，能够用于反舰与自卫作战。艇体内安装有一具 2×4

图 2-153 JARI 攻击型无人水面艇

垂直导弹发射系统，能够在舰载雷达的指引下，发射舰空导弹。在艇体两侧，另外装有两具 324mm 口径鱼雷发射系统，为了协同鱼雷实施反潜作战，该无人水面艇还能够选配舰载声呐设备。JARI 无人水面艇能够良好地遂行对海、空的侦测、反潜以及海上实战等多种任务。

此外，典型的无人水面艇还包括中国船舶集团系统工程研究院的"玄龙"系列无人水面艇、上海海事大学研制的"海腾 01 号"智能高速无人水面艇(图 2-154)、中国船舶集团 701 研究所的"海翼 1 号"无人水面艇、大连海事大学的"蓝信号"无人水面艇、中国航天科技集团第十三研究所的"智探一号"无人水面艇、沈阳航天新光集团有限公司"天象一号"无人水面艇等。

图 2-154　上海海事大学的"海腾 01 号"智能高速无人水面艇

3. 我国水下无人系统

我国在无人潜航器研发方面起步较晚，但也取得一些研究成果，先后研制了多型无人潜航器[21]，具备较强的军事应用潜力，表 2-24 给出了我国研发的部分无人潜航器概况。

表 2-24　我国部分无人潜航器概况[23]

名称	时间	性能参数
"探索者"	1993 年	长 4.4m，宽 0.92m，高 1.06m，重 2t，工作深度 1000m，可进行水下摄影、扫描、地貌测量、传输电视图像，通信方式采用水声通信
CR-01	1995 年	长 4.374m，宽 0.8m，高 0.93m，重 1.3t，最大潜深 6000m，最大航速 2kn，续航力 10h，定位精度 10~15m
CR-02	2000 年	长 4m，直径 0.8m，重 1.5t，外形呈鱼雷状，最大潜深 6000m，最大航速 2kn，续航力 25h，定位精度<20m
"仿生-I"	2000 年	长 2.4m，潜深 10m，负载能力 70kg，航行速度 1.2m/s，采用仿生学设计，将鱼类摆尾效率高、噪声低、操纵灵活等特点融入设计中，能灵活回转机动

续表

名称	时间	性能参数
7B8	2000 年	长 4.33m，宽 1.27m，高 1.76m，重 1.69t，工作深度 100m，具备自主搜索、自主模拟作业能力
"微龙-I"	2005 年	长 0.95m，排水量 80kg，潜深 50m，最大航速 2kn，叮定深定向航行，续航力超过 15km，属于微小型智能水下机器人，具有自主航行和探测能力
"海燕"	2014 年	长 1.8m，直径 0.3m，重 70kg，最大潜深 1500m，最大航速 3kn，最大航程 1000km，具备海洋观测和探测能力
水下无人飞翼滑翔机	2016 年	翼展 10m，弦长 3m，最大厚度 0.66m，排水量 2.3t，最大潜深 1000m，最大航速 3kn，具备水声通信、共形探测阵、水下摄像能力

从表 2-24 中可以看出，我国无人潜航器存在口径规格不统一、搭载布放方式单一(多为水面船布放回收)、多功能应用能力不足等问题，无人潜航器的发展缺乏长期连续的国家总体规划指导，急需在国家层面制定符合我国国情与军事应用需求的我军无人潜航器总体规划，制定科学合理的技术框架与发展路线，深入研究无人潜航器的任务使命，拓展任务领域，实现我国军用无人潜航器的统一高效发展。

我国在 2020 年后已经实质具备研制包括有缆遥控水下潜航器(ROV)和无缆自主水下潜航器(AUV)的能力。2019 年阅兵上亮相 HSU001 无人潜航器(图 2-155)就属于无论是技术还是能力都比较强的无缆自主水下潜航器。HSU001 无人潜航器技术的进步将给我方攻势海战带来革命性变化，特别是大型和超大型无人潜航器将极大地增强我军水下行动的能力。根据近期及未来作战需求，以及续航能力、指挥控制通信自动化、负载/传感器等技术发展情况，其担负的任务包括情报监视与侦察、反潜战/水面战、水雷战、海军特种作战、海床作战、电子机动战及军事欺骗等，旨在维持水下优势。

图 2-155　HSU001 无人潜航器

2.6　本　章　小　结

本章 2.1 节首先介绍了无人系统的主要任务领域，包括情报监视与侦察、时敏目标打击、压制/摧毁敌防空系统、核生化/辐射/爆炸物处置等，并分析了无人系统的五大任务定位。之后，按照需求牵引和技术推动，对各域无人系统的发展历程进行了划分。可以看出，智能化是无人系统的共同发展趋势。最后，总结了空中、地面、水面和水下无人系统的分类和型谱发展。2.2～2.4 节分别介绍了美国、以色列、俄罗斯、欧洲、亚洲等世界各国的自主无人机系统、地面自主无人系统、海上自主无人系统的发展情况，分析了典型装备的自主能力。2.5 节介绍了我国典型空中、地面、水面和水下自主无人系统发展情况及典型装备。

参 考 文 献

[1] United States Department of Defense. Unmanned Systems Integrated Roadmap 2007-2032[R]. Washington: United States Department of Defense, 2007.

[2] 喻煌超, 牛轶峰, 王祥科. 无人机系统发展阶段和智能化趋势[J]. 国防科技, 2021, 42(3): 18-24.

[3] 百度百科. 歌利亚[EB/OL]. https://baike.baidu.com/item/歌利亚/8964550?fr=aladdin[2022-05-17].

[4] 杨文韬. 世界无人水面艇发展综述[J]. 现代军事, 2014, (10): 58-60.

[5] 美国国家航空航天局. 技术成熟度白皮书[R]. 华盛顿: 美国国家航空航天局, 1995.

[6] 中国人民解放军总装备部. 装备技术成熟度等级划分及定义[R]. GJB 7688—2012. 北京: 中国人民解放军总装备部, 2012.

[7] U.S. Army UAS Center of Excellence. U.S. Army Unmanned Aircraft Systems Roadmap 2010-2035[R]. Washington: U.S. Army UAS Center of Excellence, 2010.

[8] The Department of Navy, United States. The Navy Unmanned Undersea Vehicle (UUV) Master Plan[R]. Washington: The Department of Navy, United States, 2000.

[9] The Department of Navy, United States. The Navy Unmanned Undersea Vehicle(UUV) Master Plan[R]. Washington: The Department of Navy, United States, 2004.

[10] The Department of Navy, United States. Army Unmanned Aircraft Systems Roadmap 2005-2030[R]. Washington: The Department of Navy, United States, 2005.

[11] United States Department of Defense. Unmanned Systems Integrated Roadmap 2013-2038[R]. Washington: United States Department of Defense, 2013.

[12] Beard R W, McLain T W. Small Unmanned Aircraft: Theory and Practice[M]. Princeton: Princeton University Press, 2012.

[13] United States Department of Defense. Autonomous Undersea Vehicle Requirement for 2025[R]. Washington: United States Department of Defense, 2016.

[14] 沈林成, 朱华勇, 牛轶峰. 从 X-47B 看美国无人作战飞机发展[J]. 国防科技, 2013, 34(5):

28-36.

[15] 国际装备瓶子. 隐身、自动控制、蜂群作战，美军下代战术无人机会是这个样子[EB/OL]. https://baijiahao.baidu.com/s?id=1682986932447271787&wfr=spider&for=pc[2022-05-17].

[16] 全球无人机网. DARPA 快速轻量自主飞行项目[EB/OL]. https://www.81uav.cn/uav-news /201807/26/ 40136.html[2022-05-17].

[17] 于宏渤, 牛轶峰, 吴立珍. 无人僚机作战与运用[J]. 无人机, 2023, (1): 35-39.

[18] 王钟鸣, 牛轶峰, 王梦云. 危机处理中的无人系统及关键技术[J]. 无人机, 2020, (8): 42-44.

[19] 网易. "埃马夫" 轻型无人战车：美国军队未来地面作战机器人[EB/OL]. https://www.163.com/ dy/article/GBINV4MS0511DV4H.html[2022-04-28].

[20] 网易. 23 款地面无人装备, 它们将是未来信息化战争的主角[EB/OL]. https://www.163.com/ dy/article/GPG8LF8N0552CAQ1.html[2022-04-28].

[21] 百度文库. 国外海洋无人航行器的发展现状及趋势[EB/OL]. https://wenku.baidu.com/view/ 1699239599962&bdQuery=国外海洋无人航行器的发展现状及趋势[2022-06-16].

[22] 徐依航. 美国海军无人潜航器发展经验及未来趋势[J]. 军事文摘, 2018, (5): 21-23.

[23] 杜方键, 张永峰, 张志正, 等. 水中无人作战平台发展现状与趋势分析[J]. 科技创新与应用, 2019, (27): 6-10.

[24] 潘光, 宋保维, 黄桥高, 等. 水下无人系统发展现状及其关键技术[J]. 水下无人系统学报, 2017, 25(2): 44-51.

[25] 全球技术地图. 美国典型海底预置武器项目[EB/OL]. https://baijiahao.baidu.com/s?id=17224 93337900633709&wfr=spider&for=pc[2022-06-17].

[26] 伍尚慧. 俄罗斯大力发展无人潜航器以提升水下作战能力[J]. 军事文摘, 2019, (17): 28-31.

[27] 肖玉杰, 邱志明, 石章松. UUV 国内外研究现状及若干关键问题综述[J]. 电光与控制, 2014, 21(2): 46-49, 89.

第3章 自主无人系统的关键技术与应用挑战

随着人工智能技术的快速发展，自主无人系统的能力不断增强，使其在从"目标选择"到"目标攻击"环节的自主性引发了国际社会关于致命性自主武器系统(LAWS)的广泛讨论。本章通过文献调研和综合分析等手段，提出自主无人系统的关键技术框架，包括感知与认知、决策与规划、行动与控制、交互与协同、学习与进化等能力模块，并提出基于人机协同的无人系统自主性评估方法，然后探讨自主无人系统应用的风险与挑战。

3.1 自主无人系统的关键技术

3.1.1 概述

1. OODA 循环与环境交互

自主无人系统的运行方式通常遵循美国空军上校约翰·伯伊德(John Boyd)提出的观察—判断—决策—行动(OODA)循环。考虑人对自主无人系统的监督和控制需求，本书提出基于 OODA 的双循环模型[1]，以描述人在回路的自主无人系统的运行方式，如图 3-1 所示。

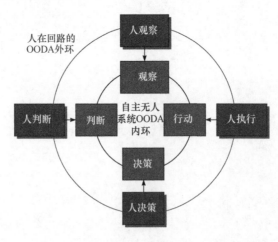

图 3-1　人在回路的自主无人系统 OODA 循环

　　具体而言，人-自主无人系统在协同执行任务时，存在两个 OODA 回路，其中内环是由单自主无人系统独立完成或者由多自主无人系统协同完成 OODA 回路，外环是由人对系统协同执行任务的指挥控制回路，人对自主无人系统的干预以不同形式、时机、频率和程度体现在 OODA 的各个阶段。

　　自主无人系统与外部环境的交互过程如图 3-2 所示。自主无人系统本体负责获取外部环境的感知信息并在环境中实施行动，其组成主要包括无人平台搭载的传感器(如光学传感器、激光雷达)、执行器(如无人机舵机、机械臂/手)等功能性硬件和相关软件模块。智能体(Agent)[①]负责提取感知信息中的关键特征，形成自主无人系统对环境状态和任务目标的理解(如信念、愿望、意图(belief-desire-intention, BDI)等)[2]，并遵循某种规则、策略或计划来选择行动。需要指出的是，对于每个自主无人系统个体，外部环境不仅包括其所在的外部世界(真实世界或仿真环境)，还包括己方的其他个体、敌方的个体等实体。

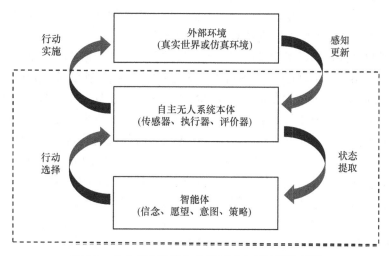

图 3-2　自主无人系统与外部环境交互过程示意图

2. 自主无人系统控制体系结构

　　典型的自主无人系统控制体系结构包括慎思式、反应式和复合式[3]，如图 3-3 所示。

　　慎思式是"感知—规划—执行"的单向循环流程，其优点是采用功能分解方式，即每个模块是一个功能组件；缺点是需要预先设计完整的世界模型，相应的规划器设计也较为复杂，且难以适应快速变化的外部环境。反应式只包含"感知—执行"循环，没有"规划"模块，其优点是结构简单、响应速度快、环境适应

---

① Agent 是指能够通过传感器感知环境，并且通过执行器对环境产生影响的个体[2]。

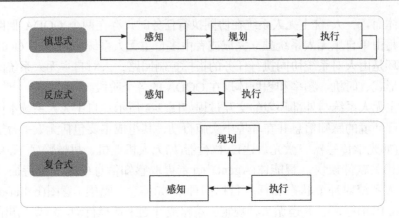

图 3-3　典型的自主无人系统控制体系结构

能力强；缺点是复杂任务的行为设计较困难，多个行为之间可能存在冲突，且难以保证行为的最优性。复合式综合了慎思式和反应式的优点，一方面能够快速响应环境变化，另一方面能够支持复杂行为的规划。

　　典型的复合式体系架构是由美国国家标准与技术研究院(National Institute of Standards and Technology，NIST)提出的四维实时控制系统(spatio-temporal/real-time control system，4D/RCS)。4D/RCS采用分层、分布式的框架，其主要特点包括：①定义了智能无人系统中涉及的功能元素、子系统、接口、实体、关系和信息单元；②支持任务目标的选择、优先级，参与规则的制定、计划的生成、任务的分解和活动的安排，并将反馈纳入控制过程，集成了慎思行为和反应行为；③支持将传感器信号表示为情境化和关系化的知识，支持推理、决策和智能控制；④提供了静态和动态两种方式来描述战场环境及智能系统的状态知识；⑤支持传感器信息获取的物体、事件、语义、语用和因果关系的图形化及符号化表示；⑥支持获取和学习新知识，并整合到长期记忆中；⑦支持价值表示、成本和效益计算、不确定性和风险评估、计划和行为结果评估以及控制率优化。国防科技大学的研究人员提出了地面无人平台分层递阶式控制体系结构[4]，继承和发扬了4D/RCS的优点，如图3-4所示。

　　3. 自主无人系统关键技术框架

　　考虑人在回路的自主无人系统OODA循环、自主无人系统与环境交互过程、典型的自主无人系统控制体系结构，本节将自主无人系统的关键技术归纳为以下五个方面：感知与认知、决策与规划、行动与控制、交互与协同、学习与进化。

　　首先，感知与认知、决策与规划、行动与控制不仅涵盖了OODA的观察、判断、决策、行动四个环节(参见图3-1)，而且分别对应于自主无人系统控制体系结构中的感知、规划、执行三个模块(参见图3-3)。在自主无人系统与环境交互过程

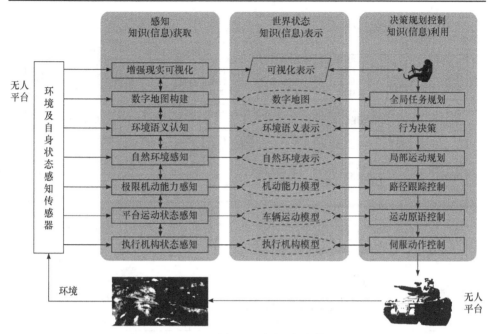

图 3-4 地面无人平台分层递阶式控制体系结构[4]

中(参见图 3-2),状态提取与行动选择分别对应于自主无人系统智能体的判断与决策环节,感知更新与行动实施分别对应于自主无人系统本体对外部环境的感知和执行。

上述内容主要考虑的是单自主无人系统。然后,交互与协同探讨自主无人系统、人、环境以及其他无人/有人系统之间的智能交互问题,以及多智能体的协同控制问题。其中,"交互"提供了自主无人系统与环境交互的接口,并探讨人在回路的自主无人系统 OODA 外循环如何实现;"协同"主要对应于单自主无人系统 OODA 内循环向多自主无人系统协同化的拓展,也探讨人机协同技术。最后,考虑学习与进化是自主无人系统智能化程度的重要体现,相关技术可用于支撑环境感知、任务规划、行为决策、自主控制等能力的学习和进化。

自主无人系统关键技术框架如图 3-5 所示。首先,感知与认知包括对无人系统自身的感知和认知以及对外部的感知和认知;决策与规划侧重于介绍单自主无人系统的自主行动决策,以及单自主无人系统的任务规划;行动与控制重点介绍单自主无人系统的感知与规避、路径/轨迹跟踪、自主降落等内容。然后,交互与协同介绍智能人机交互、人机智能协同、多智能体协同、协同感知与认知、协同决策与规划、协同行动与控制等技术。最后,学习与进化介绍如何将深度学习、强化学习、进化计算等方法应用于无人系统的 OODA 各环节自主能力的改善和提升。

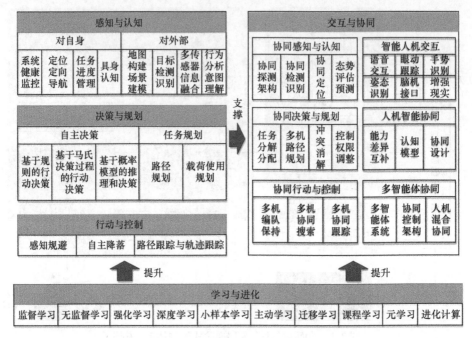

图 3-5　自主无人系统关键技术框架

3.1.2　感知与认知

1. 感知与认知的内涵

感知与认知对应于 OODA 中的观察和判断环节,是自主无人系统做出合理决策的重要前提。

感知是指自主无人系统依托不同的信息来源获得自身、外部环境以及敌方态势信息,其信息来源主要包括自身装载传感器、数据库,以及与指挥中心、其他个体之间的数据链路通信。认知是对感知的信息进行理解、评估、分析和预测。例如,无人机对机载相机获取的地面车辆和人员图像进行目标提取属于感知,而目标身份判断、意图理解、威胁评估和行动预测等属于认知。

如图 3-2 所示,感知与认知环节需要分析和提取自主无人系统在当前时刻的状态信息,如自身健康状态、自身在三维空间中的坐标、自身任务状态、己方其他个体状态、敌方目标状态等。进而,将其用于对当前态势的判断和未来态势的预测,从而为自主决策环节提供有效的信息保障。

2. 对自身的感知与认知

1) 系统健康感知

系统健康监控是指系统健康状态管理与故障检测(图 3-6)。健康状态是指系统、子系统和部件执行规定功能的能力。自主无人系统健康管理功能主要包括三个方面：①在有故障发生时，提供系统健康状态，包括操作员警告、重构、适度降级，以及系统能力估计等；②检测和隔离故障、报告故障信息，触发自主保障过程进行有效维护；③收集和分析组件性能数据，预计组件的剩余寿命等。

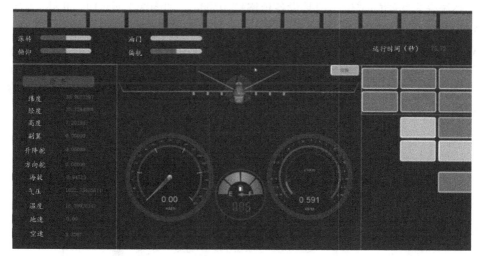

图 3-6　某型无人机模拟器的健康监控界面

提升系统健康监控的自主性有下列优点：减缓系统性能下降速度；通过对意外事件的自我监控，增强对系统的信任；由于操作人员不需要时刻盯着监控诊断显示器，因而可以有效减少操作员的认知负担[5]。

系统健康监控的主动告警模式可以分为如下四个等级。

1 级——危险：严重危及无人系统安全，表明情况十分危急，需要立即采取处理措施，否则将会造成严重的事故或任务失败。

2 级——警告：表明已出现了危及当前任务的状况，需要操作员决策任务，否则将会向第一级的情况发展。

3 级——注意：表明将要出现危险状况，或无人系统故障，操作员需要知道，但不需立即采取措施，将影响任务的完成或导致该无人系统性能降级。

4 级——提示：不会对任务执行有直接影响，提醒操作员重视无人系统的状态，对完成任务只有较小的影响。

2) 导航与自定位

导航与自定位在自主无人系统的制导、导航和控制中发挥基础性作用。导航定位技术主要包括卫星导航定位、惯性导航定位、基于环境特征匹配的导航定位等。其分类存在多种维度，即室外定位和室内定位、外部定位和车载/机载定位、绝对定位和相对定位等。

室外应用场景通常采用 GPS/北斗卫星定位系统(Beidou navigation satellite system，BDS)，并结合惯性导航系统(陀螺仪和加速度计)进行组合导航，运用卡尔曼滤波、粒子滤波等方式估计无人系统的位置。

室内应用场景可以使用光学动作捕捉系统(如 Vicon 和 Optitrack 等)实现对无人系统毫米级别的定位，但是设备价格较为昂贵，如图 3-7 所示[6]。此外，室内定位技术还包括超宽带(ultra-wide band, UWB)无线通信、蓝牙、红外、射频、WIFI(wireless fidelity)等。近年来，以视觉测量(vision measurement)[7]和同步定位与建图(simultaneous localization and mapping, SLAM)[8]为代表的视觉定位技术日趋成熟。例如，在城市街区场景中，有研究表明视觉导航定位效果优于 GPS导航定位[9]。

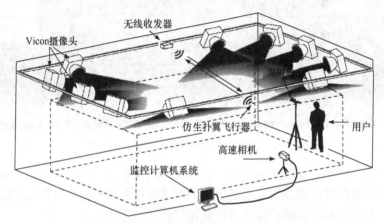

图 3-7　北京科技大学仿生飞行器的 Vicon 运动捕捉系统[6]

综上所述，在传统定位定姿传感器的基础上，结合光学相机、激光雷达、毫米波雷达等探测传感器，以环境特征为线索，通过测量平台与特征区域间的相对位置关系并融合卫星/惯性导航等其他辅助定位信息，可以有效克服全局定位信息受环境影响大以及惯性器件长时间漂移的缺陷，进一步提高定位定向精度，为系统精确导航提供基础信息，如图 3-8 所示。

3) 任务管理

任务管理主要是指自主无人系统需要实时记录已完成的任务、更新当前任务进度、评估总体任务进度，从而为动态任务分配、路径重规划等任务规划环节提供支撑。例如，针对多无人机系统协同执行对地面多目标的侦察打击任务，需要进行预先的任务分解与分配，向操作人员显示带时间窗约束的任务计划，并支持其随着时间的推移而动态滚动变化，如图 3-9 所示。

图 3-8　国防科技大学无人车搭载的导航定位传感器

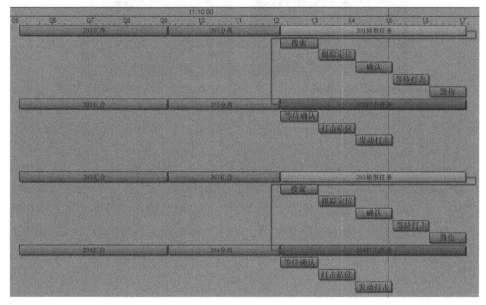

图 3-9　多无人机系统任务管理示意图

4) 具身认知

具身认知(embodied cognition)是指生物体的认知产生于其大脑、身体与环境之间的持续交互[10]，而非仅源自于大脑对知识的符号化表达。由于自主无人系统是通过其物理实体(传感器、执行器)与外部环境交互(参见图 3-2)，因此具身认知的理论可以用于构建符合人类期待的能观察、善思考、会决策、可协同，且具有自学习、自进化能力的自主无人系统。具体而言，自主无人系统对环境的认知取决于其本体的物理组成和性能。例如，中大型固定翼无人机可以在几千米的高空侦察，旋翼无人机可以悬停在空中，微型飞行器可以穿越狭窄的通道，某些仿生机器人具备物体操作能力，如图 3-10 所示。

自主无人系统需要知道自身是否具备完成当前任务的能力。目前，该信息主要是通过预先编程的方式提供给自主无人系统，尚未达到具身认知的水平。然而，由于在复杂动态环境中存在不确定因素，自主无人系统不一定能够按照预先编程的计划完成指定任务。因此，需要通过人遥控或自主探索的方式，在线更新自主无人系统对自身操作能力的感知与认知。换而言之，自主无人系统通过不断尝试，"知道自己具备某项能力"，从而提升其自主性，减少人工监督或人工干预的精力。

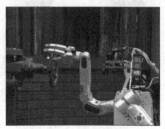

(a)美国SpotMini机器狗开门　　　　　　(b)韩国Hubo机器人转动阀门

图 3-10　仿生机器人操作物体实例

3. 对外部的感知与认知

为满足信息化条件下对信息保障全维、精确、实时的要求，自主无人系统应具备全面的外部环境感知能力，包括对天气条件(雨、雾、雪、沙尘、雷暴、紊流等)、电磁环境、自然环境目标、敌我目标的感知与识别，以及包括敌方的火力分布、力量对比、战场态势变化等。此外，自主无人系统需要具备对态势的认知能力，不仅能够被动接收通过数据链传入的信息，还要具备主动收集信息的能力。

1) 地图构建与场景建模

地图构建与场景建模是自主无人系统实现自主导航和环境理解的重要保障。自主无人系统使用自身携带的激光雷达、光学相机等传感器采集环境信息，并将提取的特征点/点云用于二维/三维地图构建或二维/三维场景重建。其中，SLAM是移动机器人领域普遍采用的地图构建技术，其特点是可以实时构建较稀疏的环境地图并实现无人系统的自定位[8]。三维场景重建通常采用运动恢复结构(structure-from-motion，SfM)、SLAM、深度学习等方法。其中，SfM 是一种能够从图像序列或视频中自动恢复相机的参数以及场景三维结构的技术[11]，参见图 3-11。

与 SLAM 相比，SfM 输出的地图更精确，但计算量也更大，难以进行实时处理。针对无人机在未知环境下的实时感知问题，国防科技大学的胡佳[12]提出了基于深度图像的无人机视觉 SLAM 局部地图构建方法。首先将机载深度相机获取的深度图像转化为点云。然后使用点云构建八叉树地图，并与循环缓冲区结合，得到以无人机为中心、随飞行不断更新的局部地图，为无人机后续的飞行和避障轨

(a) 真实铁轨场景　　　　　　　　　　　(b) 重建场景

图 3-11　基于手持相机拍摄的 SfM 三维场景重建[11]

迹规划提供有界地图, 如图 3-12(a)所示。然而, 视觉 SLAM 难以在缺乏纹理的环境中(如白色墙壁的仓库)稳定跟踪足够多的特征点。相比之下, 激光雷达 SLAM 使用点云直接捕获的三维空间信息, 通常可以在室内环境中提供更稳健的定位。文献[13]提出了一种基于探索的地面移动机器人激光雷达 SLAM 方法(e-SLAM), 使用坐标变换和导航预测技术在校园环境中进行了验证, 如图 3-12(b)所示。文献[14]对基于激光雷达 SLAM 的室内自主车辆导航方法进行了综述和分析。

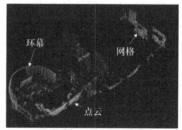

(a) 无人机视觉SLAM[12]　　　　　　　　(b) 激光雷达SLAM[13]

图 3-12　地面/空中无人系统的场景建模

2) 目标检测与识别

自主无人系统需要具备复杂背景条件下(如部分遮挡、伪装, 或者烟、雾、粉尘等恶劣环境)的目标检测、识别与跟踪能力。目标检测和跟踪算法可以辅助操作人员快速定位出潜在目标, 减轻其认知工作负荷。目标检测与识别技术的发展历程大致分为三个阶段: 基于传统图像处理的方法、基于特征训练分类的方法及基于自主学习的方法, 如图 3-13 所示。

目标检测与识别技术的主要环节通常涉及特征描述、特征提取、特征分类、边缘检测、轮廓提取、轮廓匹配、图像分割等。在目标识别和跟踪领域, 传统的方法主要是通过手工设计特征, 然后进行特征提取、特征匹配等。针对目标类型多样、场景和目标状态多变、信号噪声大等特点, 需要结合时域、空域、频域, 以及不同尺度特征的互补性来提高低小慢目标、非合作运动目标的检测和识别精度, 提高目标检测与识别的实时性、精准性和鲁棒性。

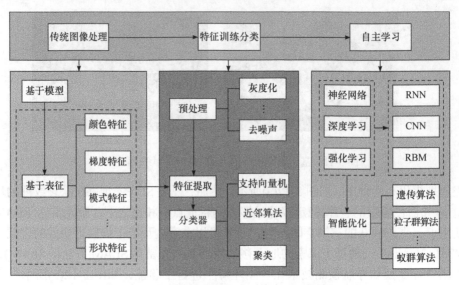

图 3-13　目标检测与识别技术发展框架

在无人机对地面目标的检测与识别问题中，传统目标检测算法的准确率受制于目标尺寸小、分布稀疏、阴影背景干扰等，同时传统基于角点、颜色等图像特征的识别方法存在特征不稳定、难以解决遮挡、光照条件变化、样本需求量大且不具有语义解释性等问题。深度学习，如循环神经网络(recurrent neural network，RNN)、卷积神经网络(convolutional neural network，CNN)、受限玻尔兹曼机(restricted Boltzmann machine，RBM)，以及小样本学习等方法是解决上述问题的有效途径(参见 3.1.6 节第三部分)。

针对无人机的飞行高度和侦察载荷的物理性能约束导致侦察图像中的目标相对较小的问题，国防科技大学的周河辂[15]基于深度学习框架，设计了基于距离度量的子类目标检测算法，并提出了克服无人机运动影响的群体目标轨迹提取方法，参见图 3-14。

图 3-14　群体目标轨迹提取结果示例[15]

国防科技大学的朱宇亭[16]提出了频率显著性检测与物体性检测相结合的目标检测算法，实现了在无特定目标先验信息下的目标检测。此外，朱宇亭提出了基于关键部件轮廓提取和贝叶斯概率模型推理的车辆小样本识别方法，探索了具有语义可解释性的小样本目标识别方法，如图 3-15 所示。

(a) 目标检测　　　　　(b) 部件轮廓提取　　　　　(c) 相似目标识别

图 3-15　阴影和遮挡条件下无人机对车辆的检测与识别[16]

国防科技大学的李宏男[17]分析了小样本学习问题的误差来源，构建了结合数据增强和元学习的小样本识别框架，首先基于数据增强方法对样本进行扩充，然后利用基于搜索策略的元学习方法得到一组较好的参数初值，用于无人机小样本识别任务，如图 3-16 所示。

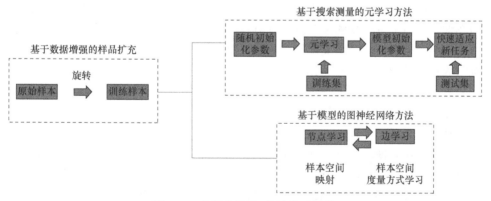

图 3-16　小样本条件下目标识别框架

3) 多传感器信息融合

自主无人系统的环境理解能力依赖于对不同类型传感器数据的处理，不同类型的传感器分别有着各自独特的物理属性，因此能够给自主无人系统提供大量既互补又冗余的信息。自主无人系统如何有效地利用这些信息将是提高环境感知能力的关键。多传感器信息融合需要解决不同传感器间的时空一致性配准、传感器自动标定、多源多谱信息的层次化融合决策计算等问题。

　　针对无人机对电力线等线型障碍物检测难度高的问题，国防科技大学的姚文臣[18]采用激光雷达与可见光相机融合的方法，在图像中进行分段直线检测并与稀疏点云数据进行匹配，获取电力线的空间分布信息。对于建筑物等面型障碍物，在图像中利用结构化森林边缘检测算法获得边缘轮廓图，将点云分割结果投影到图像中得到感兴趣区域并基于轮廓信息对点云检测结果进行校正，如图 3-17 所示。

　　　　(a) 电线检测　　　　　　　　　　　　(b) 建筑物检测

图 3-17　无人机载激光雷达与可见光相机融合目标检测

4) 行为分析与意图理解

　　行为分析与意图理解是自主无人系统态势感知与认知能力的重要体现，也是当前计算机视觉、机器人、人工智能等领域的热点和难点问题。一般而言，需要对图像中的目标进行检测和跟踪，并分析其运动轨迹的特点，从而预测其行为和意图。该过程不仅涉及上文提到的目标检测与识别问题，还与场景功能结构、目标行为特性等隐含信息密切相关。

　　朱松纯[19]提出采用层次分解的时空因果解译图(spatial, temporal and causal parse graph, STC-PG)对场景进行深度理解。按照该方法的思路，可以考虑无人机对山路行驶车辆行为理解的时空因果解释图，如图 3-18 所示。

　　首先，可以使用目标检测算法检测出图中的车、公路、山等实体，并进一步检测出车的部件及其状态(车灯是否打开、车门是否关闭等)。时空因果解译图中的这些节点具有不同的状态，并且与其他节点之间存在空间上的依赖关系，如图中车辆位于公路上，且车门状态为关闭，因而可以推断出该场景中的车辆正在行驶。此外，该场景中还可能存在难以直接从图像中观测到的车辆行为，需要考虑空间、时间因果关系进行综合推理。例如，从图像中观测到汽车的车头向左，公路向左蜿蜒，可以推理出驾驶员此时将要左转，并且采取打开左转灯、鸣笛、减速等行动。上述分析和推理过程对人而言较为直观，但对自主无人系统而言仍然是一个巨大的挑战。

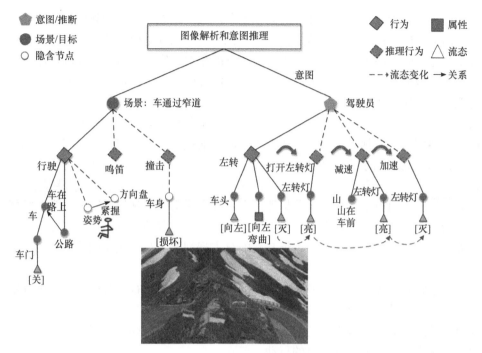

图 3-18　无人机对山路行驶车辆行为理解的时空因果解释图

3.1.3　决策与规划

1. 决策与规划的内涵

决策与规划对应于 OODA 中的决策环节,是自主无人系统体现其智能化程度的核心关键能力。

决策是从备选方案中做出选择或决定。例如,自主驾驶车辆在某时刻的路况下需要选择保持车道、左/右换道或者减速泊车等,如图 3-19 所示。

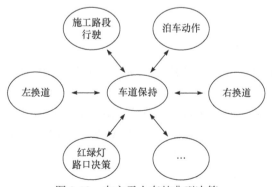

图 3-19　自主无人车的典型决策

由于自主无人系统执行任务时面临复杂任务、动态威胁、意外事件、智能对手等诸多不确定性因素，决策过程需要考虑如何表示和建模上述因素，并遵循代价最小化或收益最大化原则，从而选择优化的备选方案。决策原则的制定需要结合相关领域的知识和自主无人系统操作人员的经验。自主决策能力的实现依赖于智能决策方法和软硬件的支持。

通俗而言，规划是为了完成一个目标、权衡各种因素、筹划如何去做的一个过程。换而言之，规划是在尽可能少用资源的前提下，将当前状态改变为预期状态的行动序列或偏序的计算过程。与决策类似，规划是在约束条件下寻求某种优化准则下的合理方案。任务规划技术旨在实现无人系统在单域、多域和跨域作战任务执行前、执行中和执行后分析评估全过程全要素任务规划的能力。常见的任务规划问题包括偏顶层规划的任务分解与分配、任务载荷与链路规划、任务推演与评估等。对于自主无人系统，最基本的自主规划能力是偏底层的路径规划和运动规划。

如果将自主无人系统看成一个独立的智能体，可以从智能体理论的角度理解自主无人系统的行动决策环节，如图 3-2 所示。行动决策关注的是某个任务阶段或时间节点下如何选择未来的行动，而行动规划关注的是如何根据已有的知识、模型、规则等要素来规划所有的行动。

当前，决策与规划主要是用于自主无人系统的行动选择与行动方案制定。随着自主无人系统的不断发展，决策与规划的内容不断增加。决策与规划既需要最大限度地发挥自主无人系统的自主能力，又需要体现人的意志，从而使自主无人系统能够和谐融入未来军事领域的联合作战体系中。然而，正如《战场墨菲法则》第 16 条所述："任何作战计划在接敌之后都会变成废纸"[1]。决策与规划的挑战在于如何响应动态环境中的意外事件。当计划之外的事件发生时，自主无人系统需要决定如何在满足物理和计算约束、并对现有计划做最小改变的条件下，进行自主重规划或求助于人。

2. 无人系统自主决策

1) 基于规则的行动决策

遵循形如"if…then…"（"如果……那么……"）的规则是一种直观的决策方式。传统的符号主义人工智能学派(good old-fashioned AI)[2]使用逻辑规则系统实现智能体的行动选择和规划，这类系统依赖于预先定义的知识库、状态更新规则及行动规则，如信念-愿望-意图(BDI)[20]模型[2]、SOAR(security orchestration,

---

① 英文原文：No OPLAN ever survives initial contact。
② 一个典型的 BDI 系统是 GOAL Agent 平台：https://goalapl.atlassian.net/wiki/spaces/GOAL/overview。

automation and response)[21]认知架构①等。

　　智能体的行动规则通常使用前置条件和后置条件进行表示："if 状态满足前置条件，then 选择行动，结果是状态满足后置条件"。例如，对于自主行驶的无人车，其"向左侧变道"的行动规则可以表示为"if 前方车辆匀速行驶且左侧车道无车，then 向左侧变道，结果是成功变道"。类似地，可以预先定义"向右侧变道"、"保持车道"、"加速"、"减速"、"刹车"等行动规则。智能体的任务是如何合理选择行动规则，从而由初始状态(如"位于当前车道 X 车之后")转移到目标状态(如"位于当前车道 X 车之前")。

　　解决上述任务的方法通常是在状态空间中进行搜索，寻找使总代价尽可能小的行动规则序列。但是，基于规则的方法难以直接用于复杂动态环境中自主无人系统的行动决策和规划。首先，随着状态空间和行动规则集的扩大，搜索的复杂度将急剧增加，难以在合理时间内进行精确求解。其次，由于环境存在不确定性，预先定义的行动规则集难以保证精确和完备，例如，可能与实际产生的行为后果不一致，导致原有的规则不再适用，进而影响行动规则的合理性和可执行性。模糊控制、进化计算、强化学习等方法可以有效运用于基于规则系统的行动决策问题(参见 3.1.6 节)。

　　2) 基于马尔可夫决策过程的行动决策

　　马尔可夫决策过程 (Markov decision process, MDP)[22]是一种序贯决策数学模型，主要用于在系统状态具有马尔可夫性质的完全可观测环境中描述智能体的多步行动选择问题。马尔可夫性质是指预测未来的状态只需要基于当前时刻的状态，而无需之前时刻的状态或行动信息。一个典型的 MDP 通常包括四个要素：状态空间、行动空间、状态转移模型、回报函数。智能体与环境的交互过程如图 3-20 所示。

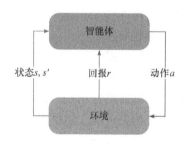

图 3-20　智能体与环境交互示意图

　　在某个时刻，智能体首先通过观测环境得到系统状态 s，然后根据行动选择策略(如随机行动策略)从行动空间中选择一个动作 a 并执行。系统状态将依据状态转移函数以一定的概率转移到新的状态 s'，并将回报 r 反馈给智能体，用于更新行动选择策略。智能体的目标在于学习最优策略，即状态空间到行动空间的映射，以最大化期望累积折扣回报。

　　自主无人系统的很多决策问题都可以建模为 MDP 或部分可观马尔可夫决策过程(partially observable Markov decision process, POMDP)，并使用与强化学习

---

① SOAR：https://soar.eecs.umich.edu。

(reinforcement learning, RL)密切相关的各种方法求解最优策略[22](参见 3.1.6 节)。例如，国防科技大学的马兆伟等[23]将无人机的避障行动决策问题建模为离散行动空间中的 MDP，并使用双重深度 Q 网络(double deep Q network，DDQN)学习算法进行求解。国防科技大学的闫超[24]将无人机集群跟随行动决策问题建模为连续状态和行动空间中的 MDP，并使用时序差分学习算法求解。国防科技大学的赵云云[25]将多无人机协同对多地面目标的跟踪决策问题建模为分布式 POMDP，基于动态规划方法，提出了单无人机序贯动作近似求解方法和多无人机协同行为策略分布式求解方法。

基于规则的行动决策方法也可以与基于 MDP 的行动决策方法相结合，例如，使用强化学习与进化计算相结合的方法实现对抗策略的学习与进化。

3) 基于概率模型的推理和决策

概率模型是处理不确定性推理的重要工具，其典型代表是贝叶斯理论以及美国学者 Judea Pearl 提出的贝叶斯网络(Bayesian network, BN)模型[26]。

贝叶斯公式蕴含了变量之间的条件相关性，是统计机器学习理论的重要基础。基于先验知识和实际观测，贝叶斯公式可给出有倾向性的推断。例如，假设已知移动机器人在走廊尽头看到楼梯的可能性大于看到门的可能性，那么当它观测到楼梯时，将推断自己可能位于走廊的尽头，反之当它观测到门时将推断自己可能位于走廊中间。如本例所述，贝叶斯公式已广泛应用于机器人的定位与导航问题[8]。

统计机器学习模型能够根据观测数据拟合出可能的概率分布，从而描述变量之间的相关性。美国学者 Pearl 等[27]认为这种统计相关性并不等同于真正的因果性。而贝叶斯网络是一种可视化的图模型，蕴含了节点(变量)之间的因果关系以及条件相关关系。如果节点中包含行动变量和观测变量，则可以根据观测变量的取值来推断行动变量的取值，即实现行动决策。此外，贝叶斯网络能够处理观测变量缺省时的决策问题。

考虑人-机-物之间的交互和行动因果性问题①，机器人首先观察人对物体(方块、球、阀门、把手等)施加的行动(推、按、举、旋转等)及其效果(滚动、堆积、打开等)，如图 3-21 所示。Montesano 等[28]使用贝叶斯网络来建模物体、行动与效果间的双向因果关系。当机器人观察到球滚动的效果时，能够学习选择一个行动来模仿该效果。

在无人机对地面的典型突防任务中，考虑地空导弹、高炮等组成的防空作战系统对无人机的安全威胁，需要根据战场态势的评估结果，权衡投放武器、规避威胁的利弊，从而得到最佳战术决策方案。国防科技大学的游尧[29]构建了无人机

———————————

① 属于具身认知的范畴，参见 3.1.2 节第二部分。

编队对地面单威胁实体的无人机战术决策网络模型(图 3-22),其节点包括 DM(战术决策：攻击、规避)、TS(威胁评估：优势、劣势)、OC(自身状态：好、中、差)、WC(武器状况：多、少)、DC(毁伤状况：好、中、差)。当存在多个威胁实体时，增加最终决策方案节点，例如，存在 1 个高炮威胁和 1 个地空导弹威胁时，最终决策方案是{攻击高炮-规避导弹、攻击导弹-规避高炮、规避导弹-规避高炮}。

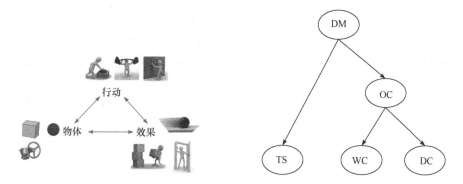

图 3-21　双向贝叶斯网络模型描述物体、行动　　图 3-22　面向单威胁实体的无人机战术决策
　　　　与效果间的因果关系　　　　　　　　　　　　　　网络[29]

在多智能体对抗问题中，考虑对手也具有一定的自学习演化能力，因此传统的决策方法难以得到最优的动态对抗策略。国防科技大学的 Chen 等[30]基于强化学习和选项理论，提出了融合对手模型和贝叶斯迭代推理的策略识别与策略重用方法，能够在线检测对手的策略是否发生了改变，并重用最优的应对策略，如图 3-23 所示。

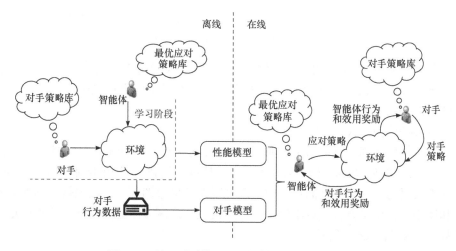

图 3-23　基于对手模型的对抗策略学习与重用[30]

3. 无人系统任务规划

1) 路径规划

无人系统的路径规划是指使用规划模型和算法自动生成从起点到终点的满足任务要求且安全、合理、可执行的路径。一般而言，首先构建环境模型，然后结合搜索算法进行优化求解。环境建模的主要方法包括几何图法、单元分解法、人工势场法等。考虑到无人系统任务环境中可能存在的威胁区域，几何图法中的概率路标图法(probabilistic roadmap method, PRM)、Voronoi 图法是常用的基本方法[31]。快速探索随机树(rapidly-exploring random tree, RRT)算法通过随机构建空间填充树，实现对非凸高维空间的快速搜索，可以处理包含障碍物和差分运动约束的场景。此外，搜索算法可以选择人工智能领域经典的深度优先算法、广度优先算法、A^*算法、D^*算法、Dijkstra 算法等[2]。无人系统路径规划的典型方法如图 3-24 所示。

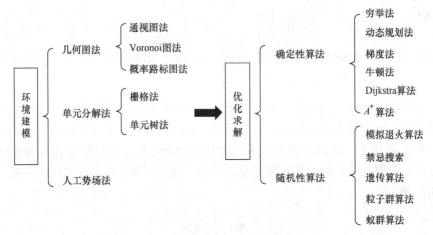

图 3-24　典型的无人系统路径规划方法

与上述基于规划模型的方法不同，国防科技大学的 Yan 等[32]提出了一种基于深度强化学习的无人机路径规划方法，在动态对抗仿真环境中进行了验证，如图 3-25 所示。

2) 载荷使用规划

载荷使用规划是指在给定的典型任务中，考虑如何配置无人系统携带的侦察/打击载荷的类型、数量、构型等要素，通过计算得到载荷使用的动作序列。例如，侦察无人机为了获取某地面目标的一定分辨率的侦察图像，可以根据探测视场模型和通用图像质量方程解算出期望的无人机飞行高度、吊舱的角度、镜头焦距等参数[31]，如图 3-26(a)所示。

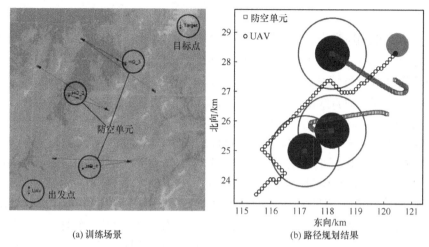

(a) 训练场景　　　　　　　　　　(b) 路径规划结果

图 3-25　动态对抗环境中的基于强化学习的无人机路径规划[32]

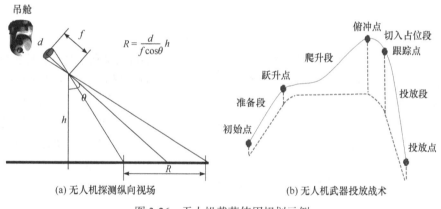

(a) 无人机探测纵向视场　　　　　(b) 无人机武器投放战术

图 3-26　无人机载荷使用规划示例

　　无人机近程临空武器投放是控制无人机的航向、速度及武器投放时间，以指标最优的方式(最小被探测概率、最低威胁程度)确保武器命中目标。一个典型的战术是跃升俯冲：无人机进入目标区后，利用突防机动规避防空威胁，在初始点处开始准备对目标进行攻击，通过低空飞行接近目标，随后爬升拉起进行俯冲，在进入武器可投放区后，投放武器对目标进行打击，随后立即退出目标区，如图 3-26(b)所示。

3.1.4　行动与控制

1. 行动与控制的内涵

　　行动与控制主要对应于 OODA 中的行动环节，也涉及"感知—行动"的小循环，是自主无人系统实现其决策结果的重要保障，也是其实现与外界环境交互的主要途径。

　　行动(action)通常指无人系统在某时刻实施的动作，可以是偏上层的动作或偏底层的动作，如"前进 1cm"、"移动到某坐标"、"某舵机值增加 1°"等。某些动作具有可持续性，即可以在连续多个时刻持续执行，通常也称其为行为(behavior)，如"沿直线前进"、"跟踪前方目标"、"空中盘旋"等。在人工智能领域，行为的概念比行动更宏观。

　　控制是指按照既定策略完成预定目标的操作。自主无人系统常用的传统控制和智能控制方法包括但不限于：比例-积分-微分(proportional-integral-differential, PID)控制、模型预测控制(model predictive control, MPC)、专家系统控制、模糊控制、神经网络控制、自适应控制、自学习控制等[33]。复杂行为的控制包含"感知—行动—感知"的循环过程，涉及行动决策问题，如无人机/无人车对障碍物的感知规避[12,18,23]、无人机集群的领航跟随飞行[24]、无人机对地面目标的跟踪监视[25]、无人机的自主起飞降落[34-45]等。

　　2. 感知与规避

　　自主无人系统的感知与规避(sense and avoid, SAA)行为是利用其自身传感器和其他信息源，实现对障碍/威胁的检测、跟踪、定位、威胁评估，然后根据障碍/威胁的状态信息以及自身的机动约束生成规避路径，通过执行控制策略实现规避的效果。

　　无人机在空域飞行过程中的安全性保障分为 5 个层次，由外而内分别为程序规程层、空中交通管理层、自隔离机制层、协作式碰撞规避层和非协作式碰撞规避层，如图 3-27 所示。无人机的感知与规避主要考虑协作式碰撞规避和非协作式碰撞规避，其主要功能模块如图 3-28 所示。

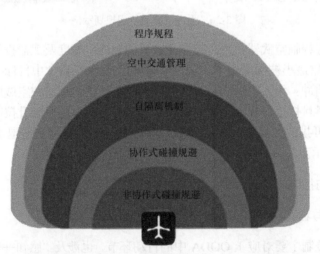

图 3-27　无人机在空域飞行过程中的安全性保障

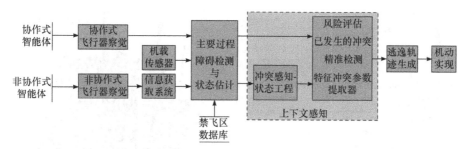

图 3-28　无人机感知与规避系统的主要功能模块[23]

自主无人系统需要在机载条件下实现对障碍/威胁的实时感知与规避。目前，采用机器视觉和图像处理方法的难点在于如何突破对环境信息的有效表征，以及如何克服人为筛选特征带来的劣势。因此，需要结合基于学习的方法(参见 3.1.6 节)实现自主无人系统的感知规避行为。其挑战在于，针对不同的任务环境和无人平台，需要探索针对性的障碍物检测方法和控制方法，最终完成自主无人系统的感知规避行为。

针对搭载单目相机的无人机在仿真环境中的感知规避问题，国防科技大学的马兆伟等[23]提出了基于显著性的空中障碍目标检测方法(图 3-29)、基于自动编码理论的近地障碍环境表征方法，以及基于深度强化学习算法的无人机规避决策方法，实现了对空中目标和树木障碍的感知规避。

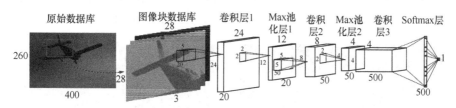

图 3-29　针对运动目标的显著性检测深度卷积神经网络结构[23]

针对搭载深度相机的无人机在未知环境下的实时感知问题，国防科技大学的胡佳[12]提出了基于深度图像的局部地图构建和实时轨迹重规划的避障方法，如图 3-30 所示。

3. 路径/轨迹跟踪

路径跟踪(path tracking)是指无人系统跟踪空间中的某个与时间参数无关的参考路径。轨迹跟踪(trajectory tracking)是指跟踪某条与时间和空间都相关的参考轨迹，要求无人系统在规定时间内到达某一预设的参考轨迹点。

1) 无人机的路径跟踪与轨迹跟踪

无人机的路径跟踪是针对复杂空域中存在外部未知风扰、导航定位误差等问

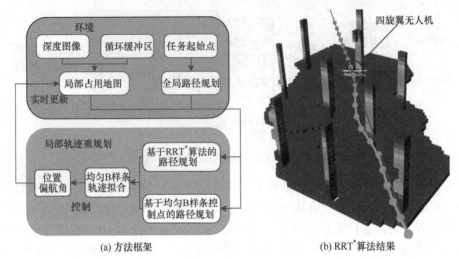

(a) 方法框架　　　　　　　　　　(b) RRT*算法结果

图 3-30　基于深度图像的局部地图构建和实时轨迹重规划方法和仿真试验[12]

题，研究无人机如何能够准确跟随预定的航线，是无人机自主导航系统的关键技术之一。国防科技大学的赵述龙[36]提出了一种具备输出观测器无模型自适应控制方法和一种用于无人机非定常曲率曲线路径跟踪的向量场方法，设计了一种输入受限情况下无人机曲线路径跟踪控制方法和一种具备高阶非线性和欠驱动特性的多无人机协同曲线跟踪控制方法，通过小型固定翼无人机半实物仿真系统和实物飞行试验验证了提出算法的有效性及可靠性，如图 3-31 所示。

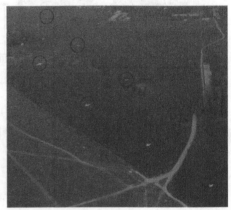

(a) 地面站纵 "二" 队形　　　　　　　　(b) 空中纵 "二" 队形

图 3-31　国防科技大学多无人机协同曲线跟踪飞行测试

无人机的轨迹跟踪问题可以使用 PID 控制、反步法、滑模控制、模糊自适应控制、机器学习等方法求解。文献[38]采用结合扰动观测器的积分型反步算法和自适应滑模算法，设计了四旋翼无人机双闭环控制策略。国防科技大学的贾圣德[38]使用连续时间马尔可夫决策过程(continuous time Markov decision process, CTMDP)对无人机系统控制问题中的不确定性进行建模，提出了基于性能势的CTMDP 模型策略迭代和强化学习算法，求解了"爬升—下降"轨迹跟踪、S 形转弯轨迹跟踪算例。

2) 无人车的路径跟踪与轨迹跟踪

无人车的路径跟踪通常是通过控制转向角度，实时对预测轨迹进行跟踪控制，不受制于时间约束，主要方法包括基于道路几何原理的路径跟踪控制(如 Stanley 控制)、基于经典控制理论的路径跟踪控制(如 PID 控制、线性反馈控制等)、基于现代控制理论的路径跟踪控制(如模型预测控制、最优控制等)。国防科技大学的朱琪[39]提出了一种虚拟车道引导下的路径规划框架，将路径规划分为参考路径规划和机动路径规划，通过对路径切入点变化频率和幅度的约束，有效提高了无人车运行的平稳性，如图 3-32 所示。

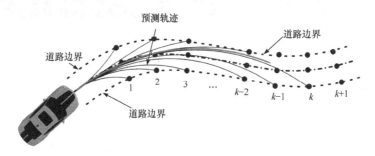

图 3-32 无人车的路径跟踪控制示意图[39]

无人车在进行轨迹跟踪时，参考路径曲线与时间和空间均相关，要求无人车在规定的时间内到达某一预先设定好的参考路径点[40]。由于无人车系统是一个欠驱动的非完整约束系统，同时也是一个零动力学系统，因而轨迹跟踪问题会受限于这种不稳定的零动力学约束[41]。

4. 自主降落

无人机的自主降落能力是提升其安全性和可回收性的重要保障。国防科技大学的孔维玮[34]构建了一种舰基通用的多传感器无人机回收引导系统，如图 3-33(a)所示。该系统具有两个独立分布在跑道两侧的引导单元，其排布可根据目标无人机的大小和检测距离进行优化配置；提出了跟踪-学习-检测(tracking-learning-detection, TLD)相融合的无人机降落过程中实时目标跟踪和位置解算框架，设计了基于非线性模型预测控制(nonlinear model predictive control, NMPC)和总能量控制系统(total energy control system, TECS)的无人机着舰控制系统。河海大学的张鹏鹏[35]针对旋翼无人机自主降落到地面移动无人平台问题,提出了将PID控制与深度强化学习相融合的分层控制方法,实现了PID控制器参数的自适应学习。其中,深度强化学习模块根据当前系统状态输出PID控制器的控制参数数值,然后PID控制模块生成无人机的速度控制指令,并指引无人机逐渐接近地面移动平台,直到达到安全降落条件,如图3-33(b)所示。

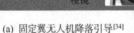

(a) 固定翼无人机降落引导[34]　　　　　　　　(b) 旋翼无人机自主降落[35]

图3-33　无人机自主降落场景示意图

3.1.5　交互与协同

1. 交互与协同的内涵

交互与协同主要是指操作人员、无人系统、有人系统、体系的其他单元之间通过信息交流和互补互动,实现在感知与认知、决策与规划、行动与控制等方面的协同,从而更高效高质地完成任务。在本节中,交互侧重于描述人与无人系统的交互(统称人机交互),而协同侧重于探讨多无人系统之间的关系。人机协同的相关讨论参见本节(3.1.5节)第二部分,面向人机协同的自主性评估方法参见3.2节。

1) 人机交互概述

目前,人机交互主要是采用二维界面,即鼠标、键盘、触摸屏等方式,其缺点在于给操作人员带来了较大的认知负担和操控压力。随着无人系统作战样式朝着有人-无人系统协同、无人系统集群等方向发展,上述二维人机交互方式已经难以适应高动态、强实时、复杂多变的环境和任务需求。因此,迫切需要发展基于语音、眼动、手势、体感、脑机接口、混合现实等多模态智能交互方式的无人系统指挥控制方法。智能交互能够以面向任务需求、高效数据共享、最小通信量为目标实现对交互信息的定制、理解、认知、管理等功能。在此基础上,需要进一步研究操作人员与无人系统之间的人机协作问题,主要包括功能分配、任务分配、控制权限分配等问题,从而实现面向任务效能最大化的人机智能融合。

2) 多无人系统协同

多无人系统的协同通常是面向特定的任务和需求，其意义体现在多个方面。首先，多无人系统的协同能够以更高效的方式完成更复杂的任务，如无人机集群执行广域覆盖搜索、侦察监视、边境管控、环保监控等任务。这类协同通常是使用同构的无人系统，其发展趋势是集群化[42]。其次，多无人系统通过协同，有望提升单无人系统完成任务的指标精度。例如，3 架无人机对地面目标的协同定位精度高于 1 架或 2 架无人机[43]；多无人机同时从多个视角观察，能够提升隐蔽/伪装目标的识别率。

此外，异构多无人系统的协同能够通过能力互补的方式，完成各无人系统难以独立完成的任务。如图 3-34 所示，无人机-无人车空地协同模式考虑了无人车载重大但机动不灵活、无人机机动灵活但载荷有限的特点，通过设计合理的任务流程来提升协同团队的作业半径和作业质量。最后，多无人系统的协同提升了冗余度，能够更稳健地应对威胁区域出现的突发性事件，如无人系统损毁和能力降级。

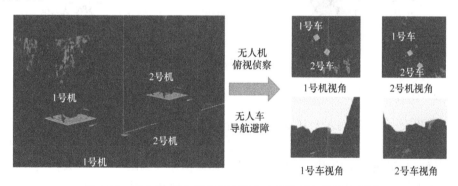

图 3-34　无人机-无人车空地协同山地侦察任务仿真示意图

多无人系统的协同技术主要考虑协同感知与认知、协同决策与规划、协同行动与控制等方面，分别是在单无人系统感知与认知(3.1.2 节)、决策与规划(3.1.3 节)、行动与控制(3.1.4 节)等理论和技术的基础上发展而来的。

3) 集群通信

通信是交互与协同的重要保障。无人系统与有人指挥控制系统之间、多无人系统之间需要建立稳定可靠的通信网络，确保协同团队成员具有协同一致的态势理解，并且形成协同一致的决策，从而能够执行协同一致的行动。通信能力受限于硬件资源、距离、带宽等限制因素，是无人系统大规模集群化发展的瓶颈。针对无人系统集群相对定位方法存在通信信道容量有限的问题，国防科技大学的Chen 等[44]将基于分簇相对定位的局部地图坐标与全局地图坐标相结合，设计了共享通信节点的坐标转换方法，构建了全局坐标系下的集群定位机制，如图 3-35 所示。多无人系统通信技术可参考文献[42]。

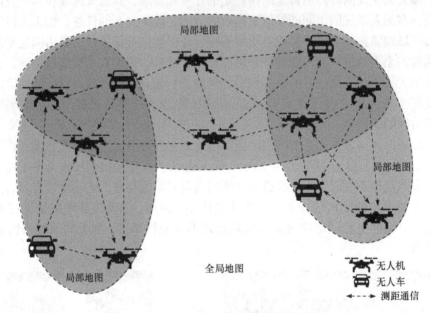

图 3-35　基于测距通信的集群定位[44]

2. 智能人机交互

人机交互①关注的六个基本问题包括人机之间如何沟通、人机之间的关系如何建模、人机之间的合作如何研究和增强、如何预测人机合作的可用性和可靠性、如何确定和描述特定应用的人机交互域、如何描述终端用户等[5]。人机交互接口是实现人机互理解沟通的途径，也是人机关系建模和人机顺畅合作的重要基础。考虑无人系统可能用于动态、复杂、对抗性的环境中，因此需要更加智能化的人机交互模式，高效获取操作人员的生理数据，并将其用于识别操作人员的指令和意图。

1) 语音交互

通过自然语言实现无人系统的指挥控制是提升无人系统自主性、交互性、协同性的重要方式。人与无人系统的语音交互通常使用自然语言处理(natural language processing, NLP)领域的语音识别、语义理解、语音合成等技术，将操作人员下达的语音信号转换为无人系统可以理解的指令，然后无人系统向操作人员提供文本或语音反馈。其中，语音识别和语义理解主要使用隐马尔可夫模型、深

---

① 该文献中的"人机交互"是指人与机器人之间的交互，与本书中人与无人系统的交互相似。

度神经网络、知识图谱等方法。

　　针对专用的无人系统和相关任务需求,可以使用预先定义的语音指令集,录制相应的语音指令样本并进行模型训练。国防科技大学的李文超[45]和高辰[46]以有人-无人机协同控制为背景,设计了无人机机动和任务指令集,使用卷积神经网络、快速探索随机树、Dubins 曲线等模型和算法,实现了基于语音交互的无人机自动路径规划功能。例如,语音指令"绕过 1 号区域,飞向 2 号区域"的路径规划结果如图 3-36 所示。

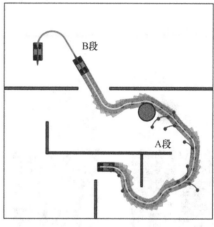

(a) 仿真环境中的位置信息　　　　　　　　(b) 无人机路径规划结果

图 3-36　面向无人机任务语义理解的路径规划

2) 眼动跟踪

　　眼动跟踪通常使用眼动仪实时跟踪人眼的状态,用于监测人的繁忙程度和疲劳程度、判断人的意图,旨在避免操作人员过于空闲或疲劳,使人机功能分配保持在合理区间。其中,繁忙程度以注意力分配模型为基础,是指操作人员的注意力集中程度。一般而言,人越繁忙,则注意力越集中。疲劳程度是指操作员需要休息的迫切程度,通常由眼睛闭合时间占比(percentage of eyelid closure over the pupil over time, PERCLOS)方法进行评估。人的意图判断通常是通过提取一定时间内人眼注视区域的坐标,并结合任务流程、人的操作习惯等进行推断。国防科技大学的牛佳鑫等[47,48]建立了基于眼动仪数据的操作员状态分析流程,采用机器学习算法实现了扫视、凝视等眼部动作的判定,建立了操作员异常状态检测方法及操作员认知状态分析方法,并提出了一种基于认知状态的人机控制权限自适应调整方法。通过分析人眼在屏幕上凝视点的轨迹和分布,可以判断操作员如何将注意力分配于全局态势感知、飞行控制、航线规划、目标侦察等环节。

3) 手势识别

手势识别是使用手势传感器[①]对单手或者双手关节的提取和跟踪(图 3-37)，通过将静态或动态手势与受控对象、任务场景、控制指令等内容进行关联，从而实现无人系统的手势控制。静态手势是手指关节在某一时刻的状态，动态手势是手指某一关节或多个关节在三维空间的运动序列。国防科技大学的谭沁[49]提出了融合手势与语音指令的无人机指挥控制方法。单手静止模式识别可以控制单无人机的简单运动模式，如离开目标、靠近目标等。双手运动模式识别可以控制多无人机编队飞行，如一字形、人字形、队形变换、编队避碰等。

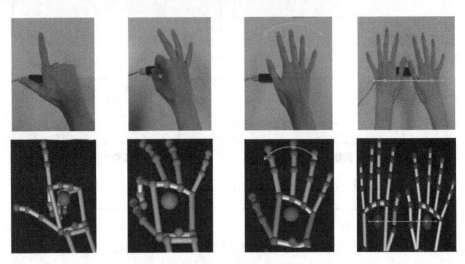

图 3-37　面向无人机控制的手势识别[49]

4) 人体姿态识别

人体姿态识别是使用姿态识别传感器[②]提取人的骨骼模型，相关参数包括骨骼段的位置、方向以及它们之间的关系。与手势相似，人体姿态包括静止姿态和运动姿态，可以表示为人体骨骼关节点的静止状态或运动序列。人体姿态识别要求在允许的延时范围内快速构建人的躯干和肢体模型，涉及的问题主要包括背景剔除、骨骼关节建模、关节点定位。基于 Kinect 传感器的人体姿态识别如图 3-38所示。

5) 脑机接口

本书中的脑机接口(brain computer interface, BCI)是指在人脑与无人系统之间建立直接连接通路，用来完成人脑与无人系统之间的信息交互。侵入式 BCI 通过

---

① 如 Leapmotion 手势识别传感器。
② 如 Kinect 传感器提供 RGB-D 深度图像，或者从 RGB 相机中恢复深度信息。

(a) 右臂平伸　　　　　　　　(b) 右臂举起　　　　　　　　(c) 双臂举起

图 3-38　肢体动作识别

开颅手术等方式向脑组织内植入传感器以获取信号,可以获得高质量的神经信号,但是存在着较高的安全风险和成本。非侵入式 BCI 只需通过附着在头皮上的但是存在着较高的安全风险和成本。非侵入式 BCI 只需通过附着在头皮上的穿戴设备来对大脑信息进行记录和解读,但是记录的信号强度和分辨率有所降低。随着新技术的发展,非侵入式 BCI 系统已经能够实现较为理想的信息传输速率。典型的非侵入式 BCI 系统根据任务需要,向操作人员呈现视觉刺激,从而诱发具有特定特征的脑电图(electroencephalogram, EEG)信号,然后通过监督学习的方式构建从视觉信号到控制指令的映射关系,最终实现人脑意念对无人系统的控制。例如,国防科技大学的研究人员实现了人脑控制无人驾驶轿车左转、直行、右转等控制,如图 3-39 所示。

图 3-39　国防科技大学脑控无人驾驶轿车

6) 增强现实

近年来,微软公司基于 Hololens 增强现实(augmented reality, AR)头戴显示器为美军开发了集成视觉增强系统(IVAS)。该项目旨在将 AR 技术集成到头盔上,在护目镜上实现三维模拟,并集成有增强导航、友军态势共享、武器瞄准等功能。在未来城市巷战的背景下,佩戴 AR 头显可以有效增强战场环境显示,强化单兵与武器装备协同能力，并提高班组成员协同能力。国防科技大学的李冰[50]使用 AR 眼镜远程控制地面无人平台，实现了视距内和超视距的环境建图及导航，如图 3-40 所示。

(a) AR 眼镜视野中的小车   (b) AR 眼镜视野中的地图

图 3-40 基于 AR 眼镜显示的地面无人平台导航与建图

3. 人机智能协同

1) 人机能力差异与互补

随着人工智能与无人平台技术的发展，无人系统的自主能力持续提升。然而，面对动态的对抗环境和复杂多变的任务需求，无人系统仍然需要人在回路的操控和监督来开展合理合规的决策和行动。通过分析人机能力差异与互补方式，有望实现"1 + 1 > 2"的人机协同效果。例如，在复杂室内环境无人机避障任务中，通过人辅助构建环境障碍物模型并在无人机视野中进行视觉增强标记，并设计第一视角、第三视角切换显示无人机自主规划的航线，人-无人机协作避障效果优于无人机自主避障或人遥控避障，如图 3-41 所示。

图 3-41 人-无人机协作避障[51]

典型的人机能力缺陷与互补方式建议如表 3-1 所示。一般而言，机器擅于解决容易建模、逻辑复杂、求解烦琐的"计算任务"，如使用深度学习模型和算法识别目标、使用符号逻辑系统规划任务、使用进化算法优化路径；但是机器不擅于解决态势理解、情景判断、复杂决策等"算计任务"①，并且机器的传感器存在误差、计算资源受限、信息不完整等问题，导致机器人的规划和决策难以适应动态不确定性的任务环境，进而影响任务的可靠执行。

表 3-1　典型的人机能力缺陷与互补方式建议

能力要素	可能存在的能力缺陷	能力互补方式建议
感知与认知	机载传感器可能有误差	允许人修正误差
	人的态势感知受视野限制	改进人机交互界面设计
	人受限于第一人称视角	向人提供多种视角
	机器的场景理解能力弱	由人辅助场景理解
	人难以准确判断机器能力	向人提供相关建议
决策与规划	机器规划依赖于环境模型	由人辅助环境建模和判断
	人不清楚规划效果	向人提供规划的视觉反馈
	机器难以解决复杂决策	由人辅助问题建模与分解
	人难以直观理解复杂逻辑	由机器梳理并显示给人
	机器不能自主决策打击	打击环节必须由人授权
	人的生理原因影响决策力	监测人的生理状态并告警
行动与控制	机器运动控制存在误差	评价执行效果并及时纠正
	人不能进入特定区域	由机器代替人执行

2) 人机协同认知模型

人机协同认知模型如图 3-42 所示。人的典型内部模型通常包括感知、信念、意图、事件、愿望、行动等要素。自主无人系统的典型内部模型通常包括感知、理解、规划、决策、行动等要素，具有一定的自主性，即具有一定程度的目标检测/识别/跟踪、任务分配、路径规划、威胁规避等能力。人和自主无人系统的典型内部模型都具有从"感知"到"行动"的相似过程。Johnson[51]提出人机内部模型的关键模块之间需要具备可观察性、可预测性、可干预性(observability

---

① 中国科学院院士谭铁牛：AI 的过去、现在和未来. https://www.iyiou.com/analysis/2019021992813。

predictability directability, OPD)。OPD 准则可以用来分析协同个体之间(人与人、人与机、机与机)能否获取其他个体对当前态势的感知、判断、意图，以及能否预测其他个体将如何规划、如何决策、如何行动，并且能否干预其他个体的行动实施过程。例如，在人-自主无人系统的"主从协同"模式下，人可以观察自主无人系统对当前态势的感知和理解情况，在有必要的情况下进行干预，辅助自主无人系统识别和跟踪目标；人干预自主无人系统的规划和决策过程，可以预测自主无人系统即将执行的行动。如果自主无人系统执行了未预期的行动，人可以终止其行动。

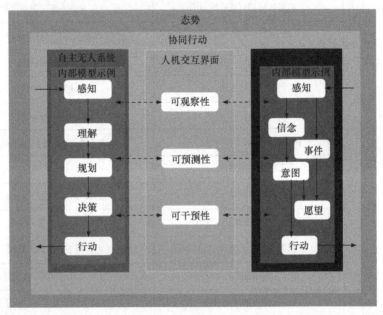

图 3-42   人机协同认知模型[51]

3) 面向任务的能力互补协同设计

人机协作任务设计的挑战在于如何将抽象的设计概念转化为可以实现的控制算法、接口要素和行为描述。协同设计(coactive design，又称互动设计)[51]是一种设计人机协作任务的有效方法，已成功应用于人-无人机协同避障[51]、人遥控仿人机器人使用消防栓[51]、人机协同毁伤评估[52]等任务。协同设计的基本流程主要包括：识别、选择与实现、变化评估。协同能力互补分析表(interdependence analysis，IA)是协同设计方法的主要工具，其主要组成包括任务分解、子任务能力需求分析、团队成员能力评估、OPD 需求分析。

国防科技大学的 Wang 等[53]以典型的有人机-无人机协同对地侦察/打击/评估任务为例，设计了协同能力互补分析表，如表 3-2 所示。

表 3-2　面向典型任务的有人机-无人机协同能力互补分析表

子任务	需要的能力	一种可行的角色分配方案			OPD 需求分析
		执行者	辅助成员		
		有人机	侦察无人机	察打一体无人机	
感知	目标识别 目标定位 目标锁定	4	4	4	有人机与无人机需要共享目标识别、定位的结果，从而提升协同识别与定位精度
规划	目标分配 航线规划 打击方案规划	4	1	2	有人机与察打一体无人机之间需要共享目标打击方案
打击	自动火控系统锁定 目标射击	4	1	3	有人机需要获取无人机锁定的目标信息，无人机需要获取有人机的打击授权
评估	目标场景匹配 图像变化检测 毁伤程度计算	4	3	3	有人机需要观察无人机反馈的场景匹配结果以及图像变化检测结果，并进行确认

(1) 任务流程。按照 OODA 回路，将任务流程分解为感知、规划、打击、评估四个环节。首先，无人机/有人机通过侦察载荷获取图像，然后使用计算机视觉、深度学习、图像处理、人工判读等方法实现目标的识别、定位、跟踪、锁定。其次，使用任务规划算法实现目标分配、航线规划、火力打击规划。然后，打击环节必须由人授权。最后，评估环节涉及目标场景匹配、图像变化检测、毁伤程度计算，进而决定是否停止打击或进行补充打击。

(2) 角色分配方案。表 3-2 给出了"一种可行的角色分配方案"。在实际应用中，可以列举多种可能的备选方案并进行筛选。其中"一种可行的角色分配方案"栏的第一列表示执行该任务的主要个体，即执行者；其余的列表示在任务协同中扮演辅助角色的其他参与者，即辅助成员。1、2、3、4 分别代表不同的能力等级。

(3) OPD 需求分析。感知环节，有人机与无人机之间需要共享目标识别、定位的结果，满足可观察性。规划环节，有人机与察打一体无人机之间需要共享目标打击方案，满足行动计划的可预测性。打击环节，有人机需要获取无人机锁定的目标信息，满足可观察性；无人机实施打击必须由有人机授权，且打击过程可以及时中止，满足有人机对无人机的可干预性。评估环节，有人机需要观察无人机反馈的场景匹配结果以及图像变化检测结果，并进行确认。

4. 多智能体协同

1) 多智能体系统

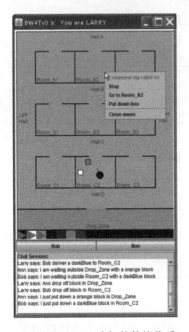

图 3-43　BW4T 多智能体协作采集任务[51]

多智能体系统(multi-agent system, MAS)是由多个智能体耦合而成的群体系统。通常假定每个智能体具有一定的感知、决策和行动能力，且智能体之间可以通信或者不通信(遵循默认规则)，然后使用多智能体合作或竞争机制完成特定的任务。需要考虑的主要问题包括：如何同步多个智能体的状态和行动、智能体之间传递什么信息、智能体如何处理动态事件等[5]。针对上述问题，荷兰代尔夫特理工大学的研究人员设计了一个多智能体"合作采集方块(blocks world for teams, BW4T)"①任务，其目标是多个虚拟机器人(bot)按照预先指定的颜色顺序在多个房间中寻找方块，并运送到指定的地点(图 3-43)。BW4T 支持以对话框的方式实现智能体间的消息传递和信息共享。

BW4T 可以用于模拟现实世界中的搜索救援、物资采集、仓储配送等任务，并通过设置不同的任务复杂度(待搜索的方块数量)、环境复杂度(房间数量和布局)、协作复杂度(智能体数量)、观察条件(房内方块是否可见)、通信条件(全局或局部)、通信内容(状态、目标、行动计划)等试验条件，测试多智能体系统中的协作理论和方法。相关试验结果表明：①更抽象的行动计划对应于更高的自主程度，合适的自主程度有利于更高效的团队协作[51]；②基于 GOAL Agent 语言开发的 BDI 智能体，智能体之间共享信念和目标，可以避免重复任务，并且能提升态势感知能力[54]。

2) 多智能体协同控制架构

多智能体系统的协同控制架构主要分为三种：集中式、分布式、混合式。其中，集中式是指多智能体系统由一个中心节点进行集中管理，需要假定该节点与每个智能体都保持通信，适用于较小规模的群体。分布式是指系统中不存在中心节点，通常假定智能体之间保持有限范围的局部通信，适用于较大规模的群体。混合式是指将多智能体系统分层分组，组间考虑使用分布式控制，组内小群体考虑使用集中式控制，适用于大规模集群。浙江大学的高飞团队采用完全分布式架

① 该任务对标于人工智能研究中的单智能体标准测试任务"方块世界(blocks world)"。

构,使用 10 架微型旋翼无人机集群验证了无人机集群在野外复杂树林环境中的自主感知避障和实时路径优化能力[55]。国防科技大学的研究人员提出了一种面向侦察任务的无人机集群多层分布式控制架构,在外场环境实现了 20 余架小型固定翼无人机集群的自主编队飞行、地面隐蔽目标识别、移动目标跟踪等任务[42,56],如图 3-44 所示。面向无人物流配送应用需求,研究人员设计了分层分布式无人系统控制架构①,支持大规模固定翼无人机集群、旋翼无人机集群、无人车集群协同完成物流配送,如图 3-45 所示。

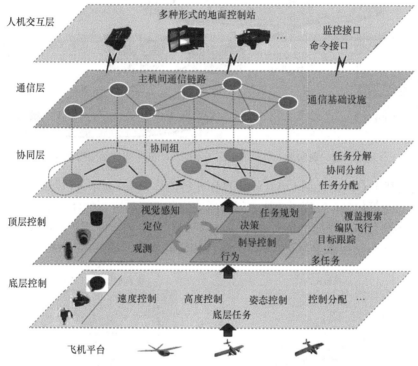

图 3-44　面向任务的小型固定翼无人机集群架构[56]

3) 人机混合多智能体协同

基于人机协同认知模型和多智能体系统理论,人机混合多智能体协同是综合运用智能体相关技术,旨在实现人与自主系统互理解的协同作业。针对灾害环境下的联合搜救问题,欧盟项目 TRADR②考虑了"人-智能体-机器人"的持久协同作业模式。通过将每个操作人员和机器人对应于多智能体系统中的一个智能

① 科技创新 2030——"新一代人工智能"重大项目"无人集群系统自主协同关键技术研究及验证",2020~2023 年。

② TRADR 项目(2014~2018 年):http://www.tradr-project.eu。

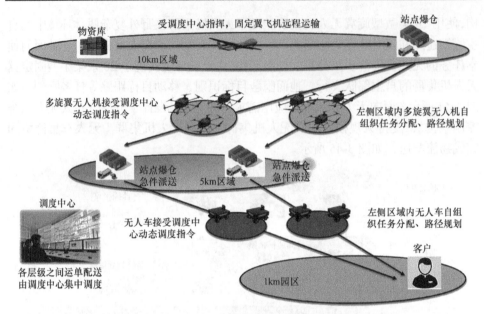

图 3-45　面向无人机集群物流场景的分层分布式控制架构设计

体,使用基于 GOAL Agent 语言开发的 BDI 智能体,统一表示人机互理解的任务、意图、状态等信息,实现了个体之间的高效信息交互与协调配合。针对人-多无人机协同侦察任务,国防科技大学的 Wang 等[53]提出了融合基于智能体任务规划与智能体自主行动策略学习的人机混合智能体协同框架,如图 3-46 所示。

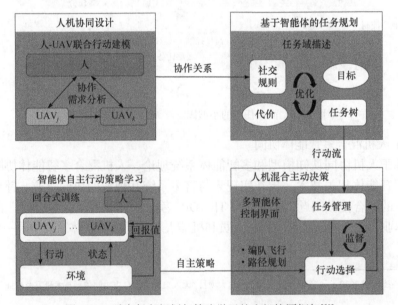

图 3-46　融合任务规划与策略学习的人机协同框架[53]

5. 协同感知与认知

1) 多无人平台协同观测架构

与前面介绍的多智能体协同控制架构类似，多无人平台协同观测架构主要有集中式和分布式两种，如图 3-47 所示。集中式的结构简单、易实现，但容错性较低、中心节点压力大。分布式没有中心节点，具有较好的扩展性和鲁棒性，但规模增大将导致通信量和决策变量急剧增加，且通信时延将使得观测数据难以正确融合。

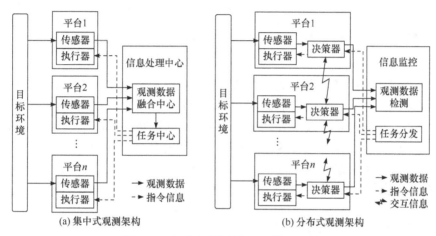

图 3-47　多无人平台协同观测体系架构

多无人平台协同观测主要考虑如何求解观测传感器的最优观测航迹与构型。Le Cadre[57]以 Fisher 信息矩阵行列式为目标函数，通过优化观测平台运动方向并改变纯方位测量角度，获得目标位置和速度的最小不确定性。Frew[58]以目标估计误差协方差为目标函数，研究了机器人视觉传感器目标跟踪的航迹优化问题，在优化求解方法上采用宽度优先搜索和金字塔搜索两种方法。Doğançay 等[59]分析了多平台在不同距离和角度下的最优相对观测构型，如图 3-48 所示。

2) 协同检测与识别

多无人机协同对地面目标的检测和识别需对多源信息进行融合处理。多源信息融合可分为数据级融合、特征级融合与决策级融合三种形式。其中，数据级融合方法直接对原始数据进行处理，信息损失较少，但实时性较差，且传感器标定要求较高。特征级融合方法是对原始数据信息进行信息压缩，便于机间信息传输和实时处理。决策级融合是对检测与识别结果的融合，实时性较好，但结果判定偏差较大，可靠性较低。郝帅等[60]采用 KL 变换方法与加权平均方法对数据层信息进行融合，得到最终的多源信息融合图像。该算法融合结果能

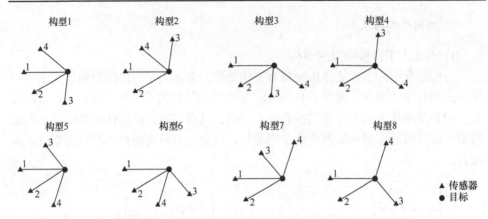

图 3-48　不同距离和角度下的最优相对观测构型

够较好地保留原图像丰富的细节信息，具有较高的清晰度。Sindagi 等[61]提出了 MVX-Net 网络，该网络对图像进行多次特征提取与匹配，可实现图像信息与激光点云信息的特征级融合，提升了目标检测精度，但是消耗的计算资源也较大。Cho 等[62]提出了一种 SAR 与红外(IR)传感器相结合的决策级融合结构，其将单个传感器信息转换成特征图和决策值，利用 D-S 证据理论法实现了 SAR 与 IR 传感器图像的决策级融合，如图 3-49 所示。

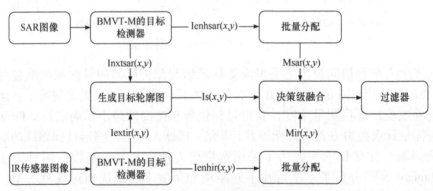

图 3-49　SAR 图像与 IR 传感器图像的决策级融合方法

3) 协同定位

基于视图几何模型和坐标变换，协同定位方法利用观测平台位置姿态信息、云台角度信息、目标图像位置和相机模型解算目标位置信息，如图 3-50 所示。

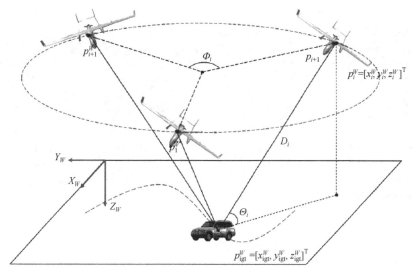

图 3-50　基于激光测距的多机协同三点定位

相比于单平台定位，协同定位对外部的假设信息依赖少，可充分利用多个传感器在多个角度对目标进行观测，定位精度更高。但目前对定位的研究主要集中在固定目标领域，对地面运动目标的研究较少；对地面单一目标定位研究较多，对多个地面目标同时定位的研究较少。Bai 等[63]基于交叉角定位方法，设计了一种双机角度交会目标定位算法，利用角度观测值结合无人机位置信息获得视轴线表示，再利用最小二乘计算视轴线最接近点作为目标位置。Wang 等[64]针对多无人机的测量结果传输到地面站进行定位解算出现时间延时，产生非顺序测量的问题，设计了基于解决福克尔-普朗克方程的非线性滤波方法。Xu 等[65]使用稳健加权最小二乘估计解决多机协同观测几何学模型，能够最小化多机观测间的重投影误差，降低目标定位误差，并提出三个携带激光测距模块的无人机目标定位技术，分析了目标定位误差来源，构建了三点测距目标定位方案。

4) 态势评估与行为预测

态势评估与行为预测主要研究如何对战场态势在感知的基础上进行认知，其主要研究方法包括模板匹配、贝叶斯网络和神经网络等，评估与预测模型从空间特征逐渐扩展到时空特征。Simonyan 等[66]通过堆叠光流向量的形式建模运动特征，探讨了空间流和时间流结合的可能性。Tsoukatos 等[67]提出时空信息挖掘的概念，利用一种基于深度优先搜索的算法在时空数据库中提取时空特征用于战场态势分析。Gupta 等[68]提出了状态序列预测和生成对抗网络融合的方法，解决了目标的轨迹预测问题，如图 3-51 所示。

图 3-51　行人轨迹预测

　　西北工业大学的陈军[69]针对非连续观测条件下行为预测问题，通过对数据进行插补处理，分析单个目标的行为模式，明晰单个目标的行为规律，构建了目标行为模式知识库，利用深度时空网络和模板匹配的方法，达到了对目标行为进行预测的目的，如图 3-52 所示。

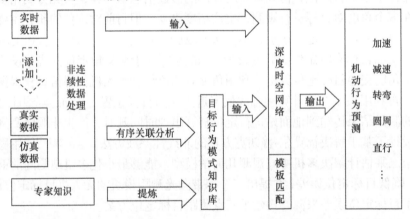

图 3-52　非连续观测下目标行为模式分析与预测

6. 协同决策与规划

1) 多智能体协同决策

　　基于单智能体自主决策方法(参见 3.1.3 节)，多智能体协同决策通常使用规则系统、马尔可夫决策过程(MDP)模型、概率模型等。例如，美国辛辛那提大学的研究人员[70]将规则系统的模糊化表示与遗传算法的进化机制相结合，提出了一种基于遗传模糊树(genetic fuzzy tree, GFT)的无人作战飞机集群空战决策方法。针对搭载激光雷达的多地面移动机器人系统在大型智能仓储系统中的协作存取货物问题，河海大学的蔡帛良[71]基于分布式 MDP 模型，构建了基于深度强化学习的多特征策略梯度(multi-featured policy gradient, MFPG)优化算法，并考虑了人机协同环境下的社会范式，实现了不依赖精确地图的完全分布式导航和避障决策，如图 3-53 所示。

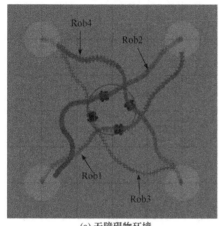

(a) 无障碍物环境　　　　　(b) 模拟复杂仓库环境

图 3-53　分布式多机器人导航和避障仿真试验[71]

2) 多智能体协同规划

多智能体协同规划主要关注的是任务分解与任务分配，以及路径规划与轨迹优化等问题。任务分解考虑如何将带有约束条件的复杂任务细化为可由单智能体独立执行或多智能体协同执行的子任务，即解决"做什么"的问题；任务分配研究如何将合适的子任务分配给合适的智能体，即解决"谁来做"的问题；路径规划与轨迹优化研究如何在任务约束、环境约束、动力学约束等条件下得到较为理想的轨迹，即解决"怎么做"的问题。

针对多无人机情报侦察和战场监视任务，国防科技大学的田菁[72]提出了多机协同侦察模型与进化多目标优化方法。针对多机器人系统在大型智能仓储系统中的协作存取货物问题，河海大学的蔡帛良[71]提出了基于多目标粒子群的多机器人任务分配方法。针对异构多无人机协同任务规划问题，国防科技大学的李远[73]提出了一种异构多无人机协同任务规划的分层求解框架，如图 3-54(a)所示。针对无人机集群在不确定条件下的连续侦察监视任务，国防科技大学的陈少飞[74]提出了一种基于蒙特卡罗树搜索和 max-sum 动态规划的分布式在线规划算法。针对有人/无人机编队协同侦察任务，国防科技大学的王治超[52]和 Wang 等[75]使用市场拍卖机制实现了对抗条件下的多机动态任务分配，如图 3-54(b)所示。

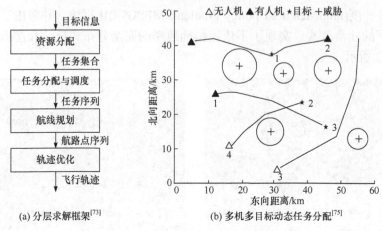

(a) 分层求解框架[73]　　　　　　(b) 多机多目标动态任务分配[75]

图 3-54　多智能体协同任务规划

3) 动态环境下人机控制权限调整

人机控制权限调整是一种依据任务状态、环境状态和操作员状态等因素，动态调整人与自主无人系统之间协作等级的决策方法。由于人和自主无人系统存在能力差异(参见本节"3.人机智能协同"部分)，使得其各自擅长处理不同类型的任务，因而需要根据实际情况进行人机控制权限的自动调整，从而实现合理的人机功能分配和动态任务分配。针对灾难救援场景下的人与无人机协作搜索任务，英国南安普敦大学的研究人员[76]提出了一种人机混合主动(mixed-initiative)监督控制界面，设置了远程控制、按航路点飞行、区域覆盖搜索、柔性协作等四个无人机自主等级，验证了混合主动规划的效果优于人工手动规划。国防科技大学的王治超[52]提出了基于图神经网络的人机控制权限调整方法，将操作员、有人机、无人机、任务目标等作为图的节点，其相互关系作为图的边，构建了人机控制权限调整的图神经网络训练模型，输出了多无人机操作员对每架无人机的控制权限，实现了动态人机功能分配。类似地，国防科技大学的 Zhao 等[77]提出了基于模糊认知图的多无人机自主等级调整方法,面向仿真环境中的多无人机协同搜索任务，设计了四个人机协作等级(人控制(H)、人主机辅(HR)、机主人辅(RH)、全自主(R))，实现了较低人机比的监督控制(单操作员控制 4 架无人机)，如图 3-55 所示。

4) 人机协同任务规划

人机协同任务规划综合考虑了多智能体协同规划、人机能力差异与互补、人机功能分配等问题，重点关注人(或有人平台)的安全性，以及在线任务规划的时效性。针对有害辐射环境中人-无人机协作救援场景，中国科学技术大学的 Wu 等[78]在部分可观马尔可夫决策过程(POMDP)框架下，使用主动感知算法生成无人机探索未知区域的计划，同时采用蒙特卡罗模拟生成人的行动建议，如图 3-56(a)所示。针对有人机-多无人机协同侦察任务，国防科技大学的 Wang 等[53]使用基于智能体的分层任务规划器(hieratical Agent-based task planner, HATP)，在任务约束、环境约束、能力约束、时间约束等条件下，把总任务细化成若干由有人机/无人机相互独立执行或协同执行的原子任务，得到了带分层任务树和协同行动计划，如图 3-56(b)所示。

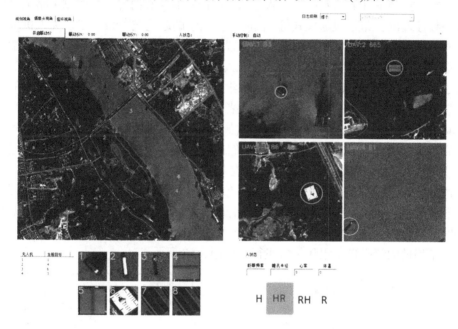

图 3-55　单操作员监督控制 4 架无人机执行协同搜索任务[77]

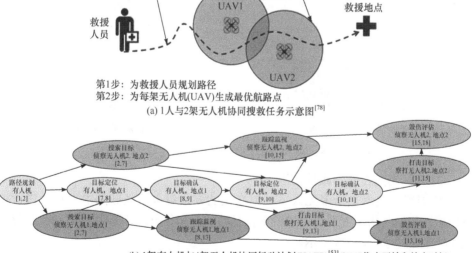

第1步：为救援人员规划路径
第2步：为每架无人机(UAV)生成最优航路点
(a) 1人与2架无人机协同搜救任务示意图[78]

(b) 1架有人机与4架无人机协同行动计划(HATP)[53]([X,Y]代表开始和结束时间)

图 3-56　人机协同任务规划案例

7. 协同行动与控制

1) 编队控制

编队控制是自主无人系统编队运动协调控制的核心内容，其控制策略主要采用一致性理论、领航-跟随模式等。国防科技大学的赵述龙[36]设计了多无人机系统协同曲线跟踪控制方法，分别提出了位置和速度的一致性协议。国防科技大学的陈浩[79]提出基于不变集理论的固定翼无人机集群混合式协同路径跟随控制律，实现了控制受限条件下精确稳定的无人机集群队形保持和变换。领航-跟随模式的基本思想是指定群体中的某个个体为领航者(长机)，其他个体自动成为其跟随者(僚机)。执行任务时，长机可以按需运动(如遵循路径规划算法输出的航迹)，而僚机则根据自身与长机的相对位置关系确定其运动控制策略。例如，宾夕法尼亚大学的研究人员[80]采用该方法实现了旋翼无人机密集编队飞行。国防科技大学的闫超[24]以固定翼无人机集群为研究对象，设计了不依赖飞机运动学模型和环境状态转移模型的机群混合编队协调控制框架，并采用深度强化学习方法，以 1s 的时间间隔在控制外环输出滚转角和速度指令，同时在底层采用 PID 闭环控制器，实现了稳健的僚机自主跟随长机飞行，如图 3-57 所示。

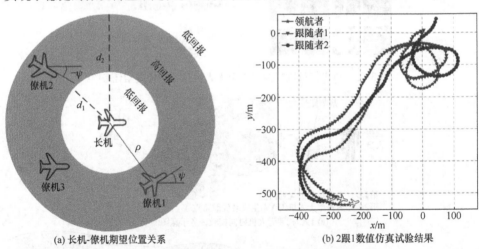

(a) 长机-僚机期望位置关系　　　　　　(b) 2跟1数值仿真试验结果

图 3-57　基于深度强化学习的固定翼无人机集群控制[24]

2) 协同覆盖搜索与跟踪控制

协同覆盖搜索是指多无人系统以高效的方式对未知区域的潜在目标进行搜索。跟踪控制是指无人系统通过调整自身的状态和参数，实现对已知目标的跟踪、定位与监视，如图 3-58 所示。

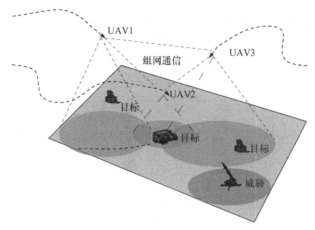

图 3-58　多无人机协同跟踪多目标

　　国防科技大学的陈润丰[81]研究了无人机集群并发区域覆盖与目标跟踪问题，构建了集群自组织区域覆盖与多目标协同跟踪优化模型，提出了最佳速度搜索算法和决策优化算法，并在半实物仿真环境中进行了验证，如图 3-59 所示。

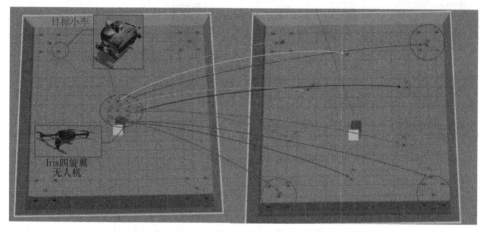

图 3-59　10 架无人机覆盖搜索与目标跟踪半实物仿真[81]

　　针对遮蔽、障碍、禁飞等复杂环境下多无人机协同跟踪地面多目标问题，国防科技大学的熊进[82]提出了基于层次聚类的多机跟踪地面多目标分配和基于李雅普诺夫导航向量场引导的跟踪控制方法。考虑以最少的无人机跟踪尽可能多的地面目标，国防科技大学的刘俊艺[83]提出了基于密度的目标聚类算法。国防科技大学的赵云云[25]提出使用自然梯度代替常规梯度，构建了集中式评价、分布式执行的多机多目标跟踪的强化学习方法。针对多机多目标关联匹配问题，国防科技大学的林博森[43]提出了基于图像的多无人机目标检测-关联匹配-跟踪算法。针对快速飞行的固定翼无人机对地面移动目标难以持续跟踪的问题，国防科技大学的车飞[84]以经典的核相关滤波(kernel correlation filtering，KCF)算法为基础，提出了基于线性旋转空间的视觉目标跟踪算法，如图 3-60 所示。

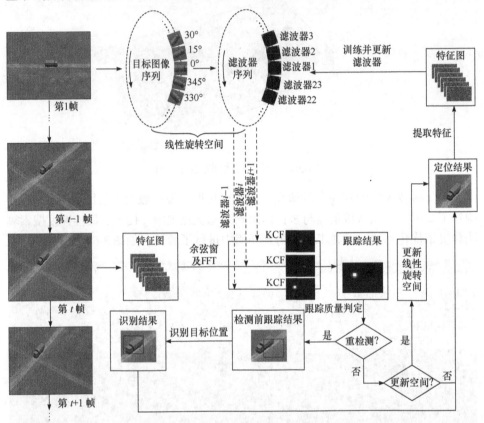

图 3-60　基于线性旋转空间的视觉目标跟踪算法框架

3) 多无人系统冲突消解

传统的多无人系统冲突消解主要研究应用场景中的具体问题，如多无人机之间的航线冲突、多无人机信息传输时的信道冲突、人机协作的分歧处理等。针对无人机集群系统空域冲突消解问题(图 3-61(a))，国防科技大学的杨健[85]提出了无人机集群系统空域冲突消解的三种不同模式：集群内集中式冲突消解、集群内分布合作式冲突消解、集群间基于规则的分布式冲突消解。针对固定翼无人机、旋翼无人机、无人车组成的异构无人系统集群的感知冲突、行动冲突和决策冲突问题(图 3-61(b))，国防科技大学的牛佳鑫[86]设计了低人机比的监督控制系统，研究了不同集群规模下的人员状态评估方法，并构建了基于多层级作战需求的个体能力评估模型，提出了面向对抗性目标的全局态势生成规则及多任务调度方法。

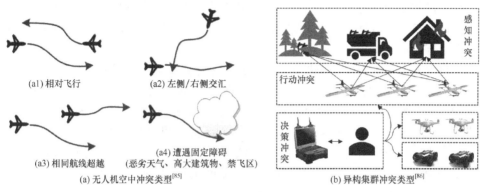

(a1) 相对飞行　　　　　(a2) 左侧/右侧交汇

(a3) 相同航线超越

(a4) 遭遇固定障碍
(恶劣天气、高大建筑物、禁飞区)

(a) 无人机空中冲突类型[85]

(b) 异构集群冲突类型[86]

图 3-61　无人系统冲突消解问题

3.1.6　学习与进化

1. 学习与进化的内涵

学习与进化主要是指自主无人系统通过与外界环境以及操作人员的交互,不断提升其感知与认知能力、决策与规划能力、行动与控制能力,是自主无人系统智能化程度的重要体现。

近年来,脑与认知科学、机器学习、进化计算等领域的理论和方法催生了多种模型及算法,有效解决了特定的学习任务。例如,深度学习[87]已成功运用于人脸识别、自然语言处理、三维场景重建等问题中。深度强化学习算法在围棋(DeepMind)[88]、智能体自学捉迷藏(OpenAI)[89]等游戏中展现出了惊人的能力,如图 3-62 所示。

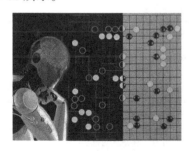

(a) AlphaGo 战胜李世石

(b) 智能体自学捉迷藏①

图 3-62　智能体自学习与进化案例

上述方法主要是纯软件的,并且只针对某个特定的任务。然而,无人系统的

_____
① 智能体自学捉迷藏策略: https://openai.com/blog/emergent-tool-use。

一个特点是具有硬件平台和载荷，如无人机平台可搭载可见光/红外吊舱、无人车平台可搭载激光雷达/毫米波雷达、仿生机器人平台可搭载深度相机等。因此，无人系统的自主学习是一个更为复杂的问题，涉及环境感知、行动决策、运动控制等多个方面。

自主无人系统为什么需要学习(why)、学习什么(what)以及如何学习(how)等问题，与其自身平台特性及任务需求密切相关，难以使用统一的学习框架进行描述。例如，对于无人机对空中/地面目标的识别问题，可以采用基于深度神经网络的方法[18,23,84]，或者采用小样本学习方法[16,17]。对于无人机规避威胁区域的决策问题，可以采用贝叶斯网络建模和参数学习方法[29]；对于无人机集群控制策略的学习，可以采用多智能体深度强化学习方法[24]。换而言之，目前尚不存在能够解决所有任务的通用学习方法。

2. 机器学习方法分类

机器学习(machine learning)[90]是人工智能领域的一个子集，主要研究如何在计算机系统中运用数学模型和机器学习算法完成给定的任务。一般而言，机器学习过程是使用机器学习算法处理训练数据和测试数据(也称为"样本")，从而获取数学模型的结构和相关参数，然后将模型用于预测或决策，改善完成既定任务的性能。机器学习效果的评价标准主要是完成任务的准确率和泛化能力，两者通常难以兼顾。

机器学习方法和算法繁多，目前难以形成统一的分类标准。本书主要从样本、模型、策略、任务、架构等视角，结合机器学习方法在自主无人系统上的应用背景，从7个维度将机器学习方法进行分类，如表3-3所示。

表3-3　机器学习方法的分类

分类考虑维度	学习方法的典型代表
样本标签	监督学习、无监督学习、半监督学习、强化学习
样本量	深度学习、小样本学习、零样本学习
样本获取方式	主动学习、开放环境学习
模型更新方式	离线学习、在线学习、生成式对抗学习
策略来源	模仿学习、逆强化学习
任务数量	迁移学习、课程学习、元学习
架构	集中式学习、分布式学习

1) 样本标签

从样本标签的维度来看，机器学习方法可以分为监督学习(supervised learning)、无监督学习(unsupervised learning)、半监督学习(semi-supervised learning)、强化学习(reinforcement learning)。监督学习使用的所有样本都带有预先定义的分类标签(如"正确"、"错误"、"未知")，无监督学习使用的所有样本都没有标签，而半监督学习使用的样本由有标签的和没有标签的样本共同组成。上述三种学习类型主要解决的是样本分类和数据预测问题。与之不同，强化学习使用的样本虽然不带标签，但是包含数值形式的"回报"，用于智能体学习最优的行动策略(参见图 3-20)。

2) 样本量

从样本量来看，目前需要大量样本的典型代表是深度学习方法，而需要少量样本的是小样本学习(few-shot learning)和零样本学习(zero-shot learning)方法。

3) 样本获取方式

一般而言，机器学习算法使用的训练样本都是由人预先选择的。与此不同，主动学习(active learning)是指机器可以自主选择使用哪些样本进行处理，开放环境学习是指样本可以通过开放的外界环境持续获得(如互联网、人或其他智能体)。

4) 模型更新方式

从模型的更新方式来看，机器学习方法可分为：离线学习、在线学习和生成式对抗学习，其区别在于是否支持使用在线获取的样本并用于模型更新；与传统的单个模型训练方式不同，生成式对抗学习是采用多个模型博弈对抗的方式更新模型。

5) 策略来源

在虚拟环境的强化学习任务中，智能体可以通过大量反复地试错来学习最优策略，即什么状态下应该选择什么行动。然而，无人机、无人车、仿生机器人等自主无人系统在现实世界任务中的状态空间和行动空间可能是高维的、连续的、受限的，导致最优策略所在的待搜索空间巨大，从零开始学习的效率低下，且存在电机损伤、碰撞损毁等安全风险。因此，模仿学习(imitation learning)及相关的逆强化学习(inverse reinforcement learning)等方法应运而生。

6) 任务数量

上述机器学习方法主要解决的是单任务的学习问题，即预先给定一个任务目标及相关指标，然后通过学习的方式来优化相关参数或策略。然而，从零学习每一个任务是较为耗时和低效的。假设多个任务之间存在相关性，那么很有可能通过知识迁移、循序渐进、关联分析等方式提升任务学习的效率。面向多个任务的学习方式主要包括迁移学习(transfer learning)、课程学习(curriculum learning)、元学习(meta-learning)。

7) 架构

多自主无人系统的学习架构与其控制和通信方式密切相关(参见 3.1.5 节)，主要包括集中式学习和分布式学习两大类。其中，集中式学习需要将所有个体的训练数据汇总于中心节点并用于策略学习，而分布式学习是由每个个体获取有限范围内的数据并用于其策略学习。

3. 机器学习及应用

1) 监督学习

监督学习使用的每个样本由输入和输出两部分组成。例如，在使用无人机拍摄图像识别地面车辆的任务中，输入是图像的向量化数据(原始像素点的值或人工提取的特征值)，输出是图像的标签("飞机"或者"坦克"等)。监督学习使用的样本通常被划分为训练集和测试集。监督学习的任务目标是通过训练和测试，在统计学意义上尽可能准确地分类样本或预测数据。监督学习过程如图 3-63 所示，其中的训练样本是飞机、坦克、舰船的模型，测试样本是使用伪装网局部遮挡后得到的图片。

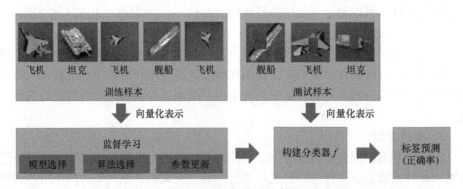

图 3-63　监督学习示意图

典型的监督学习算法主要包括人工神经网络、支持向量机、决策树、随机森林、K 近邻分类器、贝叶斯分类器、线性回归、逻辑回归等[90]。其中，统计学习(statistical learning)和集成学习(ensemble learning)等方法得到了广泛的运用。

监督学习样本的标签通常是通过人工标注的方式获取的，因此需要较高的人力成本，且样本质量受特征提取方式以及人工标注准确性的影响。将监督学习方法应用于自主无人系统对特定目标的识别任务时，可能存在由样本质量问题带来的风险。例如，识别敌方作战人员的算法可能将肤色、服饰、姿势等作为样本特征，而具备相似特征的平民极有可能被错误识别为作战人员。

2) 无监督学习

无监督学习使用的每个样本通常表示为向量化的数据，没有人工标注的标签。

无监督学习的任务目标是发现数据的相似性，将其进行聚类分析，可应用于自动目标分类、数据异常检测等问题，如图 3-64 所示。

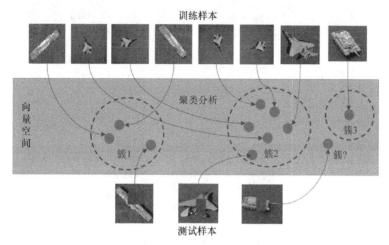

图 3-64 无监督学习示意图

典型的无监督学习方法主要包括 K 均值聚类、分层聚类分析、主成分分析、局部线性嵌入等[90]。例如，给出飞机、坦克、舰船等不同装备的图像，可以使用无监督学习算法将其分为不同的簇(cluster)。然后，可以考虑对每个簇赋予特定的标签，从而实现对新图像所属簇的预测。

相对于监督学习，无监督学习的样本缺少精细的人工预处理，因而训练数据的质量可能更低。此外，无监督学习算法得出的聚类结果缺乏直观性和可理解性。

3) 半监督学习

相对于有标签的样本，无标签的样本更容易获取。半监督学习通常使用少量有标签的样本和大量无标签的样本，因而比监督学习更节省人力和训练成本，如图 3-65 所示。

使用半监督学习方法需要满足平滑性假设和聚类假设，从而能够从有限的有标签样本集推广到无限的无标签样本集。其中，平滑性假设是指如果两个样本的输入相似，那么它们相应的输出也应当相似；聚类假设是指如果同一个输入簇对应于同一个输出类，那么该簇中的样本属于同一类。换而言之，若对一个未标记的样本施加小的扰动，则对其类型的预测不应发生显著变化。

半监督学习通常使用一致性正则化方法、代理标签方法、Holistic 方法、混合方法等[90]。由于有标签的数据较少，半监督学习模型的训练容易出现"过拟合"(over-fitting)现象。其中，一致性正则化方法通过对无标签数据施加扰动来改善决策边界，缓解了过拟合现象。代理标签法通过为无标签数据制作伪标签而改善决策边界。

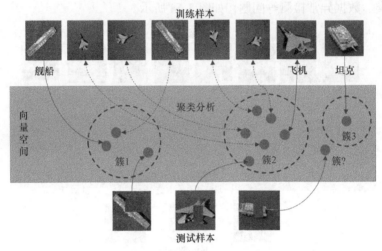

图 3-65　半监督学习示意图

4) 强化学习

强化学习[22]通常基于马尔可夫决策过程框架，通过不断试错的方式(trial-and-error)来解决强化学习问题。对于决策与控制问题，强化学习的目标是寻找最优的多步行动选择策略，使得智能体在给定状态下能够获取最大的期望回报。强化学习方法总体可以分为有模型的(model-based)强化学习和无模型的(model-free)强化学习两种。有模型的强化学习方法需要获取状态转移模型，因而可以用于规划和控制问题。然而，在动态不确定任务中，准确的状态转移模型通常较难获得，因此有模型强化学习方法的应用难度相对较大。对比之下，无模型的强化学习方法不需要获取状态转移模型，可广泛应用于行动决策问题。

强化学习问题的求解方法通常包括[22]动态规划(dynamic programming)、蒙特卡罗采样(Monte-Carlo sampling)、时序差分(temporal difference)、策略梯度(policy gradient)等，相应的强化学习算法层出不穷。2016 年，AlphaGo 采用有模型的深度强化学习和蒙特卡罗树搜索算法，先后战胜了围棋世界冠军李世石和柯洁。2017 年，AlphaGo Zero[88]通过自博弈学习的方式，无需任何人类经验知识，以100：0 的成绩完胜 AlphaGo。上述方法可以应用于无人机空战决策问题中。相对而言，无模型的强化学习算法应用更广。例如，深度 Q 网络学习算法可用于学习无人机避障行为[23]，深度确定性策略梯度(deep deterministic policy gradient, DDPG)算法可以用于无人机自主降落控制问题[35]，基于经验回放的连续Actor-Critic 算法(CACER)可用于固定翼无人机集群的领航-跟随控制问题[24]，如图 3-66 所示。

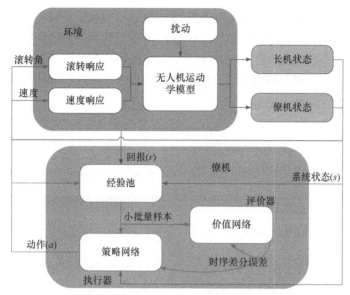

图 3-66　无人机集群领航-跟随强化学习控制流程[24]

　　然而,目前尚不存在能够解决所有强化学习问题的通用强化学习方法或算法。针对每个特定的强化学习问题,首先要构建相应的马尔可夫决策过程,其状态表示必须涵盖所有相关的特征且满足马尔可夫性质,其行动空间、状态转移函数、回报函数的设计也必须合理[91]。然后,需要根据经验选择合适的强化学习算法对马尔可夫决策过程进行求解。对于自主无人系统的决策与控制问题,强化学习算法存在试错回合多、收敛速度慢、过程难理解等缺点。

　　5) 深度学习

　　深度学习[87]是通过构建深度神经网络(deep neural network,DNN)模型来模拟生物的神经系统,从而实现对高维数据的抽象和解析。与传统监督学习方法相似,深度学习也使用有标签的样本,其优点是免去了“特征工程”(feature engineering),即不需要人工从原始数据中提取特征。

　　深度学习主要使用卷积神经网络(CNN)、循环神经网络、递归神经网络三种基本网络框架[92]。深度学习采用的技术主要包括反向传播、随机梯度下降、学习率衰减、随机删除、最大经验池、批量标准化、长短期记忆、注意力机制等。例如,基于显著性的 CNN 可用于无人机识别空中小目标问题[23](参见图 3-29)。

　　基于 CNN 和注意力机制,国防科技大学的 Yan 等[93]设计了 SE-MaxPooling网络结构,能将变长维度的输入映射为固定长度的向量(图 3-67),解决了无人机与不确定数量的相邻飞机避碰的多机联合状态表示问题。然而,随着深度神经网络层数和人工神经元数量的增加,深度学习所需的样本量随之陡增,需要大量的人力成本进行样本标注。面向深度神经网络训练的高质量、标准化图像数据集

(如 ImageNet、MNIST 等)能够在一定程度上减轻研究人员的样本标注压力，但对于特定深度学习任务(如无人机对地面隐蔽和遮挡目标的识别)，仍然需要重新构建相应的大样本数据集。此外，由于深度神经网络参数学习过程缺乏透明性和可控性，深度学习过程曾被戏谑为"炼金术"。目前，深度学习算法的可解释性问题及其研究已得到越来越多的关注[94]。

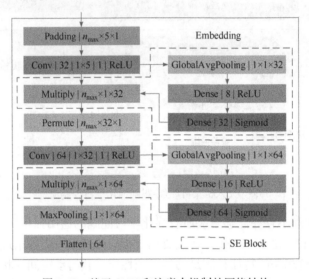

图 3-67　基于 CNN 和注意力机制的网络结构

6) 小样本学习

人类具有"举一反三、触类旁通"的快速学习能力。例如，儿童只需要观看少量的图片，便能够区分"马"和"斑马"的概念。小样本学习的初衷是模仿人类的这种学习和推理能力，无须像深度学习那样使用大量的样本和计算资源。

根据小样本学习问题的误差来源，小样本学习可以采用基于数据增强、基于模型、基于搜索策略三种方法[17]，如图 3-68 所示。其中，基于数据增强的方法是通过增加样本的数量(如对原始图像实施裁剪、旋转、对称、随机擦除等操作，或使用生成式对抗网络自动生成假样本)，使得训练样本中得到的最优参数更加接近于真值；基于模型的方法通过设计特定的学习模型，利用先验知识来缩小参数空间，从而减少参数优化所需要的样本量；基于搜索策略的方法是运用先验知识，获取更高效的参数搜索策略，从而加速参数学习过程。

此外，小样本学习可以使用概率语法模型，从语义合成、因果关系和自主学习等角度模仿人类的学习方式[95]。在此基础上，递归皮层网络(recursive cortical network, RCN)采用层次化、产生式的建模方式，具有很强的小样本学习能力和泛化能力，在手写字符识别、网络验证码识别等小样本图像识别任务中达到了惊人的水平[96]。

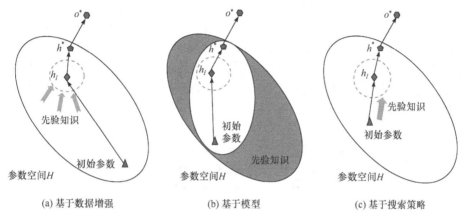

(a) 基于数据增强　　　　(b) 基于模型　　　　(c) 基于搜索策略

图 3-68　三种小样本学习方法[17]

　　针对无人机对地面车辆的小样本识别问题，国防科技大学的朱宇亭[16]使用 RCN 提取车辆部件轮廓的关键点(图 3-69)，实现了基于小量样本的同类车辆在不同无人机拍摄视角下的识别能力(图 3-15)。

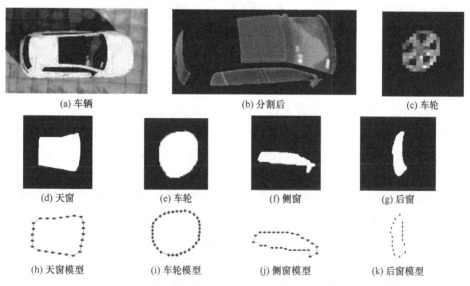

(a) 车辆　　　　　(b) 分割后　　　　　(c) 车轮

(d) 天窗　　　(e) 车轮　　　(f) 侧窗　　　(g) 后窗

(h) 天窗模型　　(i) 车轮模型　　(j) 侧窗模型　　(k) 后窗模型

图 3-69　基于 RCN 的车辆部件轮廓模型[16]

　　虽然小样本学习使用的样本数量较少，但单个样本通常具有丰富的、可挖掘的信息。例如，车辆图像中可以提取出角点、边缘、部件形状、整体轮廓等层次化的特征信息。因此，小样本学习方法是通过挖掘代表性的特征，实现从已知样本到新数据的关联和泛化。

7) 零样本学习

传统的监督学习方法是基于预先定义的标签对样本进行分类。例如，使用监督学习算法将图像样本分类为"轿车"、"卡车"等预先定义的类型。与此不同，零样本学习方法可以识别未预先定义的类型，如"警车"。"零样本"并非不需要样本，而是从样本中提取高级语义属性(attribute)，使得训练出来的模型具有可泛化性。"警车"的高级语义属性包括车的形状、警灯外观、特定标识等，如图 3-70 所示。

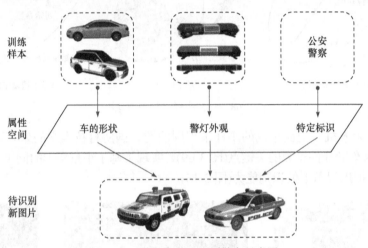

图 3-70　零样本学习识别警车示意图

8) 主动学习

一般而言，可以随机地从备选数据集合中抽取样本(简称"抽样")用于数据处理或算法训练。然而，随机抽样的效率较低，如可能会抽取大量同质化的样本，对学习效果的提升贡献较小。主动学习的核心思想是：在不确定性较高的空间中尽量多采样，从而能够尽快降低问题求解的不确定性[97]。不确定性可以使用"熵"(entropy)的概念来衡量，即熵越大表示不确定性越大。此外，还可以使用预测误差来衡量不确定性，即误差越大，不确定性越大。

对于自主无人系统的感知、决策和控制问题，可以考虑使用主动学习方法收集更高质量的训练样本。具体而言，自主无人系统通过平台运动控制来调整自身的位姿，从而改变传感器的位姿，并且获取差异较大的样本。例如，Wang 等在内驱动强化学习(intrinsically motivated reinforcement learning)[98]框架下将预测误差作为回报函数，使得机器人倾向于自主探索预测误差较大的区域，从而加速了学习如何推盖和拉杆的效率[99]，如图 3-71 所示。这类方法受启发于生物体如何在未知环境中通过主动探索的方式来获取新知识与技能[100]。

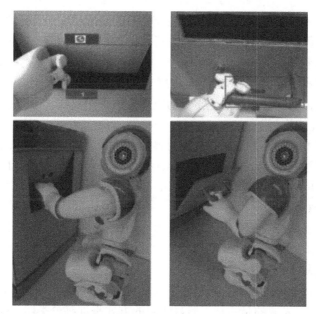

图 3-71　仿人机器人主动学习如何推盖和拉杆[99]

9) 开放环境学习

针对特定的学习任务(如目标识别、飞行控制等),人类通常预先指定了所用的方法、模型、算法和数据来源,从而基本把控了机器学习的过程和结果。然而,为了提升无人系统自主完成更多种任务的能力,减少人工监督的成本,研究人员考虑允许自主无人系统在不受限的开放环境中获取数据,通过语义理解、知识挖掘、逻辑推理等方式获取新知识和新技能。例如,服务型自主机器人能够通过阅读说明书、与人类对话、观察人类行为等方式,学会如何使用微波炉等家用电器[①]。

然而,需要警惕开放环境中数据的可控性、可靠性和安全性等问题。如果自主无人系统获取了误导性的训练数据,可能会造成灾难性的后果。

10) 离线/在线学习

离线学习(offline learning)通常采取批量处理大量样本的方式,训练所得的模型不会持续更新,其原因在于复杂模型的训练过程需要耗费大量的时间和计算资源。例如,Bert、Transformer、ChatGPT 等基于深度神经网络的大模型通常需要在高性能计算平台上训练数小时甚至数天的时间,花费数百万甚至上千万元。

与此不同,在线学习(online learning)通常可以处理少量的、新获取的样本,

---

① 中国科学技术大学研发的"可佳"机器人:http://ai.ustc.edu.cn。

并且允许训练所得的模型持续更新。在线学习的模型相对而言需要更轻量化，确保新增的样本仍然能够有助于模型的更新。例如，强化学习通过智能体与环境交互的试错过程来收集训练样本，具备在线学习的特性。虽然基本的 Q 学习可以使用在线学习模式持续更新 Q 表，但是深度 Q 网络学习通常采用离线学习的方式进行训练。目前，大部分深度强化学习的应用都是采用离线学习模式[23,24]，也称为"离线训练、在线执行"。

为了能够不断提升自主无人系统的感知、认知、决策、控制等能力，学者陆续提出了发育学习(developmental learning)、增量学习(incremental learning)、持续学习(continual learning)、终身学习(life-long learning)、无尽学习(open-ended learning)等新兴概念。这些学习方法都支持训练样本的持续采集以及模型的持续更新，很可能支持开放环境中的自主学习。因此，将这些方法应用于自主无人系统存在一定风险，需要考虑数据的可控性和模型的可解释性等问题。

11) 生成式对抗学习

生成式对抗学习的典型代表是生成式对抗网络(generative adversarial network, GAN)[101]。GAN 采取的是一种半监督学习的方式来训练分类器。GAN 的"生成器"负责从随机噪声或者潜在变量中生成逼真的样本("造假")，"鉴别器"负责鉴别真实样本和生成样本("辨真")。两者同时训练，直到达到"纳什均衡"，即生成器能够完全模拟真实样本的分布，且鉴别器无法区分生成样本和真实样本。GAN 的基本结构如图 3-72 所示。

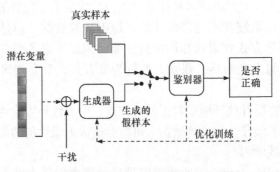

图 3-72　GAN 的基本结构

GAN 的参数更新不是直接来自于真实样本，而是使用来自鉴别器的反向传播。理论上，由于能够与深度神经网络结合，可微分函数都可以用于构建生成器和鉴别器。此外，GAN 模型只用到了反向传播，而不需要马尔可夫链，训练时也不需要对隐变量做推断。

然而，GAN 的可解释性差，生成模型的分布没有显式的表达。此外，生成器和鉴别器需要同步，训练缺乏稳定性，比较难训练。

12) 模仿学习

模仿学习方法中最基本的一种是行为克隆(behaviour cloning)，是从示教者提供的范例中抽取状态-动作样本对序列 $\{(s_1, a_1), (s_2, a_2), \cdots, (s_n, a_n)\}$，然后将状态当作输入，将动作当作标签，使用监督学习方法构建从状态空间到动作空间的映射 π，即完全模仿示教者所学得的策略。一般而言，该策略不是最优的，可以在后续学习的过程中进一步优化。按照这个思路，逆强化学习首先克隆示教者的行为，然后推理出回报函数的形态，最后通过正向强化学习优化策略。

模仿学习用于机械臂时，可以采用"手把手"的示教学习(learning from demonstration)，以固定频率(如 10Hz)在离散时刻对机械臂的关节值(状态)及其改变量(动作)进行采样，然后使用神经网络模型构建机械臂的运动策略[102]，并使用逆强化学习方法优化策略，如图 3-73(a)所示。在树林导航任务中，示教者头部佩戴 3 个不同朝向的相机，在树林中沿道路行走并采集图像数据，用于无人机模仿学习导航策略[103]，如图 3-73(b)所示。

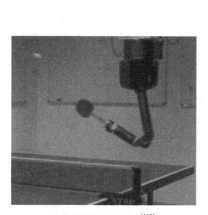
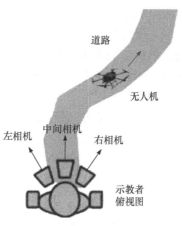

(a) 机械臂学打乒乓球[102]　　　(b) 无人机在树林中学习导航[103]

图 3-73　模仿学习任务示例

然而，模仿学习通常假设示教者的示范是正确无误的，如果存在误导性示范将会影响模仿学习效果。因此，需要研究如何使智能体能够自主判断示教样本的可信度。

13) 迁移学习

迁移学习是指学习算法在源任务中使用其数据学习得到可迁移的模型、参数、策略、知识等，再将其用于改善目标任务的学习效果，如图 3-74 所示。

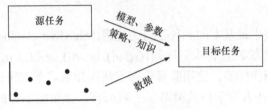

图 3-74　迁移学习示意图

　　迁移学习是单向的，分为两个阶段：源任务学习和目标任务学习。其中，源任务可用的数据一般较多，而目标任务可用的数据可能较少。迁移学习的效果取决于目标任务与源任务的相关性[104]，若两者不相关则会造成负面迁移。对于相似类型的任务，通常可以使用迁移学习方法。例如，在多智能体对抗强化学习任务中，可以将"2 对 3"任务中学到的模型迁到"3 对 4"的任务中[105]。

　　多任务学习(multi-task learning)是一个与迁移学习相关的概念，区别在于多任务学习旨在同时改善所有任务的学习效果，因而其迁移是双向、不分阶段的。

14) 课程学习

　　课程学习受启发于人类学习知识的方式，主张学习应开始于较容易处理的样本和任务，然后逐渐进阶到更难的内容。课程学习的核心问题是得到一个排序函数，由难度测量器对每个样本和任务给出其优先级。此外，训练调度器决定何时选择较难样本和任务[106]。

　　针对无人机集群避碰飞行问题，国防科技大学的 Yan 等[107]设计了由小规模群体、简单任务向大规模、复杂任务逐渐演变的课程学习方案，有效提升了无人机集群飞行策略的深度强化学习效率，如图 3-75 所示。

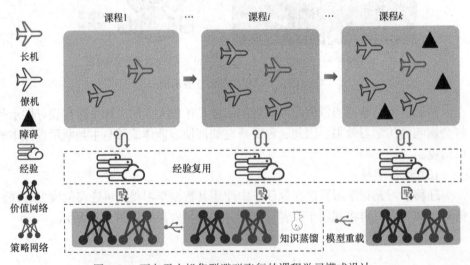

图 3-75　面向无人机集群避碰飞行的课程学习模式设计

15) 元学习

元学习的含义是"学会学习"(learn to learn)。传统监督学习方法是只从一个训练任务和一个训练样本集中学习一个从输入到输出的映射 f (图 3-63)，然后用于测试样本集(测试任务相同)。与此不同，元学习是基于多个训练任务及其对应的多个样本集，获取一个更上层的映射 F，用于对新测试任务和样本集输出一个传统监督学习的映射 f。换而言之，元学习的训练任务和测试任务往往是不同的类型，元学习学到的是面向未知任务的能力，如图 3-76 所示。

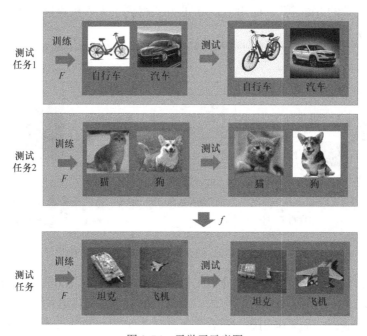

图 3-76　元学习示意图

元学习与小样本学习、迁移学习等方法有密切的关系，可以考虑结合使用。为了解决小样本学习问题，可以考虑将元学习方法应用于监督学习，即将训练样本数据集分解为不同类型的子集,旨在学习任务类别变化情况下模型的泛化能力。针对无人机小样本识别问题中目标特征提取困难的问题，国防科技大学李宏男[17]提出了一种基于元学习和迁移学习的小样本识别方法，选择残差网络作为特征提取网络，将较多样本条件下(公开的 miniImageNet 数据集)预训练学到的特征提取参数迁移到小样本识别任务中(自己拍摄的坦克、飞机等模型)，仅需大样本深度学习方法所需样本量的 1/50 即可达到与之相当的识别准确率。

16) 集中式/分布式学习

针对无人机集群、无人机-无人车空地协同系统、有人机-无人机协同系统等多智能体系统，多智能体深度强化学习(multi-agent deep reinforcement learning,

MADRL)框架逐渐成为解决其决策与控制问题的主要方法之一[108]。本节在此框架下讨论多智能体的机器学习问题。

目前，主流的 MADRL 是采用集中式学习分布式执行(centralized training and decentralized execution, CTDE)的方式。学习过程由一个中央控制器不仅负责收集所有智能体的训练数据(包括状态、动作及奖励等)，而且负责训练一个可由所有智能体共享的策略网络。执行过程无需中央控制器，而是由每个智能体使用学到的策略网络做决策，即根据感知到的状态，由策略网络输出最优的行动。例如，国防科技大学的 Yan 等[109]使用 CTDE 的方式得到了无人机集群机间避碰飞行策略，如图 3-77 所示。

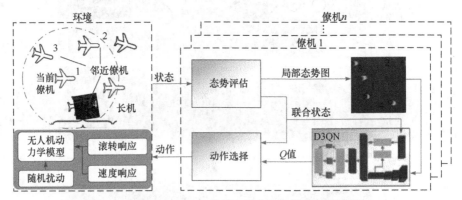

图 3-77　基于 MADRL 的无人机集群机间避碰策略学习

此外，MADRL 还可以采用分布式学习分布式执行(decentralized training and decentralized execution, DTDE)的方式。与 CTDE 相比，DTDE 的学习过程无需依赖于中央控制器，而是采用更加符合多智能体系统特性的分布式学习方式，因此也具有更好的稳健性。然而，DTDE 是由多智能体之间通过自组织的方式进行局部交互的，其通信效果受限于规模、距离、带宽、干扰等因素。中国科学技术大学的 Ma 等[110]在 MADRL 框架下提出了封建学习(feudal learning)方法，采用图神经网络(graph neural network, GNN)实现了多智能体网络的自动动态分割，并使用蒙特卡罗树搜索(Monte Carlo tree search, MCTS)实现了该分割的优化。

4. 进化计算及应用

进化计算(evolutionary computation)是通过模拟生命进化机制进行问题求解的系列技术的总称[111]，主要的算法包括遗传算法、群体智能算法、模拟退火算法、免疫算法等。

1) 遗传算法

遗传算法(genetic algorithm, GA)[112]是一类基于自然选择和基因遗传学的全局性概率搜索算法。自然遗传进化与人工遗传算法的概念对照如图 3-78 所示。

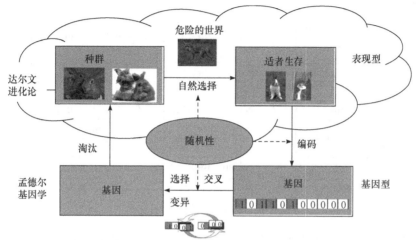

图 3-78　自然遗传进化与人工遗传算法概念对照示意图

与基于神经网络的优化方法相比，GA 只需知道目标函数，无连续性和可微性要求。此外，GA 采用的是多点并行寻优，即寻优过程始终保持整个种群的进化。

遗传算法的首要步骤是"编码"，即将原问题搜索空间映射到 GA 搜索空间。GA 编码通常采用从十进制到二进制的转换。例如，求解某一元函数 $f(x)$ 在实数区间[-1, 2]上的最大值问题，要求结果精确到 6 位小数。不失一般性，假设不采取求导数方式，即在原问题搜索空间中不使用梯度下降搜索。原空间中的点 0.637197(表现型)对应于 GA 搜索空间中的二进制字符串 10001011101101010001111 (基因型)。

形如这样的一些字符串构成了 GA 搜索空间中的种群[P]，其中包含了最优解 x^* 对应的字符串。GA 的求解方式是使用选择(selection)、交叉(crossover)和变异 (mutation)等遗传算子，采用"优胜劣汰"的思想在种群[P]中复制、新增、删除字符串个体。在每轮迭代进化环节，将选中的字符串"解码"回原问题搜索空间，判断是否找到了最优解 x^*。一般而言，GA 搜索空间稍大于原问题搜索空间，因此字符串"解码"后可能不是原问题搜索空间中的可行解，需要进一步验证。例如，在上述一元函数的例子中，111111111111111111111 对应的十进制数值超出了自变量 x 的定义域[-1, 2]。

GA 的理论基础是模式定理(schema theorem)[112]：适应度高于群体平均适应度的、长度较短的、低阶的模式将在 GA 的迭代过程中按指数规律增长。建筑块假说(building blocks hypothesis)[112]揭示了 GA 高效搜索的机制：将不同的"建筑块"

通过遗传算子(如交叉算子)的作用结合在一起，形成适应度更高的新模式，如图 3-79 所示。

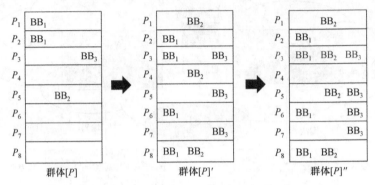

图 3-79　建筑块及其混合示意图

GA 可以广泛应用于各类优化问题的求解，如路径规划、策略搜索、控制参数优化等。类似地，群体智能算法(粒子群优化算法、蚁群算法、蜂群算法等)、模拟退火算法、免疫算法等也能应用于各种优化问题(如经典的旅行商问题)，具体选择哪种算法取决于问题的特性。

2) 学习类分规则系统

学习类分规则系统[①](learning classifier system, LCS)是一类与 GA 密切相关的可进化认知计算系统[113]。LCS 中应用最广泛的是扩展学习类分规则系统(extended classifier system, XCS)[114]。与 GA 相似，XCS 的类分规则集[P]可以不断演化，构成了行动决策的解集。其中，每个规则[$c : a, p, F$]包含四个基础部分：①条件 c(condition)通常是由{0, 1, #}组成的字符串，其中通配符 # 可以表示 0 或 1，该机制提供了一定的状态表示泛化能力；②行动 a(action)是预先定义的离散动作，如向上、下、左、右方向移动；③预测 p(prediction)是指在条件 c 下执行 a 后预测的回报值；④适应度 F(fitness)由预测值 p 与实际回报值之间的误差计算得到，取值于[0,1]区间。规则集[P]的表示如图 3-80 所示。

XCS 可以看成 Q 学习算法(强化学习)与 GA 相结合的行动决策规则系统，兼具两者的特点。一方面，XCS 与外界环境的交互类似于强化学习，包括感知数据获取、行动执行、奖励获取等环节。但是，预测误差越小的规则其适应度越高，即 XCS 鼓励演化预测准确的规则，而非预测值大的规则，这是 XCS 与 Q 学习的不同之处。另一方面，规则集[P]的演化是将 GA 作用于[P]的子集[A]，即此前鼓励选择行动 a 的那些规则。XCS 具有一种包容(subsumption)机制，即更泛化的规

_____

① classifier 称为"类分规则"，是为了区分于监督学习中"分类器"的概念，且 LCS 中的 classifiers 是用于行动选择的规则集。

$$
[P]
\begin{cases}
\begin{array}{ccccc}
c & : & a & p & F \\
010 \cdots 1\# & : & 1 & 1.2 & 0.97 \\
\#1\# \cdots 1\# & : & 2 & 0.1 & 0.02 \\
010 \cdots \#0 & : & 3 & 1.7 & 0.91 \\
\#1\# \cdots 11 & : & 1 & 0.3 & 0.16 \\
& \cdots
\end{array}
\end{cases}
$$

图 3-80　XCS 类分规则集 $[P]$ 的表示

则将有更大的存活概率。因此，XCS 鼓励演化泛化能力更强的规则，这使得 XCS 的解集 $[P]$ 比 Q 学习所需的 Q 表存储更节省资源。综上所述，XCS 可以演化出预测准确、有泛化性、高度压缩的规则集。此外，XCS 的规则具有较好的可解释性，这是大部分基于神经网络方法所不具备的特点。

　　XCS 可应用于自主无人系统的物体跟踪或物体规避策略学习。例如，假设当前任务是规避视野中的物体。首先，可将前视摄像头的视野划分为九宫格[115]，每个格子可编码为 1 或 0(按照有无物体)，如图 3-81 所示。任务目标等价于状态编码中尽可能不出现 1，因而可以设计相应的回报函数。

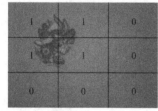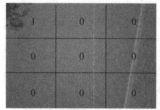

(a) 状态编码110110000　　　　　　　　　(b) 状态编码100000000

图 3-81　视野的九宫格划分及状态编码示例

　　假设自主无人系统的动作是向上、下、左、右、前、后移动。规则[1#01#0###　：向右　900　0.95]的含义是：如果左上方视野中存在物体，并且选择向右移动，则预测的回报值是 900，该规则的适应度是 0.95。这表明 XCS 规则具有直观的泛化性、可解释性和可迁移性。

　　此外，XCS 还可以用于解决对手也具有学习能力的复杂马尔可夫博弈问题，如空战决策[116]，如图 3-82 所示。国防科技大学的 Chen 等[117]将 XCS 的预测值拓展为向量表示，融入了对手模型及对其行动选择的预测，并使用资格迹(eligibility trace)的更新机制和启发式知识加速了 XCS 的学习过程[118]。与主流深度强化学习算法相比，基于 XCS 的方法获胜的数量更多，且学习结果具有更好的可解释性。XCS 的缺点在于 GA 演化所需的时间较长，演化过程难以控制，且 GA 涉及的种群规模、个体选择概率、交叉概率、变异概率、预测误差学习率、适应度学习率等超参数较多，需要针对特定的问题凭借经验调整。此外，采用的字符串状态表示方式难以解决高维连续空间中的学习问题。

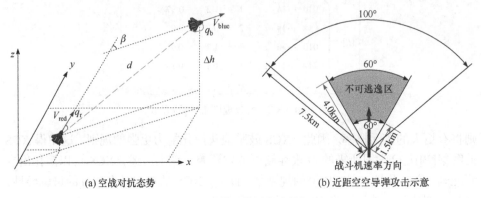

(a) 空战对抗态势　　　　　　　(b) 近距空空导弹攻击示意

图 3-82　近距空战对抗决策问题

3) 遗传模糊树

以遗传模糊树(genetic fuzzy tree, GFT)[70]为代表的进化计算方法已用于机群空战决策问题，在 2016 年的模拟对抗中完胜资深的人类飞行员，如图 3-83 所示。

图 3-83　美国人工智能飞行员 Alpha 战胜资深人类飞行员

空战规则的例子是"若敌机距离近且危险程度高，则我机躲避"、"若敌机距离中等且危险程度低，则我机锁定敌机"、"若导弹命中概率较高，则我机发射导弹"等。然而，空战规则繁多，空战态势瞬息万变，人类飞行员通常凭借经验和直觉来判断什么条件下执行什么规则。相比之下，机器可以通过更加快速和精准的计算得到更优化的策略。

GFT 是一个采用具有不同连接级别的模糊推理系统，将复杂空战决策问题分解成多个更简单的子问题，降低了决策的风险和复杂度。每个子问题的求解都使用一个模糊推理子系统，采用遗传算法和机器学习方法进行训练。空战规则的输入是多种决策因素的组合(距离、危险程度、命中概率等)，每个因素使用模糊隶属函数表示具体的状态，如"远、中、近"、"安全、危险"、"高、中、低"等；空战规则的输出是预定义的动作，如保持航向、蛇形机动、发射武器等。这些规则可以编码为字符串的形式，如图 3-84 所示。

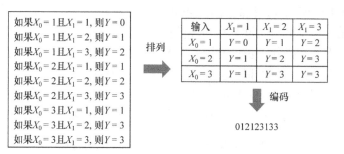

图 3-84　决策规则编码示例

然后，基于胜率、生存概率、武器消耗等因素来计算字符串的综合适应度，并通过大量的模拟对抗训练和遗传算子操作(选择、交叉、变异等)，进化出适应度最高的字符串，解码后得到优化的空战规则集。GFT 存在的主要问题与 GA 相似，即进化过程较慢、难以掌控且缺乏可解释性。

综上所述，虽然进化算法存在靠经验调整的超参数，且算法收敛性难以在数学上严格证明，但仍然能够有效解决很多复杂函数的优化问题。

3.2　自主无人系统的自主性评估

自主无人系统的自主性评估是指针对选取的评估指标，采用定性、定量的方法划分自主等级。现有文献中对于"自主性"(autonomy)和"自主等级"(level of autonomy, LOA)的定义和探讨主要是从无人平台的操作和控制视角出发，考虑人机交互方式、人机功能分配、人机控制权限等问题。然而，随着无人系统自主控制和学习能力的持续提升，自主无人系统与操控人员、有人系统的协作模式逐渐从"主从协同"向"对等协同"发展，需要将自主无人系统看成一个"能观察、会思考、善决策、可协同，并且具有自学习、自进化"的高级智能体。本书基于人机协同认知模型(参见 3.1.5 节图 3-42)，主要从感知与认知(参见 3.1.2 节和 3.1.5 节)、决策与规划(参见 3.1.3 节和 3.1.5 节)、行动与控制(参见 3.1.4 节和 3.1.5 节)等三个能力维度考虑，每个维度采用"协同性"和"学习性"两个评估指标，即 OPD 准则满足度(可观察性、可预测性、可干预性，参见 3.1.5 节的"人机智能协同")和自主学习能力(参见 3.1.6 节)。

3.2.1　自主性评估的主要方法

中国科学院沈阳自动化研究所的王越超等[119]指出，研究无人系统的自主性评估对于无人系统研究政策制定者、无人系统的研制和设计者以及无人系统用户都有非常重要的意义。无人系统自主性量化评估方法可以避免在无人系统自主性提法上和性能描述上的模糊性,提高科学性和可操作性,利于工程实现和性能逐步提高。

　　自主无人系统的自主性是指其凭借自身平台的感知与认知、决策与规划、行动与控制技术,在操作人员的有限监督与干预条件下完成指定任务的能力。自主无人系统的自主性评估可根据上述相关技术的水平以及需要人工参与的程度来综合考虑。目前,国内外自主无人系统自主性评估方法主要包括描述法、坐标轴法、查表法、公式法、图形法等,上述方法及其代表性案例如表 3-4 所示。

表 3-4　自主无人系统自主性评估方法汇总表

划分方法	代表性案例	分级数
描述法	Parasuraman 等的自主等级[120]	10
	NASA 飞行器自主等级[121]	6
	国防科技大学人机合作感知自主等级[52,77,122]	4
坐标轴法	美军自主控制等级(ACL)路线图[123]	10
	美国无人系统自主等级(ALFUS)框架[124]	10
查表法	Draper 实验室的三维智能空间图表[125]	4
	美国空军研究实验室自主等级表[126]	11
	国防科技大学 Cooperation-OODA 模型[127]	8
公式法	Curtin 等的水下机器人自主性和智能性计算[128]	—
图形法	中国科学院沈阳自动化研究所的自主性评价蛛网模型[119]	9

1. 描述法

　　最早关于人机协作等级的描述来自于美国麻省理工学院的 Parasuraman 等[120],他们提出的自主等级描述了操作人员与自动化机器之间的交互方式,包括完全由人操控、需要人同意、人默认同意、机器自动运行等 10 个等级。由于自主无人系统也属于一种自动化机器,LOA 的等级划分理论也具有一定的借鉴意义。然而,LOA 侧重于描述人机功能分配问题,尚未考虑自主无人系统与任务相关的 OODA 等方面的能力。因此,LOA 不宜直接用于评价无人系统的自主水平[51]。

　　针对高空长航程无人机,NASA 描述了从低到高的 6 个自主等级及其特征[121]:遥控(人在回路中,100%掌控时间)、简单自动控制(基于自动驾驶仪,80%掌控时间)、执行预编程任务(无人机综合管理、预设航路点飞行,50%掌控时间)、半自主(可自主起降,具有基本态势感知能力,具有常规决策能力和权限,链路中断后可继续原任务,20%掌控时间)、完全自主(具有广泛的自身及环境态势感知能力,具有全面决策能力和权限，能够自动任务重规划，<5%掌控时间)、协同操作(多无人机协同飞行)。需要人操作的时间与自主等级反相关。NASA 的分级标准较为简洁，初步提供了高空长航程无人机的自主等级划分依据。

针对人机合作感知型任务，国防科技大学的研究人员提出了更为简洁的 4 个自主等级描述：H(人控制)、HR(人监督)、RH(人辅助)、R(全自主)。吴雪松[122]假设机器具备一定的自动目标检测与识别能力，但仍在遮挡、运动、混淆等条件下存在不足，通过对比各自主等级下的目标识别正确率，表明 RH 在多目标检测与识别任务中效果较好。针对无人机毁伤评估任务，王治超[52]将无人机侦察图像变化检测与数值仿真方法相结合，从人机功能分配的视角描述自主等级。Zhao 等[77]考虑低人机比监督控制条件下(1 人控 4 机)的无人机目标侦察问题，自主等级可根据任务复杂度、环境复杂度、人的状态等因素自适应调整(图 3-55)。上述研究主要侧重于研究机器感知能力受限情况下的自主等级调整问题，尚未全面考虑其他方面的任务能力。

2. 坐标轴法

坐标轴法主要包括双坐标轴法和三坐标轴法。其中，双坐标轴法的典型代表是美国军方提出的 10 个自主控制等级(ACL)路线图[123](图 2-20)，三坐标轴法的典型代表是美国国家标准与技术研究院(NIST)智能系统部提出的无人系统 10 个自主等级(autonomy levels for unmanned system, ALFUS)框架[124]，如图 3-85 所示。

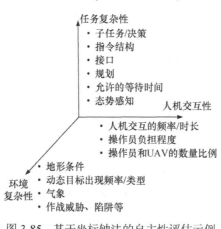

图 3-85　基于坐标轴法的自主性评估示例

ACL 双坐标轴法来源于美军发布的《无人系统综合路线图(2000—2025)》，横轴是时间节点，纵轴是自主能力目标，主要用于规划特定无人系统应在特定时间节点达到怎样的自主等级。ACL 倡导发展分布式自主无人机集群。与此不同，ALFUS 三坐标轴法是从任务复杂性、环境复杂性、人机交互性等三个方面进行自主性评估,总体自主等级由这三个方面的评估结果加权得到。与此前的方法相比,ALFUS 三坐标轴法考虑较为全面。但是,每个坐标轴上的因素应如何选择、量化和加权仍存在一定的不确定性。

3. 查表法

查表法通常是在表格中设置多种自主性评价因素,可以比较全面地描述自主无人系统的自主能力。美国 Draper 实验室的研究人员[125]提出了四个自主等级的三维智能空间图表,从运动控制、任务规划、情景感知等三个方面综合评价无人系统的自主性。针对感知、协调、决策、控制四个维度,美国空军研究实验室(AFRL)提出了具备 11 个等级的自主能力分级表[126],从低到高的等级描述如下:执行预先规划任务、可变任务、实时故障/事件的鲁棒响应、故障/事件自适应平台、实时多平台协调、实时多平台协同、战场战术认知、战场战略认知、战场集群认知、完全自主。在 OODA 模型的基础上,国防科技大学的 Wu 等[127]将 AFRL 的自主等级精简为 8 个,并增加了对协同和交互能力(人机交互、协同观测、协同分析、协同决策以及协同行动)的评估维度,提出了 Cooperation-OODA 模型,如图 3-86所示。

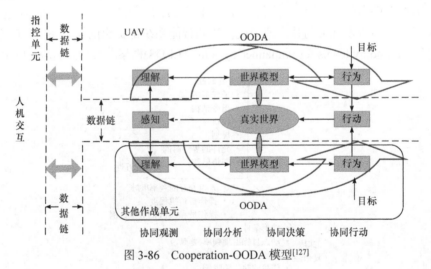

图 3-86　Cooperation-OODA 模型[127]

4. 公式法

公式法主要是针对特定的无人系统,通过构建经验公式来计算无人系统的自主能力。公式的结构设计和参数设置都对计算结果有较大影响。Curtin 等[128]使用控制量、总信息量、控制时间、总控制时间等因素计算了水下机器人的自主性。

5. 图形法

考虑到不同任务中无人系统自主等级的差异，中国科学院沈阳自动化研究所的王越超等[119]提出了一种无人系统自主等级蛛网评价模型[119]。蛛网评价模型从一个原点向外辐射几条轴，每条轴代表一个技术因素，且都有 9 个技术成熟程度等级。针对每个指定的无人系统，每个技术因素对应一个确定的级别，最后把每条轴上的对应点连接起来，形成的蛛网纬线可用于评价该无人系统的自主性，如图 3-87(a)所示。例如，可以从导航、感知、决策、协同和交互等技术因素评价某无人机系统的自主性，假设其导航的自主等级是 3，感知的自主等级是 2，决策的自主等级是 2，协同的自主等级是 3，交互的自主等级是 1，那么其蛛网评价模型如图 3-87(b)所示。蛛网模型具有较好的普适性和直观性，但缺乏对每个技术因素的详细解释，且难以判别各因素间的耦合和独立性。

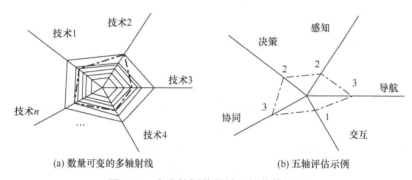

(a) 数量可变的多轴射线　　　　　　(b) 五轴评估示例

图 3-87　自主性评价的蛛网评价模型[119]

6. 评估方法小结

上述自主性评估方法源自于人与自动化机器协作中的功能分配问题，然后针对特定任务和特定类型的自主无人系统进行了个性化设计。随着自主无人系统的应用模式朝向无人机集群和人机协同方向发展，交互与协同也成为不可回避的评估因素。此外，此前的研究尚未考虑无人系统的自主性评估与无人系统的内部实现方式(体系结构、算法程序等)之间的关系，更加关注于评估自主无人系统完成任务的能力。然而，随着人工智能技术自 2016 年以来的飞速发展，机器学习技术对无人系统的感知与认知、决策与规划、行动与控制、交互与协同等能力都产生了深远的影响，因此也应当作为自主性评估的重要因素。

由于自主性评估涉及的要素越来越多，每种要素的内涵越来越复杂，因此难以构建通用的无人系统自主性评估方法。与此前的研究不同，本书兼顾无人系统的感知与认知、决策与规划、行动与控制能力评估以及机器学习技术对上述自主能力的影响，从传统人机功能分配视角转变为人机智能协同视角(参见

3.1.5 节), 重点运用表格法和公式法分别进行自主无人系统的自主性分析与量化评估。

3.2.2　基于人机协同的自主性评估指标

协同性和学习性是面向人机协同的自主性评估的两个重要指标。协同性主要体现在人机之间能否观察彼此内部状态的表示、能否预测彼此的意图和计划, 以及能否干预彼此的行动过程, 这三个方面可以用 OPD 满足度来评估; 学习性主要关注机器学习过程由人监督的程度, 如样本是否由人选择、样本标签是否由人提供、模型是否持续更新、知识是否可迁移等诸多方面, 可以进一步针对 OODA进行细化, 这些因素来源于机器学习方法的分类维度(参见 3.1.6 节)。

1. 协同性

协同性主要考察人机之间从"感知"到"行动"环节的 OPD 准则(可观察性、可预测性和可干预性)满足度(参见图 3-42)。

1) 可观察性

可观察性用来评估人机之间内部状态的共享程度和互理解程度, 即"对方看到的是什么"、"对方认为看到的是什么", 主要涉及感知与认知方面的问题。

一方面, 人通过读取机器本体的传感器数据, 使用可视化、机器学习等技术比较容易观察到机器的感知与认知信息。例如, 可以使用无人机遥控终端观看无人机摄像头拍摄的画面, 并标记机器检测、识别与跟踪的物体。此外, 机器的感知与认知方式是由人预先定义和设计的, 具有较好的可理解性和可操作性。运用当前较成熟的数字图像处理、视觉增强显示、虚实融合显示等技术(参见图 3-41), 可以有效提升人对机器内部状态的理解。

另一方面, 除了传统的键盘、鼠标、触摸屏等二维交互方式外, 机器要通过眼动、语音、手势、体感、手环、脑机接口等智能交互方式获取多模态人机交互数据(参见 3.1.5 节), 然后使用复杂的人工智能算法提取人的内部状态, 难度相对较大, 如从体感和手环数据中判断人的情绪, 从眼动数据中判断人的注视点、疲劳和繁忙程度等, 或者从脑机接口提取人的意识。当前, 人的感知与认知机理是脑科学、认知科学、生命科学等基础学科的研究热点, 相关方法和理论对于人工智能技术的发展有着深远的影响, 但仍有很多难点问题尚未解决。

2) 可预测性

可预测性用来评估人机之间意图和计划的互理解和互预测程度, 即"对方将要做什么"和"对方将要怎么做", 主要涉及决策与规划方面的问题。

机器决策与规划的方法多种多样(参见 3.1.3 节和 3.1.5 节), 因而机器决策与规划结果的表示形式也不尽相同。一方面, 决策结果可以使用贝叶斯网络(如空对地突防决策，参见图 3-22)、神经网络(如无人机集群飞行策略，参见图 3-67)、规则集(如空战决策，参见图 3-84)、表格(如 Q 学习方法)等形式描述。其中，贝叶斯网络、规则集、表格等形式较为直观，具有较好的可理解性和可预测性，而神经网络的形式难以理解和预测。另一方面，规划结果通常可以使用图表化的形式来表达，具有较好的可理解性和可预测性，如任务管理软件可以实时监控每架无人机的任务进度(图 3-9)、地面控制软件可以显示无人机规划的航线(参见图 3-31、图 3-41)，任务规划软件可以输出带时间窗约束的复杂任务分解和分配结果(参见图 3-56)。

相对而言，人的意图和计划较难被机器理解和预测。虽然人的意图和计划可以通过鼠标、键盘、触摸屏等传统二维交互方式直接以文本的形式输入机器中，但是未来的人机协同作业需要更加自然的智能人机交互方式。例如，语音交互是一种较为直接的意图传递和计划下达方式，语音识别技术可以将语音数据转化为文本形式，语义理解技术可以分析文本的含义，如实现基于语音交互的无人机自动路径规划功能(参见图 3-36)。然后，机器可以使用语音合成技术将文本转化为语音，与人开展自然语言对话，实现人机双向的意图表达与理解。与语音交互类似，眼动数据和脑电信号也能较准确地反映人的意图和计划，相关技术目前仍在持续发展。此外，可以从多智能体系统的角度考虑，采用人机统一的认知模型来表示意图和计划，并通过智能体之间的消息传递机制实现互理解和互预测。例如，在人机混合多智能体协作采集任务中，BDI 智能体通过共享意图和信念，可以有效提升团队协作效率(参见 3.1.5 节的第 4 部分)。

3) 可干预性

可干预性用来评估人机相互控制的程度，即"谁主导控制"，主要涉及行动与控制方面的问题。

一般而言，人机协同系统是由人主导控制，例如，已有超过三十个国家拥有有人操控的防御性自主武器，这些武器可用于人类难以做出快速反应的作战场景[129]。由人主导控制符合"有意义的人类控制"要求，能够降低由自主无人系统行动失控引发的安全风险。在自主武器系统的应用中，人类必须能够随时终止自主武器系统的杀伤行为，否则可能导致不必要的军事冲突升级。

但有的情况下可以允许机器主导控制权，并防止人干预。例如，假设固定翼无人机的自主降落程序可以安全稳定运行(参见 3.1.4 节第 4 部分)，如果人按照自己的观察和判断而施加误导性干预，反而可能会导致飞机坠毁。

2. 学习性

学习性主要考察自主无人系统在感知与认知、决策与规划、行动与控制等三个方面的自主学习能力。参照机器学习的分类表(参见表 3-3)，本书提出将样本监督程度(强监督、弱监督、自监督)、可持续性(离线学习、持续学习、终身学习)、可迁移性(不可迁移、手动迁移、自动迁移)作为无人系统自主学习能力的主要评价指标。

1) 样本监督程度

样本监督程度是指自主无人系统在学习过程中获取训练样本所需要的人工参与程度，主要涉及样本标签、样本获取方式等问题。样本监督程度的分级如下：

(1) 强监督。强监督下，所有的训练样本由人选择，且样本都有人工标注的标签，主要使用监督学习方法。

(2) 弱监督。弱监督下，训练样本主要由人选择，部分样本具有人工标注的标签，主要使用半监督学习、目标驱动强化学习方法。

(3) 自监督。自监督下，训练样本由机器自主选择，样本无需人工标注，主要使用主动学习、无监督学习、自驱动强化学习方法。

从自主性的角度来看，机器学习样本需要人监督的程度越低，意味着无人系统自主学习能力越强。需要特别指出的是，当前的强监督、弱监督、自监督学习方法各有千秋，并无孰优孰劣之分。此外，样本量不作为自主学习能力的评价指标。

2) 可持续性

可持续性是指自主无人系统在预先训练、任务执行、全生命周期内的可持续学习程度，主要涉及模型更新方式、样本获取方式等问题。可持续性的分级如下：

(1) 离线学习。离线学习下，模型和样本都由人选择，学习在任务执行前完成，学习完成后不再收集新样本或更新模型。

(2) 持续学习。持续学习下，模型和样本可以由人选择或机器自己选择，可以在特定环境和任务中持续收集新样本，已经学习的模型可以持续更新。

(3) 终身学习。终身学习下，模型和样本主要由机器自己选择，可以在开放环境中按需持续收集新样本，已经学习的模型可以持续更新。

无人系统学习的可持续性越好，意味着自主学习能力越强。当前的无人系统学习模式主要由人工选择模型和样本，并且以离线学习为主，如主流的深度学习方法需要预先训练深度神经网络模型，且模型越复杂越难以持续更新。此外，当前的学习方法主要考虑的是特定的学习环境。终身学习需要考虑复杂、动态、不确定、非合作环境下的自适应模型选择和样本获取问题，是实现机器全自主学习水平的必由之路。

3) 可迁移性

可迁移性是指自主无人系统在解决新任务时的知识可迁移程度，主要涉及迁移学习、课程学习、多任务学习等方法。可迁移性的分级如下：

(1) 不可迁移。不可迁移模式下，仅考虑单任务学习问题，样本、模型、参数、策略都不可以在新任务中重新使用。

(2) 手动迁移。手动迁移模式下，考虑存在多个任务的学习问题，可以由人手动选择迁移有用的样本、模型、参数、策略，并由人评估迁移效果。

(3) 自动迁移。自动迁移模式下，考虑存在多个任务的学习问题，由机器自主选择迁移哪些样本、模型、参数、策略，并由机器自主评估迁移效果。

无人系统自主学习的可迁移性越好，意味着自主学习能力越强。当前很多学习方法只考虑单任务学习，未来必须考虑从单任务到多任务、从简单任务到复杂任务的迁移学习和知识重用问题。

3.2.3　基于人机协同的自主等级评估表

基于所提出的自主性评估指标，本书提出了基于 OPD 准则和学习能力评价指标的人机协同(HR-OPDL)自主等级评估表，如表 3-5 所示。下面详细解释每个等级的内涵。

表 3-5　基于人机协同的 HR-OPDL 自主等级评估表

自主等级	人机协同等级	感知与认知		决策与规划		行动与控制	
		OPD准则	学习能力	OPD准则	学习能力	OPD准则	学习能力
零级 L0	人操控	人观察机	无	人预测机	无	人干预机	无
初级 L1	人委派	人观察机	强监督 离线学习 不可迁移	人预测机	强监督 离线学习 不可迁移	人干预机	强监督 离线学习 不可迁移
中级 L2	人监督	互观察	弱监督 离线学习 手动迁移	人预测机	弱监督 离线学习 手动迁移	人干预机	弱监督 离线学习 手动迁移
高级 L3	混合主动	互观察	弱监督 持续学习 手动迁移	互预测	弱监督 持续学习 手动迁移	人干预机	弱监督 持续学习 手动迁移
超级 L4	全自主	互观察	自监督 终身学习 自动迁移	互预测	自监督 终身学习 自动迁移	互干预	自监督 终身学习 自动迁移

1. 零级 L0——人操控

无人系统不具备自主性，感知与认知、决策与规划、行动与控制等各个环节都完全由人远程操控，不考虑 OPD 准则，且无人系统不具备学习能力。

2. 初级 L1——人委派

OPD 准则满足"人观察机、人预测机、人干预机",感知与认知、决策与规划、行动与控制能力的学习都是"强监督、离线学习、不可迁移",下面通过几个例子进行说明。

1) L1 的 OPD 准则满足度

例如,在地面站控制单架无人机执行对地侦察任务中,地面站操作人员可以通过空地数据链路获取无人机光电吊舱拍摄的侦察图像,并通过地面站软件界面观察无人机的航线以及任务时间线,从而预测无人机的航向以及即将执行的任务序列。此外,在无人机遇到突发恶劣天气威胁、地面雷达/导弹威胁等,操作人员可以干预无人机绕飞威胁区域。

2) L1 感知与认知学习能力

例如,在无人机对地面车辆目标的识别任务中[15],可以使用大量人工标注样本,采用深度神经网络模型并进行离线训练,所学的模型不可迁移至其他目标的识别任务中。

3) L1 决策与规划学习能力

例如,在无人机导航与避障任务中[23],可以使用基于 Q 学习的 DQN(深度 Q 网络)、DDQN(双重深度 Q 网络)等强化学习算法,在给定的仿真环境中进行大量的离线训练,训练样本由训练人员采集,且所学策略不能迁移至其他任务中。

4) L1 行动与控制学习能力

例如,在固定数量的无人机集群编队飞行控制策略学习任务中[24],可以使用深度强化学习框架和深度神经网络模型进行离线训练,所学模型不可迁移至其他规模的无人机集群飞行控制任务中。

综上所述,L1 适用于静态环境中的特定任务,需要消耗大量的人工成本,难以适应高动态环境中的复杂任务。

3. 中级 L2——人监督

OPD 准则满足"互观察、人预测机、人干预机",感知与认知、决策与规划、行动与控制能力的学习都是"弱监督、离线学习、手动迁移"。与 L1 相比,L2 在 OPD 准则满足度方面的提升主要体现在支持人机"互观察",即人与无人系统可相互观察彼此的内部状态;学习能力方面的提升体现在从"强监督"变为"弱监督",且从"不可迁移"变为"手动迁移",下面通过几个例子进行说明。

1) L2 的 OPD 准则满足度

例如,在有人机/无人机协同对地侦察任务中[52],有人机可以通过机间数据链获取无人机侦察的目标信息、航线、任务时间线，同时无人机也可以通过机间数据链获取有人机侦察的目标信息、航线、任务时间线，从而支撑有人机/无人机协同动态任务分配。此外，在无人机遇到突发恶劣天气威胁、地面雷达/导弹威胁等时，有人机飞行员可以干预无人机绕飞威胁区域。有人机可以预测无人机的计划和行为，但无人机不能预测有人机的计划和行为。有人机具有对无人机的飞行控制权限，但无人机不能干预有人机的飞行控制。

2) L2 感知与认知学习能力

例如，在无人机对地面车辆目标的图像识别任务中[17]，可以使用少量的人工标注样本和大量的未标注样本，采用半监督学习、小样本学习等方法进行离线训练，所学的模型和参数可手动迁移至相关的目标识别任务中。

3) L2 决策与规划学习能力

例如，在无人车集群导航与避障任务中[71]，可以使用 DDPG 强化学习算法，将仿真环境中预先训练好的 4 辆车导航避障策略迁移至 8 辆车的导航避障场景中，从而提升新环境中的策略学习速度。

4) L2 行动与控制学习能力

例如，在规模可变的无人机集群编队飞行控制策略学习任务中[109]，可以使用特殊的机制将可变数量的输入映射为固定长度的向量，可以使用深度强化学习框架和深度神经网络模型进行离线训练，所学的模型可迁移至任意规模的无人机集群编队飞行控制任务中。

综上所述，L2 适用于低动态环境中的特定任务，需要消耗一定的人工成本，能够应对简单的突发事件，仍难以适应高动态环境中的复杂任务。

4. 高级 L3——混合主动

OPD 准则满足"互观察、互预测、人干预机"，感知与认知、决策与规划、行动与控制能力的学习都是"弱监督、持续学习、手动迁移"。与 L2 相比，L3 在 OPD 准则满足度方面的提升主要体现在支持人机"互预测"，即人与无人系统可相互观察彼此的意图和计划；学习能力方面的提升体现在从"离线学习"变为"持续学习"，下面通过几个例子进行说明。

1) L3 的 OPD 准则满足度

例如，在多智能体协作采集任务中[51]，基于 BDI 模型的多智能体系统统一表示了人与虚拟机器人的内部模型，智能体之间可以分享彼此的意图、状态、行动计划，有效提升了团队任务的完成效率。

2) L3 感知与认知学习能力

例如，在无人机对地面车辆目标的图像识别任务中[16]，无人机可以基于少量不同视角拍摄的车辆图片，学习车辆不同部件的轮廓特征，并结合概率推理模型，用于持续提升车辆识别的正确率。

3) L3 决策与规划学习能力

例如，在基于交互式深度强化学习的无人车导航任务中，无人车的导航策略可以在人的引导下持续更新[130]。在人形机器人学习如何使用工具物品的任务中，可以基于自驱动强化学习方法自主学习探索策略[99]，并将所学知识迁移到新物品的使用中[131]。

4) L3 行动与控制学习能力

例如，在大规模无人机集群避碰飞行控制策略学习任务中[107]，可以使用课程学习方法将复杂的学习任务分解为一系列从小规模到大规模、从简单到复杂的持续性课程，从而提升学习效率。

综上所述，L3 能够适应高动态环境中的复杂任务，需要较少的人工成本，是当前技术发展的最高水平。

5. 超级 L4——全自主

OPD 准则满足"互观察、互预测、互干预"，感知与认知、决策与规划、行动与控制能力的学习都是"自监督、终身学习、自动迁移"。与 L3 相比，L4 在 OPD 准则满足度方面的提升主要体现在支持人机"互干预"，即人与无人系统可相互引导甚至控制对方的行动；学习能力方面的提升体现在从"弱监督、手动迁移"变为"自监督、自动迁移"，下面通过几个例子进行说明。

1) L4 的 OPD 准则满足度

例如，在有人机/无人机集群对地侦察打击任务中，有人机与无人机集群间可以共享彼此的内部状态，能够预测彼此的意图和计划。当无人机发现有人机处于危险状态时，可以先提醒有人机，若无效或情况紧急，则可以临时接管有人机的控制权限，协助其逃离危险区域。

2) L4 感知与认知学习能力

例如，发展型机器人[132]倡导模仿人类幼儿探索未知世界的方式，通过自主探索和自我确认，持续更新对环境和自身的认知。

3) L4 决策与规划学习能力

例如，在空战决策问题中[116]，智能体可以自学习和演化空战规则，能够判断对手策略是否变化，并且可以重用已有知识或按需继续学习新策略。

4) L4 行动与控制学习能力

例如，野外地面无人运输车可以在新的复杂地形环境中按需收集有价值的数据样本，持续提升其在导航、避障、跟随、运输等行为的自主控制水平，并且自适应调整已有策略。

综上所述，L4 能够适应高动态、强对抗、不确定环境，除了必要的交互外，无人系统几乎可以完全自主运行。

3.2.4　基于人机协同的自主性量化评估

基于协同性和学习性指标，HR-OPDL 自主等级评估表定性给出了自主等级的评估方法。针对感知与认知、决策与规划、行动与控制不同能力视角下的每个等级，3.2.3 节给出了详细的解释和示例。然而，如何综合评估自主无人系统的自主等级仍然存在困难。

例如，如果 X 自主无人系统的 OPD 准则满足度都属于 L2 级，感知与认知能力是 L2 级，决策与规划能力是 L3 级，行动与控制能力是 L2 级，那么应当如何评估 X 的自主等级？一种可行的方法是由最低等级决定综合等级，即 X 的综合等级可以确定为 L2。

本节设计了另一种基于加权求和的无人系统自主性综合评分 E 的计算方法：

$$E = \varepsilon_O E_O + \varepsilon_D E_D + \varepsilon_A E_A \tag{3-1}$$

其中，E_O、E_D、E_A 分别表示感知与认知、决策与规划、行动与控制方面的学习性能力指标，取[0,1]区间中的实数，如表 3-6 所示；ε_O、ε_D、ε_A 分别表示感知与认知、决策与规划、行动与控制的 OPD 满足度，也取[0,1]区间中的实数，如表 3-7 所示。

学习性和协同性能力指标 E_O、E_D、E_A、ε_O、ε_D、ε_A 的离散化参考值是将[0,1]区间按因素等级的数量平均得到。由于采用 5 个自主等级描述，学习能力量化表也选择相应的 5 级。OPD 准则主要考虑人机间的交互，因而分为 3 级。

表 3-6　三个核心自主性能力指标量化表

感知与认知		决策与规划		行动与控制	
E_O	学习能力	E_D	学习能力	E_A	学习能力
0	无	0	无	0	无
0.25	强监督 离线学习 不可迁移	0.25	强监督 离线学习 不可迁移	0.25	强监督 离线学习 不可迁移
0.5	弱监督 离线学习 手动迁移	0.5	弱监督 离线学习 手动迁移	0.5	弱监督 离线学习 手动迁移
0.75	弱监督 持续学习 手动迁移	0.75	弱监督 持续学习 手动迁移	0.75	弱监督 持续学习 手动迁移

续表

感知与认知		决策与规划		行动与控制	
E_O	学习能力	E_D	学习能力	E_A	学习能力
1	自监督 终身学习 自动迁移	1	自监督 终身学习 自动迁移	1	自监督 终身学习 自动迁移

表 3-7　OPD 准则满足度量化表

感知与认知		决策与规划		行动与控制	
ε_O	协同模式	ε_D	协同模式	ε_A	协同模式
0	无	0	无	0	无
0.5	人观察机	0.5	人预测机	0.5	人干预机
1	互观察	1	互预测	1	互干预

　　为了合理计算综合自主等级,应当参考 HR-OPDL 自主等级评估表(表 3-5)的定性分级标准。因此,将表 3-6 和表 3-7 的数值代入表 3-5 中进行计算,得到自主等级分级参考表,如表 3-8 所示。

表 3-8　自主等级分级参考表

等级	感知与认知		决策与规划		行动与控制		加权求和参考值
	ε_O	E_O	ε_D	E_D	ε_A	E_A	
L0	0	0	0	0	0	0	0
L1	0.5	0.25	0.5	0.25	0.5	0.25	0.375
L2	1	0.5	0.5	0.5	0.5	0.5	1
L3	1	0.75	1	0.75	0.5	0.75	1.5
L4	1	1	1	1	1	1	3

　　根据式(3-1)和每项能力指标查表对应的数值,计算得出 E 后按下列规则评判综合等级:

(1) 当 $E=0$ 时,综合自主等级为 L0。

(2) 当 $0<E\leqslant0.375$ 时,综合自主等级为 L1。

(3) 当 $0.375<E\leqslant1$ 时,综合自主等级为 L2。

(4) 当 $1<E\leqslant1.5$ 时,综合自主等级为 L3。

(5) 当 $1.5<E\leqslant3$ 时,综合自主等级为 L4。

针对本节提出的 X 自主无人系统的量化评估问题，计算得出 $E = 0.875$，因此属于 L2。该结果与本小节提出的"由最低等级决定综合等级"的结果一致。

需要特别指出的是，本书采用均匀长度的区间量化学习性和协同性能力指标，其主要原因在于较为简洁直观。非均匀的区间分割也是可行的，例如，可以将更高能力等级对应的数值增大，从而使得表 3-8 中更高自主等级的参考值更高，即使得能力等级参考值分布更为均匀。换而言之，不同的区间分割方式将会影响综合量化自主等级的参考值。然而，在给定的区间分割方式下，表 3-8 的能力等级参考值可以作为综合评估的参考阈值。由于自主性评估采用的是式(3-1)的加权求和方式进行计算，综合自主能力的量化值应当能够落在相应的等级区间中。类似地，能力因素等级数量也会影响综合量化自主等级的参考值，但最终得到的综合自主等级评估数值也仍应能够落在相应的等级区间中。综上所述，本书提出的方法具有一定的普适性，可以根据需要进行相应调整。

与文献中针对特定无人系统的 OODA 各环节能力或者人机功能分配方式的自主性评估方法不同(表 3-4)，本书提出的方法更侧重于评估无人系统的人机协同能力和自主学习能力，尤其是在人机协同关系和机器学习方式方面的划分更细致。例如，NASA 飞行器自主等级[121]、AFRL 自主等级[126]、国防科技大学 Cooperation-OODA 模型[127]等方法虽然提到了"协同操作"、"战场认知"、"完全自主"等概念，都需要有效的协同和机器学习技术作为支撑，然而上述文献并没有明确描述涉及的协同关系或者机器学习方式。以"忠诚僚机"为代表的现役无人系统仍以遥操作控制方式为主，其 OPD 准则满足程度仍以人观察机、人预测机、人干预机为主(不高于 L1)，且朝着互观察、互预测、互干预(L4)的方向发展，但是其学习能力主要以强监督、离线学习、不可迁移为主(不高于 L2)，因此其综合自主等级目前难以突破 L2。未来的无人系统如果具备持续学习和自动迁移学习能力，则可能达到本节提出的 L4。

综上所述，本节提出的无人系统自主性评估方法兼具查表法和公式法的优点，能够进行定性评估和定量评估。正如本节开篇指出，自主无人系统的运用仍需要人在回路的监督，因此必然涉及人机协同与交互问题，也意味着本节面向人机协同的方法能够广泛应用于各种自主无人系统的自主性评估。需要指出，虽然本节没有将"集群"单独纳入自主等级表的评价因素中，但是也能够从感知与认知、决策与规划、行动与控制的协同性与学习性方面对无人机集群系统的自主性进行评估。

3.3　自主无人系统应用的风险与挑战

自主无人系统携带致命性载荷，并且无需人类参与其 OODA 循环(参见 3.1.1

节)的全过程, 则会带来潜在的误杀和滥杀风险, 从而引发人们关于致命性自主武器系统(LAWS)的担忧。主要原因在于 LAWS 是一种高度智能化、自主化、集成化的复杂机器系统, 人们难以从技术层面完全理解 LAWS 如何理解环境和任务、LAWS 如何规划行动方案、LAWS 如何决策开火时机等问题, 并且人们不确定 LAWS 是否能够随时服从指令, 以及 LAWS 是否能够遵循人类的伦理和道德规范。因此, 人们普遍对 LAWS 持保守态度, 缺乏足够的信任感。此外, 由机器自身故障造成的意外事故很可能被媒体大肆报道, 加之科幻电影中对于类似"终结者"形象的夸张渲染, 这些因素都进一步引发了人们对 LAWS 的信任危机。本节首先介绍几个典型的案例, 然后主要从技术的视角探讨自主无人系统应用的风险与挑战。

3.3.1　典型案例及分析

1. 自动防御武器系统误判事故

2003 年, 美国部署在伊拉克的"爱国者"(Patriot)防空系统将美方的两架喷气式战斗机错误地识别为入侵的导弹, 随后将其击落。造成这次意外事故的原因主要有两个: 一是存在"无约束的自动化", 即武器系统中的自动化功能没有考虑操作人员对系统运行流程的有效监督和控制; 二是存在"自动化偏见", 即操作人员过度信任武器系统的自动化功能, 没有意识到需要监控并干预武器系统的行为[①]。

虽然上述事件涉及的自动武器系统尚不属于 LAWS 范畴, 但引发事故的原因仍然值得反思。

首先, 无论是自动武器系统还是自主武器系统, 都需要考虑有效的人工监督和控制问题, 即允许操作人员时刻掌握武器系统的运行状态, 并且能够随时终止其火力打击行为。从当前的技术发展水平来看, 理论上应当可以在通信正常的情况下做到对自主无人系统实时运行状态的可视化显示, 并且能够实现对自主无人系统的实时控制。但在真实环境中, 操控人员与自主无人系统之间的通信存在距离和带宽受限、信号延迟或衰减、信号受干扰等情况, 导致操作人员束手无策, 只能寄希望于自主无人系统尽可能具备高自主性和高可靠性。例如, 自主潜航器的远程控制存在着上述问题。

其次, 自主无人系统需要考虑人对系统的信任问题。一方面, 如果盲目迷信自主无人系统的高度智能化和高自主等级, 将会引发操作人员的懈怠情绪, 进而导致不能履行应有的监督和控制职责; 另一方面, 如果完全不信任自主无人系统

---

① J. Hawley, "Not by widgets alone," Armed Forces Journal, 1 February 2011, http://www.armedforcesjournal.com/not-by-widgets-alone。

的决策、计划和行动，将会大大降低自主无人系统的实际效用。如何发展可信任的自主无人系统仍然是当前面临的一个巨大挑战。3.3.3 节将进一步探讨机器自主决策的可信任问题。

2. 大规模杀伤性微型无人机集群设想

2017 年 11 月，美国伯克利大学的 Russell 等[133]在《特定常规武器公约》(CCW)框架下的政府专家组(Group of Governmental Expert，GGE)大会现场展示了一款比手掌小的微型无人机(具备人脸识别功能，可携带 3g 炸药)，并用其炸穿了假人的头部，如图 3-88 所示。

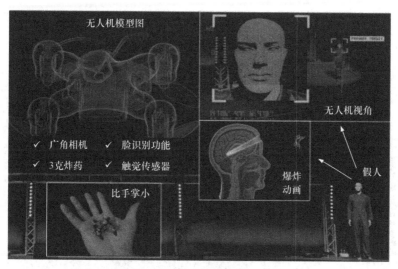

图 3-88　2017 年 CCW 会议现场的微型无人机展示

随后，现场播放了一段名为 "Slaughterbots"(屠杀机群)的短片，模拟了上述微型无人机集群在校园袭击学生的暴力血腥场景，设想了 LAWS 失控可能造成的危害。该短片以夸张的方式展示了无人机集群能够协同配合炸穿建筑物的玻璃、自主识别人脸并进行自杀式袭击、能够对每个活人进行无差别攻击。Russell 在GGE 会议报告中指出[133]，现有的飞行控制、集群编队、室内外建图、导航制导、人员检测跟踪、任务规划、协同攻击等技术足以用于制造全自主的微型旋翼杀手无人机集群。这种 "屠杀机群" 是一种大规模杀伤性武器，具备低成本、高效能、小型化、集群化、易量产、难追责等特点。Russell 推测，未来可能只需少数几人便可以指挥超大规模的 "屠杀机群"，例如，两三百万的 "屠杀机群" 只需装载于一辆集装箱卡车或一架运输机，并只需两三人便可以指挥控制。

截至目前，Russell 设想的 "屠杀机群" LAWS 尚未问世，一个重要原因在于操控大规模无人机集群仍然面临下列技术挑战：低人机比交互、监督控制、覆盖搜索、协同决策、机间通信、冲突消解等(参见 3.1.5 节)。在受控环境下，上述问题在一定程度上能够得到解决[42]。但是在未知新环境中，这些问题的难度都会随着无人机集群规模的增长而急剧增加。

2022 年 5 月，机器人领域的顶级期刊 *Science Robotics* 刊登了浙江大学控制科学与工程学院高飞团队的研究论文[55]，展示了 10 余架微型旋翼无人机集群在野外复杂树林环境中的自主感知避障和实时路径优化能力，如图 3-89 所示。这表明当前最先进的无人机技术能够用于打造高自主的无人机集群。但是，这样的无人机需要搭载先进的传感器和较强的机载处理器，目前还很难做到小型化、低成本、大规模。

图 3-89　浙江大学无人机集群研究成果

即便如此，Russell 关于"屠杀机群"LAWS 的设想绝非杞人忧天。随着人工智能和自主控制技术的快速发展，我们必须考虑如何限制将这些技术运用于无人系统 OODA 回路中的"目标选择"和"攻击"两个关键环节，从而避免"屠杀机群"LAWS 的出现。

3. 致命性自主无人机杀人事件

据媒体报道[1]，美军近 20 年来在阿富汗、伊拉克、叙利亚等国大量部署和使用察打一体无人机(如"捕食者"无人机，参见第 2 章)，发动无人机空袭超过 9 万次，因此丧生的平民人数可能高达 4.8 万人。然而，上述远程遥控无人机的目标确认和武器发射环节仍然需要由操作人员确认，即不具备全自主能力，因而尚不属于 LAWS 范畴。

根据 2021 年的联合国调研报告所述[134]，土耳其 STM 公司生产的"卡古-2"(Kargu-2)四旋翼无人机(图 3-90)于 2020 年在利比亚的国内武装冲突中以全自主的方式运行，导致了一名利比亚国民军成员的死亡。

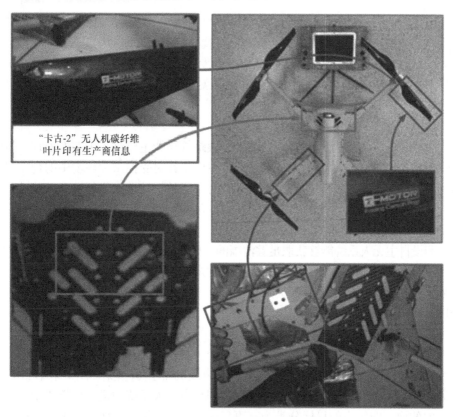

图 3-90　"卡古-2"自杀式无人机构造图[134]

据该报告描述[2]，"卡古-2"无人机是一种可自主发现和攻击目标的 LAWS，无

---

① 暴行! 近 20 年美军 9 万多次空袭 4.8 万名平民死亡：https://new.qq.com/rain/a/20211214A0BPFO00。

② "The lethal autonomous weapons systems were programmed to attack targets without requiring data connectivity between the operator and the munition: in effect, a true 'fire, forget and find' capability", Page17.

需操作人员和武器系统之间的通信连接。各国多个媒体引用了该报告，热议这可能是第一次 LAWS 致人死亡的事件。美国伯克利大学的 Russell 等[135]认为，该事件证实了 LAWS 已经存在，这类武器必须被禁止。

"卡古-2"无人机存在的主要问题是采用了"人在回路外"的操控方式，尤其是在"目标选择"和"攻击"环节没有人的参与，因此成为一种广受诟病的 LAWS。如果将该无人机的操控程序稍作修改，要求在"攻击"环节必须由人类操作员实时监督，并且最终确认("人在回路中")或者默认允许("人在回路上")，则能够避免成为被声讨的 LAWS。

3.3.2　相关技术的军事应用问题与挑战

上述案例容易让人们觉得 LAWS 仿佛已经达到了超级人工智能水平，LAWS 似乎已经具备了"自主意识"，能够自己寻找并且消灭目标。其实，反而是因为当前人工智能和无人系统技术尚处于不完善的发展阶段，即在自主无人系统的 OODA 各环节都存在尚未解决的技术挑战，导致相关技术的军事应用存在诸多风险。

1. 战场目标感知与态势估计问题

自主无人系统对目标的检测、识别、跟踪等功能主要是基于图像处理、机器视觉、机器学习等技术，相关技术的验证主要是针对受控试验环境中的合作目标开展，而复杂战场环境中的非合作目标具有一定的机动性、隐蔽性和欺骗性，自主无人系统需要通过自主侦察的方式获取尽可能清晰的目标图像，这仍然是一个有待解决的难题。

假设自主无人系统能够获取足够清晰的目标图像，然而从《国际人道法》[136]中的"区分原则、比例原则、预防原则"角度来看(参见 4.2 节)，军事目标的区分、作战人员的区分、战场附带损失的比例估计、平民伤亡和损失的预防等问题仍然难以解决[137]，其中存在的难点如下。

1) 军事目标的区分问题

一般而言，操作人员可以将军事目标/民用目标的基本特征(如位置、形状、尺寸等)进行分析和描述，通过预先编程或离线机器学习(参见 3.1.6 节第二部分)的方式得到一个目标图像分类器，并上传到自主无人系统的机载计算机中，然后将获取的侦察图像中的目标分类为军事目标或民用目标。然而，军事目标的定义难以预先给出，它是由特定的情境决定的：一方面，特定目标(如坦克、战斗机及军事基地等)在任何武装冲突中都符合军事目标的定义；另一方面，民用目标(如医院、学校、公寓楼等)如果在特定条件下符合军事目标的定义(如果对军事行动产生了有效贡献)，则也有可能成为军事目标。因此，需要对民用目标进行动态评估，确认它们在某些特定条件下是否属于军事目标。此外，当前机器学习算法的准确率难以达到 100%，因而自主无人系统的目标识别正确率难以达到 100%，并且在对抗不确定战场环境中，识别正确率还将显著下降。综上所述，自主无人系统仍然难以准确区分军事目标和民用目标。

2) 作战人员的区分问题

在典型的武装冲突中，由于作战人员通常身着特定制服，操作人员可以将制服的基本特征进行分析和描述，通过预先编程或离线机器学习的方式加载到自主武器系统，通过预先编程或离线机器学习的方式得到一个目标图像分类器，并上传到自主无人系统的机载计算机中，从而将获取的侦察图像中的人员分类为作战人员和平民。然而，由于越来越多的平民参与到武装冲突双方阵营中，从外表上看，这些平民身份的作战人员与真正的平民并无二致，使得自主无人系统辨识作战人员和平民面临巨大困难。此外，自主无人系统也难以区分作战人员和非作战人员。非作战人员包括明确表示愿意投降的人以及因伤病导致无意识或无反抗能力并不具备自身防御能力的人。根据红十字国际委员会的解读，非作战人员的本质特征是"不具备防御能力"，与该人员是否放下武器无关。因此，确认非作战人员的身份需要解读该人员在给定条件下的意图和行为，但目前的自主无人系统还不具备这种高级认知能力。

3) 战场附带损失的比例估计问题

在估算战场态势时，必须同时评估预期的附带平民损失和军事优势。美国军方通常采用"附带损失估算方法"来评估武器精度、爆破效应、出现平民的概率及建筑物成分等。自主无人系统可以借鉴该方法来评估预期可能会给平民造成何种损失，但对平民和民用物体聚集的区域进行评估时，需要实时处理海量信息，这对自主无人系统的实时计算能力提出了较大挑战。此外，鉴于当代战场空间的复杂度和动态性，自主无人系统无法完全预料敌对行动中可能出现的各种可变因素和想定。因此，评估潜在的军事优势仍然十分困难。即便自主无人系统未来能够通过自适应机器学习机制解决这些问题，指挥人员的判断也是不可或缺的。

4) 平民伤亡和损失的预防问题

在选择攻击手段和攻击方法时，自主无人系统必须采取一切可行的预防措施，避免或最大限度地减少平民伤亡和民用目标损失。如果在给定的目标周围条件下，预测自主无人系统所引发的平民伤亡和民用物体损失较小，则指挥人员可以考虑使用自主无人系统攻击目标。然而，从部署系统到攻击目标的过程通常需要较长的时间，环境的动态性会使目标周围的条件发生变化，导致自主无人系统难以准确预测平民伤亡和民用物体损失。在这种情况下，需要及时终止攻击。

此外，自主无人系统对自身和外部环境的感知与认知水平也有待提高(参见3.1.2 节)。例如，自主无人系统的健康监测子系统能够对单个故障进行检测与识别，但仍然难以处理多个相关故障；在高速运动条件下，自主无人系统在复杂自然环境或密集城市环境中仍然缺乏实时障碍检测和避障能力[5]。

2. 人工智能的可解释性问题

近年来，以深度学习、强化学习、进化计算等为代表的人工智能方法广泛应用于机器视觉、语音识别、智能机器人、自动驾驶汽车等领域。2016 年上半年，AlphaGo 完胜人类围棋世界冠军李世石、Alpha 人工智能飞行员在模拟空战中完胜资深人类飞行员这两个事件对军事智能的发展产生了重要影响。世界主要军事大国开始重视人工智能的军事化应用，同时关注人工智能系统的风险管控。

2016 年 8 月，美国国防部高级研究计划局发布了名为"可解释的人工智能"(eXplainable AI, XAI)项目。该项目以机器学习和人机交互为研究重点，寻求建立具有可解释模型和算法的机器学习技术，致力于开发人类用户能够理解、信任并管理的人工智能系统。2020 年，美国国家标准与技术研究院提出了构建可解释人工智能系统的四条原则(草稿)[138]：可解释(系统为所有输出提供随附的证据或理由)、有意义(系统提供个人用户可以理解的解释)、解释的准确性(解释能够正确反映系统生成输出的过程)、知识边界(系统仅在其设计条件下或对其输出达到足够置信度时运行)。然而，上述原则未从技术角度分析如何实现人工智能系统的可解释性。如果将现有的各种人工智能系统直接应用于军事领域，仍将会带来极大的风险，存在的相关问题分析如下。

1) 可理解性与可解释性问题

旨在发展"负责任的人工智能"，研究人员对 XAI 的内涵、机遇和挑战进行了深入解读[139]。在关于 XAI 的探讨中，可理解性(interpretability)和可解释性(explainability)这两个概念值得关注。

可理解性侧重于描述人工智能系统在被使用前，可以解读其机制、可以观察到因果关系的程度，属于"先知先觉"。一般而言，可理解性越好的机器学习模型和算法，在输入或参数发生变化时，其输出结果越容易被预测。例如，支持向量机的可理解性好于深度神经网络。具体而言，调整支持向量机的核函数系数能够按照预期的规律改变其数据拟合能力，而深度神经网络常被诟病为"黑箱"，对其进行的某些"炼金术"式的经验操作难以预测效果，调整相关参数要靠运气。

可解释性侧重于描述人工智能系统在被使用后，可以用人类术语解释其内部运行机制的程度，属于"后知后觉"。对于采用的模型和算法，需要一步步分析如何从输入的数据得到输出的结果。一般而言，数学理论支撑越多、过程控制越严格的机器学习模型和算法，其可解释性也越好。例如，图神经网络具有较好的可解释性[94]，而遗传算法的可解释性较差。

大部分机器学习模型和算法都具有一定的可理解性，但少部分具有较好的可解释性。"只可意会不可言传"、"知其然而不知其所以然"等现象都属于"可理解但不可解释"。面向军事应用的人工智能系统必须同时具备充分的可理解性和可解释性，才能确保人工智能系统在被使用前、使用中、使用后的全过程中赢得人的理解与信任。

2) 统计相关性与因果关系问题

目前主流的监督学习、无监督学习等机器学习方法(参见 3.1.6 节第 2 部分)主要利用数据中的"统计相关性"进行建模。由此学习得到的模型稳定性较差，容易受到动态环境或者异常数据的影响，如被错误标记的学习样本可能导致自主无人系统误判目标。此外，过度依赖数据拟合的机器学习模型泛化性较差，普遍存在"过拟合"现象，对未来数据趋势的预测能力难以令人满意，如自主无人系统可能错误估计战场态势的发展态势。

"图灵奖"得主 Pearl 等[27]认为，当前的统计机器学习方法缺乏"因果关系"方面的考虑，难以解释"推理"背后的"逻辑"，未来的人工智能技术需要更加关注"因果发现"、"因果效应估计"和"反事实推断"等问题。例如，自主无人系统需要像人类能够理解事件之间的因果关系，能够预测自身行为将产生怎样的后果，能够解释自身决策的逻辑，能够反思如果不采取此前的策略将可能会有什么不同的结果。人工智能系统的这种自我推理能力对于人类理解和解释人工智能系统的机理和行为具有重要意义。

3) 自主无人系统的可解释性问题

对于民用人工智能系统，只要能解决特定问题即可，允许"可理解但不可解释"。但自主无人系统是面向军事应用的人工智能系统，任何技术上的瑕疵都不能掉以轻心，必须做到"可理解，且可释解"，否则可能引发严重的后果。

对于战场目标的感知问题，自主无人系统需要向人解释：人工智能算法为什么把一个目标分类为军事目标？具体依据是颜色、形状、尺寸、位置吗？然而，大多数机器学习算法不具备这种可解释性，甚至可能给出错得离谱的结果。例如，以人类无法察觉的方式(如施加白噪声干扰)改变已经被正确分类的图像(如熊猫的照片)，可导致深度神经网络做出错误的分类(如分类为长臂猿)[5]。相对于流行的深度学习模型，上下文相关概率语法图模型具有更好的可解释性。例如，在针对具体战场环境建立的多层次上下文相关概率语法图模型中，每一个节点代表能被理解和表达的具体视觉结构，各个层次的视觉结构组成了能被理解和表达的多维战场环境。这种语义可解释性可以显著增强自主无人系统对战场情境的认知能力，同时提供可理解和可解释的情况说明[16]。

对于作战行动的决策与规划问题，自主无人系统需要向人解释：人工智能算法为什么制定了进攻或撤退的计划？如果环境发生改变，是否有其他更好的方案？然而，人工智能的决策方式和行为逻辑完全由预先编写的计算机程序决定，即总体上是循规蹈矩的，尚不能像人类一样随机应变、突发奇想、突破常规。即便是基于深度强化学习的 AlphaGo 和基于进化计算的 Alpha 人工智能飞行员，也都不具备自我解释能力。未来的研究需要将因果关系纳入考虑，使得人工智能的决策与规划符合军事行动的上下文环境，努力做到形式能够被人类理解，趋势能够被人类预测，结果能够被人类复盘分析。

3. 可预测性与可靠性问题

高可预测性与高可靠性是自主无人系统能够安全稳定运行的基本要求。一般而言，自主无人系统的设计、开发和测试是在静态结构化环境下开展的，然后在动态非结构化环境中执行既定任务。在任务执行过程中，系统必须能够理解、响应和适应此前未考虑的新情况。然而，随着任务环境越来越复杂，可预测性与可靠性问题也将愈发凸显。

1) 行动计划的可预测性问题

根据人机智能协同的 OPD 准则(参见 3.1.5 节第 3 部分)以及基于人机协同的自主等级评估表(参见 3.2.3 节)，自主无人系统的行动计划应当具备一定的可预测性。由于自主无人系统具有基于人工智能技术的环境自适应能力，因而其行动计划的可预测性取决于相关人工智能方法的可理解性。为了适应动态不确定环境，自主无人系统应当具备无监督状态下自主学习能力。随着任务和环境复杂性的不断提升，自主无人系统的自主性和智能化程度需要逐渐提升，因而很可能会涌现出难以预测的新行为。与此同时，自主无人系统的可预测性和可控性将逐渐下降。此外，可预测性难以在系统测试环节进行充分验证。

2) 系统运行的可靠性问题

自主无人系统的运行还存在可靠性问题，包括人为失误、人机交互故障、操作失灵、通信故障、软件故障、网络攻击及敌方诱骗等情况[140]。其中，大部分可靠性问题普遍存在于各种复杂系统中，但有两方面问题特别值得关注。

一是可靠的人机交互。除了鼠标、键盘、触摸屏等传统的二维人机交互方式，自主无人系统还通常采用语音、手势、眼动、脑机接口等多模态智能人机交互方式(参见 3.1.5 节的第 2 部分)。然而，这些新技术仍存在一定的可靠性问题。例如，目前机器仍然不能达到人类的自然语言理解水平，对于执行特定任务的自主无人系统，局限于专用指令集的语音交互更为可靠[45,46]。此外，对于某方面自主能力较高的自主无人系统，操作人员可能不够熟悉和理解其全部功能，导致错误干预其运行，从而引发事故。针对这种情况，可以从人机交互的角度考虑如何提升操作人员对系统的理解程度，并适当限制人的操作权限。例如，在人机交互界面上实时显示系统状态和提示信息，避免人的盲目干预。

二是数据安全与加密通信。在开发和使用自主无人系统软件的过程中，必须做好数据安全工作，谨防黑客攻击，否则将会造成严重的后果。例如，在软件开发时, 假如无人机目标识别算法的训练数据被黑客替换成了错误图像, 则战场目标自主感知功能将会失效, 使侦察无人机形同虚设。此外, 黑客有可能截获并修改无人机数据, 使无人机的枪口朝向己方单位。因此, 需要加强网络数据安全和加密通信方面的研究, 从而提升自主无人系统的安全性和可靠性。

3.3.3　人机协作中的信任问题

信任是影响人机协作效果的关键因素之一。如果人类过度信任机器, 可能会导致自主无人系统的滥用; 而如果信任不足, 可能会导致自主无人系统被废弃[141]。目前, 人机协作中的信任问题研究主要来自于计算机领域, 关注如何构建、实现和优化机器面对特定任务的计算能力与处理能力[142]。然而, 人对机器的信任是一个难以准确建模的复杂问题, 目前还没有相关的量化标准[5], 且缺乏人类用户参与的实证研究或试验研究中缺乏严谨的行为科学试验方法[142]。

人机之间的信任问题较为复杂, 其主要特点可简要概括为以人为主、因人而异、持续演变、多重影响, 下面从这四个方面进行分析。

1) 以人为中心的信任关系

人机协作的研究普遍采用"以人为中心"的理念[143]。关于信任的研究通常建立在 Mayer 等[144]关于人际信任的定义之上: 信任是指一方承受另一方风险或伤害行为的意愿。与人际信任不同, 人机信任是以人为主的单向关系, 主要是人对机器的信任: 人是信任方(trustor), 而机器是信任的对象, 即目标信任体(trustee)[145]。人对机器的信任是指人相信机器能够在不确定和脆弱条件下帮助人实现其目标的一种态度[5]。

以人为中心的信任关系主要适用于单人与机器协同的简单任务。若任务涉及多人与多自主无人系统的协同(如多人与多机器人协作搜索救援), 则需要考虑人际之间的信任问题, 甚至自主无人系统对人的信任问题。随着无人系统自主能力的不断提升, 未来的人机协同将朝向"人机互信任"的方向发展。

2) 信任的个体差异性

信任是人类主观的情感和道德相关属性, Sheridan[146]认为人自身的六种属性(关心、自由、公平、忠诚、权力和善良)可以有效应用于人对机器的信任度建模。然而, 每个人的年龄、性格、经历和知识背景等因素不尽相同, 个体的差异将会影响其对机器的信任建立。一般而言, 开发机器的技术人员通常比普通用户更容易信任机器, 因为技术人员更理解机器的运行机理。

自主无人系统全生命周期涉及的人主要包括: 设计人员、测试人员、政策制定人员、立法人员、部署决策人员、操作人员、指挥人员等。不同类型人员对自主无人系统的信任程度不尽相同, 例如, 部署决策人员的信任程度通常较高, 而普通民众的信任程度通常较低。为了使各方达成对自主无人系统的一致信任, 在系统设计时应充分考虑信任问题，并提供充分的解释、引导和提示功能，从而帮助不同人员理解系统的运行原理和实时状态。在系统使用过程中，最需要考虑的是操作人员和指挥人员对系统的信任问题，使其相信系统在所有情况下都能按预期运行，从而确保系统能在其监督和管理之下发挥出最大的任务效能。

3) 信任的动态演化

行为科学领域普遍认为信任的动态演化分为初始型信任和持续型信任两个阶段，人机协作中的信任问题需要同时考虑这两个阶段[142]。其中，初始型信任发生在人机协作任务开始之前，此时由于人(信任方)缺乏对机器(目标信任体)的了解，因而人需要承担机器不履行预期责任的风险；而持续型信任发生在人机协作任务开始之后，人可以将人机协作的效果(正面的或负面的)持续加入对机器的信任反馈回路中。

初始型信任的研究通常采用调查问卷的方式，而持续型信任通常采用以博弈论为分析工具，如通过"囚徒困境"试验(博弈双方可以选择背叛或合作来最大化收益)对所提出的假设和结论进行分析，从而揭示信任的内在机制。Soh 等[147]使用神经网络和贝叶斯网络来构建持续型信任模型，从而建模信任的动态特性及其在不同任务之间的变化。然而，关于持续型信任的研究大多未考虑初始型信任。考虑到信任的个体差异性，构建每个用户对人工智能系统初始信任模型是未来人机协作信任研究的一个重要方向[142]。

4) 信任的影响因素

人机信任主要受人、机(技术)和环境三类因素影响[145]。文献中对技术因素的研究较多，其基本思路是建立一套与系统自身相关的客观指标来量化信任[142]。Sheridan[146]提出可以从可靠性、鲁棒性、有效性、可理解性和意图说明等五个方面的技术因素来考虑人对机器的信任程度。Toreini 等[148]提出人工智能技术应通过公平性、可解释性、可审计性和安全性来建立信任。上述研究均从"外在工具性"角度讨论技术因素对信任的影响，相关的特征维度是人工智能系统的客观属性，是基于结果导向的机器能力或胜任力来评价其能否完成任务[142]。

美国国防科学委员会(Defense Science Board, DSB)在 2016 年发布的自主性研究报告(DSB/2016)中提出了阻碍人机信任的六个因素：机器缺乏内部感知与外部环境感知能力、机器缺乏像人一样的思考和判断能力、机器的 OPD 准则满足度低、人机对共同目标的理解不够、低效的人机交互接口、有限的机器自适应学习能力[126]。这些方面的问题都在前面的相关章节进行了介绍和探讨(参见 3.1.2 节、3.1.3 节、3.1.5 节第二部分、3.1.5 节第三部分、3.1.6 节)。作者认为，完善相关技术是提升人对自主无人系统信任程度的有效途径，其军事应用风险也会相应下降。具体而言，可以参照面向人机协同的自主等级评估表(参见 3.2.3 节)，从 OPD 准则和学习性的角度不断提升自主无人系统的感知与认知、决策与规划、行动与控制能力。

3.3.4　合乎道德的自主性问题

LAWS 被广泛诟病的重要原因在于其具备无需人类参与的"自主选择目标并攻击"模式(参见 3.3.1 节"卡古-2"无人机)，以及可能由此引发的机器滥杀问题(参见 3.3.1 节"屠杀机群")。人们难以接受"选择目标的是机器，并且扣动扳机的也是机器"。从技术视角看，自主性是指将决策权委派给预编程的机器。从伦理道德视角看，自主性将赋予机器自由意志和道德义务。一个值得思考的问题是：自主无人系统能否像人类战士一样，甚至比人类战士更好地遵守战争法？Arkin[149]从机器人学家的视角对"合乎道德的自主性"(ethical autonomy)问题进行了探讨。

Arkin 认为自主无人系统有可能在道德方面做得比人类战士更好，主要原因在于以下几个方面：①自主无人系统可以在行动上更加保守，避免不必要的开火，甚至在必要时可以自我牺牲；②自主无人系统的先进传感器能够在战争迷雾下看得更清楚；③自主无人系统能实时接收并处理多源海量数据信息，其决策速度远高于人类；④自主无人系统没有情感的牵绊和心理波动，不会发生由于愤怒、畏惧、歇斯底里等负面情绪造成的判断失误；⑤自主无人系统不会像人类战士有相互包庇、担心报复等心理，可以独立客观地监督、记录并报告战场上不道德的行为，从而有助于减少不道德行为的发生。

在《国际人道主义法》的框架下，正义之战理论是战场道德行为的基础。然而，实施机器道德规范存在困难，主要原因在于道德和法律相关的规定通常是高度概念化和抽象的，并且在不同的语境下存在一定的模糊性和歧义，甚至相互矛盾[149]。

3.4　本 章 小 结

自主无人系统的感知与认知、决策与规划、行动与控制、交互与协同、学习与进化等五个关键技术并不是彼此独立的，而是密切关联、相互促进的。感知与认知是自主无人系统做出合理决策的重要前提，而决策与规划是自主无人系统体现其智能化程度的核心关键能力，行动与控制是自主无人系统实现其决策结果的重要保障，也是其实现与外界环境交互、获取新信息来更新其感知与认知的主要途径。在自主无人系统达到一定的自主能力的基础上，无人系统通过与人的交互以及多无人系统的协同，可以进一步提升其完成复杂任务的能力。最后，学习与进化是自主无人系统实现各项基础能力提升和优化的重要途径，也是人工智能技术应用于无人系统的重要方式。

上述五项关键技术的实现程度可以用于评估自主无人系统的自主性，并制定相应的自主等级评价标准。本章从人机智能协同的视角进行设计,运用表格法和公式法分别实现了无人系统自主性的定性分析与量化评估。本章对自主等级评估表中的每一个等级进行了详细的解释,并使用已有的研究成果作为案例进行对比讲解。

最后,分析了自主无人系统应用的风险与挑战,探讨了典型案例、相关技术的军事应用问题、人机协作中的信任问题以及合乎道德的自主性问题。未来自主无人系统的设计原则应努力实现人在回路的自主性、意图与行为的可解释性与可预测性、人机决策的互信任以及合乎道德的自主性。

参 考 文 献

[1] 牛轶峰, 沈林成, 李杰, 等. 无人-有人机协同控制关键问题[J]. 中国科学(信息科学), 2019, 49(5): 538-554.

[2] Russell S, Norvig P. Artificial Intelligence: A Modern Approach[M]. London: Pearson, 2022.

[3] Murphy R R. Introduction to AI Robotics[M]. 2nd ed. Cambridge: MIT Press, 2019.

[4] 孙振平. 无人作战系统[M]. 长沙: 国防科技大学出版社, 2023.

[5] Ilachinski A. AI, Robots, and Swarms: Issues, Questions, and Recommended Studies[R]. Washington: CNA Analysis and Solutions, 2017.

[6] 付强, 陈向阳, 郑子亮, 等. 仿生扑翼飞行器的视觉感知系统研究进展[J]. 工程科学学报, 2019, 41(12): 1512-1519.

[7] 张广军. 视觉测量[M]. 北京: 科学出版社, 2008.

[8] Thrun S, Burgard W, Fox D. Probabilistic Robotics[M]. Cambridge: MIT Press, 2005.

[9] Platinsky L, Szabados M, Hlasek F, et al. Collaborative augmented reality on smartphones via life-long city-scale maps[C]. International Symposium on Mixed and Augmented Reality, 2020: 533-541.

[10] Clark A. Supersizing the Mind: Embodiment, Action, and Cognitive Extension (Philosophy of Mind)[M]. New York: Oxford University Press, 2008.

[11] Yi B, Sun R K, Long L, et al. From coarse to fine: An augmented reality-based dynamic inspection method for visualized railway routing of freight cars[J]. Measurement Science and Technology, 2022, 33(5): 055013.

[12] 胡佳. 未知环境下旋翼无人机实时感知与规避方法研究[D]. 长沙: 国防科技大学, 2019.

[13] Ismail H, Roy R, Sheu L J, et al. Exploration-based SLAM (e-SLAM) for the indoor mobile robot using lidar[J]. Sensors, 2022, 22(4): 1689.

[14] Zou Q, Sun Q, Chen L, et al. A comparative analysis of LiDAR SLAM-based indoor navigation for autonomous vehicles[J]. IEEE Transactions on Intelligent Transportation Systems, 2021, 23(7): 6907-6921.

[15] 周河铭. 无人机对地侦察图像小目标检测与群体目标跟踪方法研究[D]. 长沙: 国防科技大学, 2021.

[16] 朱宇亭. 面向混合主动感知的无人机对车辆目标识别与跟踪方法[D]. 长沙: 国防科技大学, 2018.

[17] 李宏男. 小样本学习在侦察无人机对地目标识别中的应用[D]. 长沙: 国防科技大学, 2020.

[18] 姚文臣. 面向无人机障碍规避的机载传感器配置与融合方法研究[D]. 长沙: 国防科技大学, 2021.

[19] 朱松纯. 浅谈人工智能: 现状、任务、构架与统一[J]. 系统与控制纵横, 2018, (1): 32-81.

[20] Wooldridge M J. Reasoning about Rational Agents[M]. Cambridge: MIT Press, 2000.

[21] Wray R E, Jones R M. An Introduction to Soar as an Agent Architecture[M]. Cambridge: Cambridge University Press, 2005.

[22] Sutton R S, Barto A G. Reinforcement Learning: An Introduction[M]. 2nd ed. Cambridge: MIT Press, 2018.

[23] 马兆伟, 牛轶峰, 王菖. 基于学习的无人机感知与规避[M]. 北京: 国防工业出版社, 2023.

[24] 闫超. 基于深度强化学习的有人/无人机编队协调控制方法研究[D]. 长沙: 国防科技大学, 2019.

[25] 赵云云. 部分可观条件下多无人机协同目标跟踪决策问题研究[D]. 长沙: 国防科技大学, 2019.

[26] Alhajj R. Encyclopedia of Social Network Analysis and Mining[M]. New York: Springer, 2018.

[27] Pearl J, MacKenzie D. The Book of Why: The New Science of Cause and Effect[M]. New York: Hachette Book Group, 2018.

[28] Montesano L, Lopes M, Bernardino A, et al. Learning object affordances: From sensory: Motor coordination to imitation[J]. IEEE Transactions on Robotics, 2008, 24(1): 15-26.

[29] 游尧. 面向无人机编队空面任务的 CNN/BN 参数学习与决策方法研究[D]. 长沙: 国防科技大学, 2017.

[30] Chen H, Liu Q, Fu K, et al. Accurate policy detection and efficient knowledge reuse against multi-strategic opponents[J]. Knowledge-Based Systems, 2022, 242: 108404.

[31] 毛红保, 田松, 晁爱农. 无人机任务规划[M]. 北京: 国防工业出版社, 2015.

[32] Yan C, Xiang X J, Wang C. Towards real-time path planning through deep reinforcement learning for a UAV in dynamic environments[J]. Journal of Intelligent & Robotic Systems, 2020, 98(2): 297-309.

[33] 蔡自兴. 智能控制原理与应用[M]. 3 版. 北京: 清华大学出版社, 2019.

[34] 孔维玮. 基于多传感器的无人机自主着舰引导与控制系统研究[D]. 长沙: 国防科技大学, 2017.

[35] 张鹏鹏. 面向空地协同的旋翼无人机目标识别与自主降落研究[D]. 南京: 河海大学, 2022.

[36] 赵述龙. 数据驱动的无人机曲线路径跟踪控制方法研究[D]. 长沙: 国防科技大学, 2017.

[37] 高俊山, 段立勇, 邓立为. 四旋翼无人机抗干扰轨迹跟踪控制[J]. 控制与决策, 2021, 36(2): 379-386.

[38] 贾圣德. 连续时间 MDPs 增强学习方法及其在无人机控制中的应用[D]. 长沙: 国防科技大学, 2015.

[39] 朱琪. 地面无人平台智能跟随中的定位与控制方法研究[D]. 长沙: 国防科技大学, 2017.

[40] 龚建伟, 刘凯, 齐建永. 无人驾驶车辆模型预测控制[M]. 2 版. 北京: 北京理工大学出版社, 2020.

[41] Paden B, Čáp M, Yong S Z, et al. A survey of motion planning and control techniques for

self-driving urban vehicles[J]. IEEE Transactions on Intelligent Vehicles, 2016, 1(1): 33-55.

[42] 王祥科, 沈林成, 李杰. 无人机集群控制理论与方法[M]. 上海: 上海交通大学出版社, 2021.

[43] 林博森. 基于多无人机视觉的地面多目标关联与融合定位方法研究[D]. 长沙: 国防科技大学, 2021.

[44] Chen S Y, Yin D, Niu Y F. A survey of robot swarms' relative localization method[J]. Sensors, 2022, 22(12): 4424.

[45] 李文超. 基于语音的无人机智能交互控制接口设计[D]. 长沙: 国防科技大学, 2022.

[46] 高辰. 基于语义理解的无人机航线规划[D]. 长沙: 国防科技大学, 2022.

[47] 牛佳鑫. 基于眼动仪的无人机操作员认知状态监测方法研究[D]. 长沙: 国防科技大学, 2020.

[48] Niu J X, Wang C, Niu Y F, et al. Monitoring the performance of a multi-UAV operator through eye tracking[C]. Chinese Automation Congress, 2021: 6560-6565.

[49] 谭沁. 面向城市作战环境的无人机控制站沉浸式显示与交互控制技术研究[D]. 长沙: 国防科技大学, 2022.

[50] 李冰. 沉浸式脑机交互技术研究与小型地面机器人控制[D]. 长沙: 国防科技大学, 2022.

[51] Johnson M. Coactive design: Designing support for interdependence in human-robot teamwork [D]. Delft: Delft University of Technology, 2014.

[52] 王治超. 动态环境下人机混合主动决策方法及应用研究[D]. 长沙: 国防科技大学, 2020.

[53] Wang C, Wu L Z, Yan C, et al. Coactive design of explainable Agent-based task planning and deep reinforcement learning for human-UAVs teamwork[J]. Chinese Journal of Aeronautics, 2020, 33(11): 2930-2945.

[54] Wei C. Cognitive coordination for cooperative multi-robot teamwork[D]. Delft: Delft University of Technology, 2015.

[55] Zhou X, Wen X Y, Wang Z P, et al. Swarm of micro flying robots in the wild[J]. Science Robotics, 2022, 7(66): eabm5954.

[56] Liu Z H, Wang X K, Shen L C, et al. Mission-oriented miniature fixed-wing UAV swarms: A multilayered and distributed architecture[J]. IEEE Transactions on Systems, Man, and Cybernetics: Systems, 2022, 52(3): 1588-1602.

[57] Le Cadre J P. Optimization of the observer motion for bearings-only target motion analysis[C]. Proceedings of the 36th IEEE Conference on Decision and Control, 2002: 3126-3131.

[58] Frew E W. Observer trajectory generation for target-motion estimation using monocular vision[D]. Stanford: Stanford University, 2003.

[59] Doğançay K, Hmam H. Optimal angular sensor separation for AOA localization[J]. Signal Processing, 2008, 88(5): 1248-1260.

[60] 郝帅, 安倍逸, 付周兴, 等. 基于小波变换和各向异性扩散的红外和可见光图像融合算法 [J]. 西安科技大学学报, 2022, 42(1): 184-190.

[61] Sindagi V A, Zhou Y, Tuzel O. MVX-Net: Multimodal VoxelNet for 3D object detection[C]. International Conference on Robotics and Automation, 2019: 7276-7282.

[62] Cho Y R, Yim S H, Cho H W, et al. Decision-level fusion of SAR and IR sensor information for

automatic target detection[C]. Signal Processing, Sensor/Information Fusion, and Target Recognition XXVI, 2017: 413-421.

[63] Bai G B, Liu J H, Song Y M, et al. Two-UAV intersection localization system based on the airborne optoelectronic platform[J]. Sensors, 2017, 17(1): 98.

[64] Wang X G, Qin W T, Bai Y L, et al. Cooperative target localization using multiple UAVs with out-of-sequence measurements[J]. Aircraft Engineering and Aerospace Technology, 2017, 89(1): 112-119.

[65] Xu C, Yin C J, Huang D Q, et al. 3D target localization based on multi-unmanned aerial vehicle cooperation[J]. Measurement and Control, 2021, 54(5-6): 895-907.

[66] Simonyan K, Zisserman A. Two-stream convolutional networks for action recognition in videos[C]. Advancesin Neural Information Processing Systems, 2014: 568-576.

[67] Tsoukatos I, Gunopulos D. Efficient mining of spatiotemporal patterns[C]. The 7th International Symposium on Spatial and Temporal Databases, 2001: 425-442.

[68] Gupta A, Johnson J, Li F F, et al. Social GAN: Socially acceptable trajectories with generative adversarial networks[C]. IEEE/CVF Conference on Computer Vision and Pattern Recognition, 2018: 2255-2264.

[69] 陈军. 有人机与无人机协同决策模型方法[M]. 北京: 科学出版社, 2022.

[70] Ernest N D. Genetic fuzzy trees for intelligent control of unmanned combat aerial vehicles[D]. Cincinnati: University of Cincinnati, 2015.

[71] 蔡帛良. 面向智能仓储的多机器人任务分配及动态避障方法研究[D]. 南京: 河海大学, 2021.

[72] 田菁. 多无人机协同侦察任务规划问题建模与优化技术研究[D]. 长沙: 国防科技大学, 2007.

[73] 李远. 多UAV协同任务资源分配与编队轨迹优化方法研究[D]. 长沙: 国防科技大学, 2011.

[74] 陈少飞. 无人机集群系统侦察监视任务规划方法[D]. 长沙: 国防科技大学, 2016.

[75] Wang C, Wen X P, Niu Y F, et al. Dynamic task allocation for heterogeneous manned-unmanned aerial vehicle teamwork[C]. Chinese Automation Congress, 2019: 3345-3349.

[76] Ramchurn S D, Fischer S, Ikuno J, et al. A study of human-agent collaboration for multi-UAV task allocation in dynamic environments[C]. Proceedings of the 24th International Joint Conference on Artificial Intelligence, 2015: 1184-1192.

[77] Zhao Z, Niu Y F, Shen L C. Adaptive level of autonomy for human-UAVs collaborative surveillance using situated fuzzy cognitive maps[J]. Chinese Journal of Aeronautics, 2020, 33(11): 2835-2850.

[78] Wu F, Ramchurn S D, Chen X P. Coordinating human-UAV teams in disaster response[C]. Proceedings of the 25th International Joint Conference on Artificial Intelligence, 2016: 524-530.

[79] 陈浩. 复杂条件下固定翼无人机集群编队控制研究[D]. 长沙: 国防科技大学, 2020.

[80] Turpin M, Michael N, Kumar V. Trajectory design and control for aggressive formation flight with quadrotors[J]. Autonomous Robots, 2012, 33(1-2): 143-156.

[81] 陈润丰. 无人机集群并发覆盖搜索与目标跟踪方法研究[D]. 长沙: 国防科技大学, 2018.

[82] 熊进. 复杂环境下多无人机协同跟踪地面多目标关键问题研究[D]. 长沙: 国防科技大学,

2017.

[83] 刘俊艺. 多无人机协同跟踪地面多目标状态融合估计研究[D]. 长沙: 国防科技大学, 2019.

[84] 车飞. 基于机载视觉的多无人机协同 standoff 跟踪方法研究[D]. 长沙: 国防科技大学, 2020.

[85] 杨健. 无人机集群系统空域冲突消解方法研究[D]. 长沙: 国防科技大学, 2016.

[86] 牛佳鑫. 异构无人集群系统监督控制中的冲突消解方法研究[D]. 长沙: 国防科技大学, 2022.

[87] LeCun Y, Bengio Y, Hinton G. Deep learning[J]. Nature, 2015, 521(7553): 436-444.

[88] Silver D, Schrittwieser J, Simonyan K, et al. Mastering the game of Go without human knowledge[J]. Nature, 2017, 550(7676): 354-359.

[89] Baker B, Kanitscheider I, Markov T, et al. Emergent tool use from multi-Agent autocurricula [EB/OL]. https://arxiv.org/abs/1909.07528[2023-5-10].

[90] 王衡军. 机器学习[M]. 北京：清华大学出版社, 2016.

[91] Hasselt H. Insights in reinforcement learning[D]. Utrecht: Utrecht University, 2011.

[92] Goodfellow I, Bengio Y, Courville A, et al. Deep Learning[M]. Cambridge: MIT Press, 2016.

[93] Yan C, Xiang X J, Wang C, et al. Flocking and collision avoidance for a dynamic squad of fixed-wing UAVs using deep reinforcement learning[C]. IEEE/RSJ International Conference on Intelligent Robots and Systems, 2021: 4738-4744.

[94] Yuan H, Yu H Y, Gui S R, et al. Explainability in graph neural networks: A taxonomic survey[J]. IEEE Transactions on Pattern Analysis and Machine Intelligence, 2023, 45(5): 5782-5799.

[95] Lake B M, Salakhutdinov R, Tenenbaum J B. Human-level concept learning through probabilistic program induction[J]. Science, 2015, 350(6266): 1332-1338.

[96] George D, Lehrach W, Kansky K, et al. A generative vision model that trains with high data efficiency and breaks text-based CAPTCHAs[J]. Science, 2017, 358(6368): eaag2612.

[97] Aggarwal C C. Data Classification: Algorithms and Applications[M]. London : CRC Press, 2015.

[98] Barto A G. Intrinsic Motivation and Reinforcement Learning[M]. Berlin: Springer, 2012.

[99] Wang C, Hindriks K V, Babuska R. Active learning of affordances for robot use of household objects[C]. The 14th IEEE-RAS International Conference on Humanoid Robots, 2015: 566-572.

[100] Gordon G, Fonio E, Ahissar E. Learning and control of exploration primitives[J]. Journal of Computational Neuroscience, 2014, 37(2): 259-280.

[101] Kaneko T. Generative adversarial networks: Foundations and applications[J]. Acoustical Science and Technology, 2018, 39(3): 189-197.

[102] Mülling K, Kober J, Kroemer O, et al. Learning to select and generalize striking movements in robot table tennis[J]. International Journal of Robotics Research, 2013, 32(3): 263-279.

[103] Giusti A, Guzzi J, Cireşan D C, et al. A machine learning approach to visual perception of forest trails for mobile robots[J]. IEEE Robotics and Automation Letters, 2016, 1(2): 661-667.

[104] 王晋东, 陈益强. 迁移学习导论[M]. 北京: 电子工业出版社, 2021.

[105] 陈巧. 强化学习框架下迁移学习方法研究[D]. 长沙: 国防科技大学, 2020.

[106] Wang X, Chen Y D, Zhu W W. A survey on curriculum learning[J]. IEEE Transactions on Pattern Analysis and Machine Intelligence, 2022, 44(9): 4555-4576.

[107] Yan C, Xiang X J, Wang C, et al. PASCAL: Population-specific curriculum-based MADRL for collision-free flocking with large-scale fixed-wing UAV swarms[J]. Aerospace Science and Technology, 2023, 133: 108091.

[108] 闫超, 相晓嘉, 徐昕, 等. 多智能体深度强化学习及其可扩展性与可迁移性研究综述[J]. 控制与决策, 2022, 37(12): 3083-3102.

[109] Yan C, Wang C, Xiang X J, et al. Deep reinforcement learning of collision-free flocking policies for multiple fixed-wing UAVs using local situation maps[J]. IEEE Transactions on Industrial Informatics, 2022, 18(2): 1260-1270.

[110] Ma J M, Wu F. Feudal multi-Agent deep reinforcement learning for traffic signal control[C]. Proceedings of the 19th International Conference on Autonomous Agents and MultiAgent Systems, 2020: 816-824.

[111] Eiben A E, Smith J E. Introduction to Evolutionary Computing[M]. 2nd ed. Berlin: Springer, 2015.

[112] Holland J H. Adaptation in Natural and Artificial Systems[M]. Cambridge: MIT Press, 1992.

[113] Booker L B, Goldberg D E, Holland J H. Classifier systems and genetic algorithms[J]. Artificial Intelligence, 1989, 40(1-3): 235-282.

[114] Wilson S W. Classifier fitness based on accuracy[J]. Evolutionary Computation, 1995, 3(2): 149-175.

[115] Wang C, Wiggers P, Hindriks K, et al. Learning classifier system on a humanoid NAO robot in dynamic environments[C]. The 12th International Conference on Control Automation Robotics & Vision, 2012: 94-99.

[116] 陈浩. 面向空战机动决策的对抗策略学习与知识重用关键技术研究[D]. 长沙: 国防科技大学, 2022.

[117] Chen H, Wang C, Huang J, et al. XCS with opponent modelling for concurrent reinforcement learners[J]. Neurocomputing, 2020, 399: 449-466.

[118] Chen H, Wang C, Huang J, et al. Efficient use of heuristics for accelerating XCS-based policy learning in Markov games[J]. Swarm and Evolutionary Computation, 2021, 65: 100914.

[119] 王越超, 刘金国. 无人系统的自主性评价方法[J]. 科学通报, 2012, 57(15): 1290-1299.

[120] Parasuraman R, Sheridan T B, Wickens C D. A model for types and levels of human interaction with automation[J]. IEEE Transactions on Systems, Man, and Cybernetics—Part A: Systems and Humans, 2000, 30(3): 286-297.

[121] Young L, Yetter J, Guynn M. System analysis applied to autonomy: Application to high-altitude long-endurance remotely operated aircraft[C]. Proceedings of the Infotech@Aerospace, Arlington, 2005: AIAA2005-7103.

[122] 吴雪松. 无人机实时侦察中人机合作多目标检测与事件分析[D]. 长沙: 国防科技大学, 2016.

[123] Office of the Secretary of Defense. Unmanned Aerial Vehicles Roadmap 2000-2025[R]. Washington: Office of the Secretary of Defense, 2001.

[124] Huang H M. Autonomy levels for unmanned systems (ALFUS) framework: Safety and application issues[C]. Proceedings of the 2007 Workshop on Performance Metrics for

Intelligent Systems, 2007: 48-53.

[125] Cleary M E, Abramson M, Adams M B, et al. Metrics for embedded collaborative intelligent systems[C]. Proceedings of the PerMIS Workshop, 2000: 295-301.

[126] 牛轶峰, 吴立珍, 王菖, 等. 美国无人系统自主性研究报告汇编(2011—2016)[M]. 北京: 国防工业出版社, 2018.

[127] Wu L Z, Niu Y F, Zhu H Y, et al. Modeling and characterizing of unmanned aerial vehicles autonomy[C]. The 8th World Congress on Intelligent Control and Automation, 2010: 2284-2288.

[128] Curtin T B, Crimmins D M, Curcio J, et al. Autonomous underwater vehicles: Trends and transformations[J]. Marine Technology Society Journal, 2005, 39(3): 65-75.

[129] Paul S. 无人军队: 自主武器与未来战争[M]. 朱启超, 王姝, 龙坤, 译. 北京: 世界知识出版社, 2019.

[130] Pérez-Dattari R, Celemin C, Ruiz-del-Solar J, et al. Continuous control for high-dimensional state spaces: An interactive learning approach[C]. International Conference on Robotics and Automation, 2019: 7611-7617.

[131] Wang C, Hindriks K V, Babuska R. Effective transfer learning of affordances for household robots[C]. The 4th International Conference on Development and Learning and on Epigenetic Robotics, 2014: 469-475.

[132] Cangelosi A, Schlesinger M. Developmental Robotics: From Babies to Robots[M]. Cambridge: The MIT Press, 2015.

[133] Russell S. AI and Lethal Autonomous Weapons Systems[R]. Geneva: The Group of Government Experts, 2017.

[134] Choudhury L M R, Aoun A, Badawy D, et al. Letter dated 8 March 2021 from the Panel of Experts on Libya established pursuant to resolution 1973 (2011) addressed to the President of the Security Council[EB/OL]. https://documents-dds-ny.un.org/doc/UNDOC/GEN/N21/037/72/PDF/N2103772.pdf[2021-6-16].

[135] Russell S, Aguirre A, Javorsky E, et al. Lethal autonomous weapons exist; They must be banned[EB/OL]. https://spectrum.ieee.org/lethal-autonomous-weapons-exist-they-must-be-banned [2021-6-16].

[136] 朱文奇. 国际人道法[M]. 北京: 商务印书馆, 2018.

[137] 牛轶峰, 王菖. 致命性自主武器系统军备控制态势分析[J]. 国防科技, 2021, 42(4): 37-42, 122.

[138] Phillips P J, Hahn C A, et al. Four Principles of Explainable Artificial Intelligence (draft)[R]. Gaithersburg: NIST, 2020.

[139] Barredo Arrieta A, Díaz-Rodríguez N, Del Ser J, et al. Explainable artificial intelligence (XAI): Concepts, taxonomies, opportunities and challenges toward responsible AI[J]. Information Fusion, 2020, 58: 82-115.

[140] Weizmann N, Davison N, Robinson I. Autonomous weapon systems, technical, military, legal and humanitarian aspects[C]. ICRC's Expert Meeting on Autonomous Weapon Systems, 2014: 1-8.

[141] Zacharias G L. Autonomous Horizons: The Way Forward[EB/OL]. https://www.amazon.com/ Autonomous-Horizons-Greg-L-Zacharias/dp/1077547854[2022-05-20].

[142] 朱翼. 行为科学视角下人机信任的影响因素初探[J]. 国防科技, 2021, 42(4): 4-9.

[143] Abdul A, Vermeulen J, Wang D D, et al. Trends and trajectories for explainable, accountable and intelligible systems: An HCI research agenda[C]. Proceedings of the 2018 CHI Conference on Human Factors in Computing Systems, 2018: 1-18.

[144] Mayer R C, Davis J H, Schoorman F D. An integrative model of organizational trust[J]. Academy of Management Review, 1995, 20(3): 709-734.

[145] Siau K, Wang W Y. Building trust in artificial intelligence, machine learning, and robotics[J]. Cutter Business Technology Journal, 2018, 31(2): 47-53.

[146] Sheridan T B. Individual differences in attributes of trust in automation: Measurement and application to system design[J]. British Journal of Pharmacology, 1993, 10(10): 11-17.

[147] Soh H, Xie Y Q, Chen M, et al. Multi-task trust transfer for human-robot interaction[J]. The International Journal of Robotics Research, 2020, 39(2-3): 233-249.

[148] Toreini E, Aitken M, Coopamootoo K, et al. The relationship between trust in AI and trustworthy machine learning technologies[C]. Proceedings of the 2020 Conference on Fairness, Accountability, and Transparency, 2020: 272-283.

[149] Arkin R C. A Roboticist's perspective on lethal autonomous weapon systems[J]. UNODA Occasional Papers, 2017, 30: 35-47.

第4章　使用自主无人武器系统的
伦理道德与国际法问题

　　自主无人武器系统的研制、使用及交易，在国际法层面引起了一系列的法律问题。既有国际法规则自格劳秀斯时代以来，经历了长时间的发展，而自主无人武器系统完全是人工智能技术应用在近年来取得重大进展之后的产物。因此，既有国际法规则与这一新事物之间可能产生无法完全兼容、适用的状况。自主无人武器系统对既有规则的适用构成了挑战，具体而言可概括为如下几个方面：①作为法律规则内核的伦理基础受到了挑战，表现为作战权力和剥夺生命权基于系统的自主性转移至机器；②对在武装冲突中适用的法律规则——国际人道法的一系列基础性原则构成了挑战；③对使用武力合法性规则构成了挑战；④对国家责任规则的使用构成了挑战；⑤自主无人武器系统部署、使用和交易延展至有人系统不能到达的空间和领域，引起海洋法、外空法、人权法、武器贸易等领域的新问题。

　　目前国际及各国法律、政策文件采用的名称并不统一，因此本章使用的概念上，"自主无人武器系统"(包括完全自主和人监督)>"全自主无人武器系统"(人在回路外，包括致命性的和非致命性的)>"致命性自主武器系统"(《特定常规武器公约》审议会议政府专家组采用，军控焦点)，可参见图1-3。

4.1　使用自主无人武器系统的伦理道德问题

　　冷战期间，由于美苏两个核大国关系紧张，苏联部署了名为"天眼"(OKO)的卫星早期预警系统以监测美国的导弹发射。1983年9月26日，"天眼"系统发出严重警报——美国在短短几分钟内向苏联发射了五枚洲际核导弹。当时负责战备执勤的是苏联国土防空军中校斯坦尼斯拉夫·彼得罗夫(Stanislav Petrov)，如果他将此情况上报，苏联将迅速进行核反击，由此导致的核战争可能造成千百万人死亡。彼得罗夫难以做出这样的决定，他很困惑，美国没有理由突然发动核打击，而且这种核突袭也不可能仅发射五枚导弹。由于地面雷达也始终没有发现来袭导弹，他基于自己的理性判断最终得出结论，这是一次由于系统故障导致的假警报。事实证明彼得罗夫是正确的，是云层中反射的阳光触发了苏联卫星的虚假警报，他拯救了世界[1]。这个事例引发了人们做出相反的假设：如果没有人类的控制或判断，完全由人工智能系统来操作，会是什么样的结果？非常大的概率是，机器会做出核反击的决定，从而给人类社会带来灾难性后果。近年来，人工智能领域的无人自主相关技术迅速发展，对这种技术的武器化也引发人们的担忧。由于自主无人武器系统在获取、识别、跟踪、选择和攻击目标的关键功能上具有高度自主性，使用这类武器可能在伦理方面引起一系列问题。

4.1.1　作战权力的转移

20 世纪 50 年代，美国空军上校约翰·伯伊德(John Boyd)提出了著名的作战决策理论——OODA 循环。该循环又称"伯伊德循环"，其将作战权力的行使划分为四个环节，即 Observe(观察，即搜索目标)、Orient(判断，即跟踪目标)、Decide(决策，即选择并决定攻击目标)、Act(行动，即对目标实施攻击)[2]。在传统的作战模式中，这四个环节的作战权都是由人类战斗员或指挥员行使的，武器只是负责将弹药投送到人类指定的地点。但自主武器系统的出现改变了这一局面，人类战斗员开始将四个环节的作战权力部分或全部地委托给具备人工智能的机器行使。根据作战权委托程度的不同，也就是人类控制或干预程度的不同，自主武器系统可分为三类：①半自主武器，搜索、跟踪目标的权力交由机器行使，人类保留关键的决策权和行动权，即人在回路中；②受监督的自主武器，人类将决策权和行动权也部分地让渡给机器，但保留在必要时介入和干预的权力，如终止攻击，即人在回路上；③全自主武器，作战权力全部交由机器行使，排除人类的任何控制或干预，即人在回路外[3]。因此，现在对自主武器系统的讨论，主要指向的是全自主武器系统，即自主无人武器系统。

作战权力的委托导致战争或武装冲突这种本质上人与人之间的关系逐渐演变为人与机器甚至是机器相互之间的关系，从本质上改变了战争伦理，将战争或武装冲突的社会属性逐渐剥离。机器不具有人类情感，不可能理解历史、文化、宗教、艺术和法律等领域的人文内涵，因此不具备遵守任何人类道德和法律标准的内在动机，也不会对自身的负面行为存在任何内疚感或负罪感。人类社会建立的许多准则，特别是在战争或武装冲突中应予考虑的最低限度的人性①，都可能因这种权力的转移和关系的变化而失去作用。作战权力的转移本质上还意味着责任的转移，但机器没有人格属性，让机器承担责任不具有任何法学和社会学意义，因此会在人类社会中制造出责任真空。正是因为如此，在许多关于自主武器系统的讨论中，都强调有意义的人类控制[4]。

---

① 国际法院认为，国际人道法反映了战争或武装冲突中最基本的人性考虑，参见：国际法院 尼加拉瓜军事行动和准军事行动案 1986 年判决，第 218 段。

4.1.2 剥夺生命权的转移

自主无人武器系统带来的另一个伦理问题是剥夺生命权的转移。换言之，人们在道德、情感和法律上是否已经做好充分准备让机器来决定一个人的生死问题。我们恐怕很难得出这样的结论。事实上，很多要求完全禁止自主无人武器系统的主张正是出于尊重人的生命权的考量。自主武器系统无论表现得多么智能，始终都是机器，它们不可能真正理解生命权的意义，因为机器可以被反复修理和编程，但人的生命只有一次[5]。剥夺生命权具有重要的人类社会学意义，因此做出这样的决定应当是非常谨慎的，但让一台机器来决定什么时候剥夺生命权会削弱这些决定的重要意义。如果允许机器杀人，可能会贬低生命本身的价值。

生命权还与人的尊严密切相关，不能脱离尊严孤立地对其加以理解。人的尊严不仅本身就是一项基本人权，还构成其他基本权利的基础，必须予以尊重和保护。1948 年《世界人权宣言》的序言就明文宣告：对人类家庭所有成员的固有尊严及其平等的和不移的权利的承认，乃是世界自由、正义与和平的基础。将剥夺生命的权力交给没有生命的机器行使，可能是对人类尊严的极大侵犯。使用自主武器系统很容易让人感觉他们的生命不值得对手派遣人类来战斗，更容易激起仇恨情绪[6]。如果人是被拥有自主性的机器杀死的，还可能让其他人产生不公平的感觉。如果越来越多的战争变得"去人类化"，人类可能就会丧失责任感和道德感以及人类定义人格尊严的能力[7]。特别是在战争或武装冲突这种极端暴力局势中，剥夺人类生命所采用的方式至关重要，即使这些人属于合法的攻击对象。例如，在这个过程中不得造成不必要的痛苦，不能使用酷刑或其他残忍、不人道或有辱人格的手段等。实践中，已经有国家意识到使用自主武器系统带来的伦理风险，要求完全自主的武器系统应用作反器材武器，且应使用不致命的非动能武器，如电子攻击[8]。因此，剥夺人类生命的决定必须由人类来做出，使用自主武器系统的道德责任必须落在指挥链的最后一个人身上[7]。

4.2　使用自主无人武器系统与国际人道法

国际人道法旨在限制武装冲突带来的不人道后果，保护那些没有或不再直接参加敌对行动的人并限制冲突各方可能使用的作战手段和方法[9]。国际人道法可以看成人类社会对既往战争经验和教训的反思与总结，它的演进历史表明，技术的进步与该法律体系息息相关。当人工智能技术应用于武器后，不仅可能会显著提高现代动能武器的作战效能和毁伤威力，而且可能在战略谋划、战役组织和战术运用等方面部分替代甚至完全取代人工作业。尽管人们仍在争论今后是否应在战场上部署这种具有学习、推理、决策功能且无须人类干预即可独立行动的武器

(或武器系统)，但都普遍赞成，若使用这类武器，必须遵守国际人道法。然而，现代国际人道法的原则和规则主要根植于传统的战争经验，没有而且也不可能预见到人工智能技术的军事应用可能给未来作战模式带来的巨大变化，因此使用自主无人武器系统会给国际人道法的诸多方面带来巨大挑战。

4.2.1　区分原则

区分原则是国际人道法的核心原则之一，旨在规范攻击目标的选择问题。国际人道法要求攻击仅限于合法的目标，即战斗人员或军事目标。因此，冲突各方在实施攻击时必须在战斗员和平民、军事目标和民用物体之间做出区分。除此以外，冲突各方既不得攻击伤者、病者、遇难者和战俘等失去战斗力的人员，也禁止攻击医务人员、宗教人员、文化财产、含有危险力量的工程和装置、平民生存不可缺少的物体以及自然环境等受特殊保护的其他人员和物体。为了实现区分原则的要求，国际人道法禁止不分青红皂白的攻击(indiscriminate attack)。冲突各方既不能使用在性质或设计上就不能实现区分原则的武器，也不能采用在效果上会破坏区分原则的方法[①]。

区分原则在理论上很容易理解，但在具体的冲突环境中确保实现却非易事。就人员的区分而言，国际人道法意义上的战斗员不仅包括正规武装部队成员，特定条件下还涵盖民兵、志愿部队、游击队员、民众抵抗运动成员等非正规部队人员，后者与平民之间的区别有时并不是特别明显。此外，伴随武装部队行动的军队医务人员和宗教人员、文职人员、战地记者、私人承包商等更是增加了区分的难度[②]。仅就平民而言，其虽享有免受直接攻击的一般保护，但国际人道法同时强调，平民如直接参加敌对行动，则在其直接参加敌对行动时丧失上述保护。然而，如何界定"直接参加"，国际人道法并未给出明确的答案[③]。就物体的区分而言，1977 年《第一附加议定书》虽然给出了"军事目标"的明确定义，但依据该定义进行的判断必须置于具体的时空条件下，失之毫厘，则谬以千里。再加上实践中出现的越来越多的军民两用目标，更是给军事目标的确定带来极大困难。既有的经验表明，在武装冲突中遵守区分原则，很大程度上依赖于指挥人员或作战人员基于具体环境的微妙判断。

从当前人工智能技术的发展趋势来看，自主无人武器系统尚缺乏确保能在一

---

① 1977 年《1949 年 8 月 12 日日内瓦四公约关于保护国际性武装冲突受难者的附加议定书》(简称《第一附加议定书》)，第 51 条第 4 款和第 5 款第 1 项。

② 1949 年《关于战俘待遇之日内瓦公约》(日内瓦第三公约)，第 4 条。

③ 例如，平民充当人体盾牌是否构成直接参加敌对行动？自愿充当和被迫充当人体盾牌是否影响行为的性质？这个问题并不存在普遍一致的结论。关于平民直接参加敌对行动问题的详细分析，参见尼尔斯·梅尔泽：《国际人道法中直接参加敌对行动定义的解释性指南》，日内瓦，红十字国际委员会出版物，2009。

切情况下遵守区分原则的三大核心要素:①能区分战斗员和平民的感官处理系统;②能定义非战斗员或失去战斗力人员的编程语言;③有助于做出区分决定的战场意识或常识推理能力[10]。就前两个要素而言,除了技术的限制外,法律定义的模糊性本身也是巨大的障碍,将区分原则的实质内容转换为计算机的编程语言,进而输出给感官处理系统,在现阶段仍是不可能完成的任务。但从某种程度上说,第三个要素才是自主无人武器系统真正的短板,因为即使这类武器配备了足够的感应元件,能够检测出战斗员和平民之间的差别,它们也缺乏像人类士兵那样的"常识",能够根据不同的情形做出不同的决定,从而应对复杂的战场环境[11]。至少目前,人工智能尚达不到像人类士兵一样的判断水平。当然,这些挑战并不意味着在冲突中使用自主无人武器系统就一定是非法的。如果自主无人武器系统设计用于相对简单的战场环境并仅在此种环境中部署,依然可能符合区分原则的要求。但总体来看,自主无人武器系统仍然不是未来武装冲突中一种合适的武器。

4.2.2　限制作战手段和方法

武装冲突中,交战各方选择作战手段和方法的权利,并不是毫无限制的。这项规则不仅被明文规定在 1977 年《第一附加议定书》第 35 条第 1 款中,也被认为构成习惯国际法①。从概念上说,作战手段主要强调武器本身的特性和设计,而作战方法则侧重于使用武器的可能方式以及战术策略的运用。

国际人道法主要从两方面对作战手段施以限制,即首先武器本身的性质及设计必须符合区分原则的要求,其次不会给战斗员带来过分伤害和不必要的痛苦。单纯从武器的部分看,国际人道法相关规则适用于自主无人武器系统并无障碍。依赖人工操作的违禁武器,即使引入人工智能也同样非法,这一点在禁止过分伤害和不必要痛苦原则的适用上体现得尤为明显。但从区分原则的角度看,使用自主无人武器系统则可能会带来某些挑战。例如,《第一附加议定书》第 51 条第 4款第 2 项禁止使用不能以特定军事目标为对象的武器,这原本只与武器本身的精确程度相关,至于在特定的时间和地点要攻击的对象是否属于合法的军事目标,则属于人类判断的范畴,涉及的是运用武器的方式②。但是,自主无人武器系统的出现相当于将后者也转换为武器本身特性的一部分。这就意味着,判断自主无人武器系统的精确程度,不仅要考虑它在实际攻击目标时的准确性,也要考虑它在确定潜在目标是否属于合法军事目标时的准确性[12]。换言之,步枪、火炮等传统武器的精确程度只需要考虑武器本身的圆概率误差,至于弹药在特定的时间被

① ICJ, Nuclear Weapons Case, Advisory Opinion, 8 July 1996, I. C. J. Report 1996, paras. 76-82。
② 前者可被称为武器规则(weapons law),后者可被称为目标打击规则(targeting law)。

投送至特定的地点时那里是否存在合法的军事目标，则由人类战斗员负责判断。但对于自主无人武器系统，准确判断出特定时间和地点存在合法的军事目标本身就是武器精确程度的组成部分。从这个角度可以说，自主无人武器系统应用的作战环境越复杂，其精确程度就越低。在某些情况下，它可能会改变武器本身的合法性。

就作战方法而言，某些方面更是根植于人类的生物性特征(如饥饿感)及其特有的道德和价值判断(如公平、诚信、同情心和同理心)。在此基础上，国际人道法既禁止使平民陷于饥饿的作战方法，进而禁止攻击对平民生存所不可缺少的物体，也禁止以杀无赦的方式威胁敌人和诉诸违反公平作战原则的背信弃义行为，却允许使用体现人类战斗员智慧和谋略的战争诈术①。使用自主无人武器系统将这些规则付诸实践，在可见的未来既有技术上的挑战，也面临法律解释上的难题。例如，国际人道法要求不得攻击已清楚地表明投降意愿的敌方战斗员，这需要实时辨别敌方战斗员的投降意图以及准确地区别真实的投降和背信弃义行为，只有人类具备这种解释他人行动并判断其意图的复杂且强大的能力，人工智能短时间内还很难复制这种能力[13]。

当然，自主无人武器系统也并非会给所有关于作战手段和方法的规则带来挑战。在下列情况下，无论武器系统是由人类战斗员还是人工智能来操作的，都会被国际人道法所禁止或者严格限制：①其效果不能按照国际人道法的要求加以限制，如使用旨在或可能对自然环境引起广泛、长期而严重损害的武器②；②具有引起过分伤害和不必要痛苦的性质，如使用爆炸性子弹或达姆弹等违禁弹头③；③使用生物(细菌)武器和化学武器等大规模杀伤性武器④。不过，由于这些规则大多也涉及武器的使用方式和条件，所以在给自主无人武器系统的控制系统进行编程时就应当考虑这些制约因素，如攻击堤坝、核电站等含有危险力量的工程和装置可能造成严重的次生灾害，即使攻击中使用了合法的常规武器，这种作战方法的效果也不符合国际人道法的要求⑤。

---

① 1977 年《第一附加议定书》，第 37～42 条、第 54 条。

② 1977 年《第一附加议定书》，第 35 条第 3 款、第 55 条。

③ 1868 年《圣彼得堡宣言》就明确 "各国在战争中应尽力实现的唯一合法目标是削弱敌人的军事力量"，即 "应满足于使最大限度数量的敌人失去战斗力"，而 "使用无益地加剧失去战斗力的人的痛苦或使其死亡不可避免" 的武器 "将会超越这一目标" 并 "违反了人类的法律"，因此禁止使用任何轻于 400g 的爆炸性弹丸或是装有爆炸性或易燃物质的弹丸。

④ 1972 年颁布的《禁止细菌(生物)及毒素武器的发展、生产及储存以及销毁这类武器的公约》(简称《生物武器公约》)和 1993 年《关于禁止发展、生产、储存和使用化学武器及销毁此种武器的公约》(简称《化学武器公约》)。

⑤ 1977 年《第一附加议定书》，第 56 条。

4.2.3 比例原则

受武器的精准程度、情报的准确性、法律认知程度以及其他复杂主客观因素的影响，即便是针对合法军事目标的攻击，也往往会给周围的平民和民用物体造成损害，称为附带损害[14]。因此，即使冲突一方选择的目标合法，使用的手段和方法合法，也不意味着攻击就一定合法，冲突各方的交战行为还应受比例原则的制约。根据该原则的要求，计划或决定攻击的人不应当决定发动任何可能附带使平民生命受损失、平民受伤害、民用物体受损害，或三种情形均有而且与预期的具体和直接军事利益相比损害过分的攻击。如果攻击可能造成上述后果，就应予以取消或停止，否则就将构成不分皂白的攻击从而违反国际人道法①。但是，由于所用措辞和术语的模糊性，用以衡量比例性的要素如"具体和直接"、"军事利益"、"附带损害"、"过分"等没有且事实上也不可能存在明确的范围和量化标准，从而导致比例原则实质上成为一种价值判断。例如，美国空军就主张比例原则的适用本质上是一种主观决定，只能在个案的基础上加以解决[15]。因此，为了增强比例原则的可操作性，原南斯拉夫国际刑事法庭引入了"理性指挥官"标准，使用客观的方法来影响主观的判断："在决定攻击是否合比例时有必要审查，一个理性的、消息灵通的人作为实际的行为人在合理地利用其所获得的情报后，能否预见到攻击的结果会造成过分的平民伤亡。"②换言之，军事指挥官虽然可以主观上自由裁量，但做出决定时要受到客观因素和正当程序的制约。即便如此，在战争迷雾之下，军事指挥官做出适当判断也仍非易事。

鉴于此，将合比例性的评估交由自主无人武器系统来行使，挑战是显而易见的。一种途径是让自主无人武器系统进行抽象的价值判断。我们很难想象，如何将这种人类特有的判断能力通过算法转换为机器可以理解并执行的程序。因此，让人工智能拥有人类战斗员或军事指挥官一样的决策能力基本上是不可能完成的任务。另一种途径是进行个案评估，即设想武装冲突中可能出现的每一种场景，建立数据模型并给机器编程。然而，由于战场情况瞬息万变，可能出现的场景在理论上是无限的，这种穷举的方式在确保遵守比例原则方面不具备可靠性。即使是持乐观态度的学者，认为如果配备合适的武器并通过编程让人工智能系统以合适的方式运用它们，在有限的情况下可能使自主无人武器系统遵守比例原则并尽可能降低附带损害，但同时也承认这一点很难得到保证[10,16]。而反对者则坚称，无论科技如何进步，使用自主无人武器系统都不可能满足比例原则的要求，相关的分析和评估只能交由人类来完成[16]。从某种程度上说，比例原则其实是区分原

---

① 1977年《第一附加议定书》，第51条第5款第2项、第57条第2款第1项第2～3目和第2项。

② ICTY, *Prosecutor v. Stanislav Galić*, Case No. IT-98-29-T, Trial Chamber I, Judgement of 5 December 2003, para. 58。

则的延伸。正如前文所述，如果自主无人武器系统尚不能有效实现区分原则，就更不可能期待它可以遵循比例原则。

4.2.4　制约措施

国际人道法已发展出相对成熟的制度对武器的研发和使用做出制约，以确保上述基本原则得到遵守，即武器部署前进行法律审查、武器使用时采取预防措施以及违法行为发生后进行追责。但是，自主无人武器系统作为人工智能与武器系统的结合体，很大程度上颠覆了人们对武器的认知，也给基于传统武器建立的规则带来了挑战。但是，无论在技术上实现的难易程度如何，国际社会普遍承认尊重国际人道法是使用自主无人武器系统的必要条件[17]。

1. 部署前的法律审查

1977 年《第一附加议定书》第 36 条明确规定，在研究、发展、取得或采用新的武器、作战手段或方法时，缔约国有义务断定，在某些或所有情况下，该新的武器、作战手段或方法的使用是否为国际人道法或任何其他相关国际法规则所禁止。这是对新武器进行合法性审查的基本法律依据，且已为国际社会所普遍接受，故而同样也适用于自主无人武器系统。甚至可以说，新武器部署前的法律审查是确保遵守国际人道法的第一道安全阀。相比于武器使用中的风险以及事后问责的难度，事前的预防显得尤为重要。

根据《第一附加议定书》第 36 条的要求，国家有义务适用对其有约束力的任何国际法规则来评估自主无人武器系统的合法性。就步骤而言，首先应判定自主无人武器系统是否为《化学武器公约》、《生物武器公约》或《特定常规武器公约》等专门国际公约所禁止。如不存在特别的禁止性规定，就需要判断自主无人武器系统是否符合国际人道法的一般原则和规则，如这类武器是否会引起过分伤害或不必要痛苦，是否会对自然环境引起广泛、长期和严重的损害以及是否具有不分青红皂白的性质。如果也没有违背这些规则，最后一步就是诉诸马顿斯条款 (Martens Clause)，即评估这类武器是否符合人道原则和公众良心的要求[18]。在具体评估特定武器的合法性时，由于武器的精确程度和可靠性与其使用方式和应用环境密切相关，必须同时考虑其预期用途和潜在的应用场景。对自主无人武器系统的法律审查还应更进一步，即必须将人工智能控制系统与武器单元作为一个整体加以考量。这就意味着，原本规范人类战斗员的规则，如目标的选择与识别、攻击的决策程序等，也会适用于自主无人武器系统的合法性评估，这实质上增加了对自主无人武器系统进行法律审查的难度。换言之，涉及传统武器时仅需考虑它搭载的弹药能否在特定的时间投送至特定的地点并产生合法的伤害效果，但自主无人武器系统必须保证该时间和地点确实存在合法的攻击目标。

《第一附加议定书》第 36 条只强调了各国的法律审查义务，具体审查机制则交由各国自行建立。换言之，法律审查机制应怎样建立、采用何种架构、适用什么样的程序以及如何做出最终决定，并没有统一的国际标准，由各国自由裁量。世界上很多国家都建立了自己的法律审查机制，但如何修改和完善这些机制以使其适用于自主无人武器系统的合法性评估，目前仍是一项严峻的挑战①。

2. 使用时的预防措施

无论使用何种武器，国际人道法都要求计划或决定攻击的人尽到谨慎注意义务，并采取一切可能的预防措施，确保国际人道法的各项基本原则得到有效遵守，同时也要求冲突各方采取防止攻击影响的预防措施，避免平民和民用物体受到军事行动危害②。《第一附加议定书》规定的预防措施是一项行为义务而非结果义务，并且赋予决策者较大的自由裁量权。如果使用自主无人武器系统，这项义务是否会由人转移给人工智能系统呢？首先从技术上说，它要求人工智能系统能实时从周围环境收集数据并予以分析，并在有疑问时暂停或取消攻击，这种近似于人类的"智能"短时间内恐怕难以实现。其次，即使技术上的难题可以攻克，从现有国际人道法规则的目的、宗旨和措辞来看，我们也很难得出这样的推论，最终采取预防措施的义务仍然需要那些"计划或决定攻击的人"来承担。但是，部署并使用自主无人武器系统确实会增加决策者履行义务的难度，因为他们需要采取一切可能的措施确保自主无人武器系统在攻击时具备足够的可靠性。

3. 违法后的责任追究

人类会犯错误，机器同样如此，无论它们有多"智能"。对于人类故意或过失而产生的违法甚至犯罪行为，可以通过司法体系进行追责，但对于自主无人武器系统因"错误"而产生的违法或犯罪行为，责任应由谁来承担呢？在这方面，存在两种对立的主张：一种是目前的主流观点"工具论"，认为使用自主无人武器系统不过是人类所采用的一种新型作战手段或方法，违反国际人道法产生的责任仍应由人类来承担[18]；另一种则是"拟人论"，认为自主无人武器系统具有自主判断和决策能力，应视同人类战斗员[19,20]。从行为上，也许很难说出人类持有武器和人工智能系统持有武器有什么本质不同，但从法律和伦理的角度看，人类不应以人工智能系统的故障为借口推卸自身的责任，这样也有违法律的精神和价

---

① 中国政府表示："国家对新武器的审查有一定积极意义，包括中方在内的大多数国家均有相关的审查和评估机制，但各国政策和做法有很大不同，相关评估无法律约束力，难以解决 LAWS 引发的相关关切，并有可能给某些不应出现的武器提供合法化依据。"参见外交部：《中国代表团团长傅聪大使在〈特定常规武器公约〉框架下"致命性自主武器系统"首次政府专家会上的发言》。

② 1977 年《第一附加议定书》，第 57 条和第 58 条。

值。自主无人武器系统是由人类设计、建造、编程和使用的，因其违法行为而产生的后果及法律责任也应归因于人。在任何情况下，自主无人武器系统的错误攻击都不应归咎于武器本身。

4. 马顿斯条款

在规范自主无人武器系统方面，不能忽视马顿斯条款的作用。作为一项剩余规则，马顿斯条款是对国际人道法滞后性做出的补救，最早被写入《陆战法规和惯例公约》(1899 年海牙第二公约)的序言，其现代版本则表述为："在本议定书或其他国际协议所未包括的情形下，平民和战斗员仍受来源于既定习惯、人道原则和公众良心要求的国际法原则的保护和支配"①。不过，由于尚不存在一个普遍接受的对马顿斯条款的解释，对于该条款能否为冲突各方研发、部署或使用某种武器施加实在法义务，仍然存在争论[12]。但无论如何，该条款意在防止在国际人道法领域出现"法无明文禁止即许可"的推定，强调既定的国际法原则和规则可以适用于嗣后出现的新技术和新情况。特别是它所提及的"公众良心"要求，对于审视自主无人武器系统带来的伦理问题具有重要意义。而迄今为止仍在探讨的对自主无人武器系统必须有"人类介入"、"人类控制"或"人类判断"等观点，也反映出马顿斯条款的实际影响。无论该条款是否构成独立的国际法渊源，其所蕴含的原则和精神都可以成为解释国际人道法规则的重要基础。

4.3 使用自主无人武器系统与使用武力的合法性

国际人道法属于"战时法"(*jus in bello*)，它解决的是冲突各方具体交战行为的合法性问题，属于交战正义的范畴。与之相对应的概念是"诉诸战争权"(*jus ad bellum*)，它解决的是国家相互间诉诸武力的合法性问题，属于开战正义范畴。19世纪末以前，战争是处理国家间关系的合法方式，各国均拥有开战的权利，这一权利仅受正义战争理论的制约，即一国发动战争必须要有正义的理由、正当的目的，战争是最后手段且由公认合法的国家当局宣告[21]。而只要是为了赢得一场正义的战争，就可以采取一切必要的战争手段。在这一时期，开战正义即意味着交战正义，二者的关系是顺理成章的。然而，由于不存在评价战争正义性的公认客观标准，正义战争理论运用于实践的严重缺陷也逐渐显现。20 世纪后，正义战争

---

① 1977 年《第一附加议定书》，第 1 条第 2 款。另参见 1949 年《改善战地武装部队伤者病者境遇之日内瓦公约》（简称《第一公约》），第 63 条；1949 年《改善海上武装部队伤者病者及遇船难者境遇之日内瓦公约》（简称《第二公约》），第 62 条；1949 年《关于战俘待遇之日内瓦公约》（简称《第三公约》），第 142 条；1949 年《关于展示平民保护之日内瓦公约》（简称《第四公约》），第 158 条。

理论逐渐衰落，战争非法化的趋势渐成主流，这促使诉诸战争权与战时法两个概念开始分离，即对开战正义和交战正义加以明确区分，发动战争的正义性并不必然意味着交战行为的正义性。1945 年《联合国宪章》一般性禁止国家相互间使用武力后，这种分离的必要性愈发明显。由于禁止使用武力原则存在例外，即使在法律上也无法完全消除国家间爆发战争或武装冲突的可能性，诉诸战争权随之演变为一个单独问题。而作为战时法的国际人道法则恰恰相反，它平等地适用于冲突各方，不对国家间使用武力的合法性问题做价值判断，只关注冲突中的实际情况，确保冲突各方的交战行为符合最起码的人道标准。因此，在当代国际法体系中，诉诸战争权与战时法相互独立，各自归属于不同的范畴。正是这种分离性的特征，使得我们有必要探讨自主无人武器系统给国家间使用武力的合法性问题带来的影响。

4.3.1　使用自主无人武器系统和禁止使用武力原则

自 19 世纪晚期起，国家的诉诸战争权就开始逐步受到制约。从 1899 年《和平解决国际争端公约》到 1919 年《凡尔赛和约》再到 1928 年《巴黎非战公约》，国际法逐步从限制战争转变为彻底废弃战争作为推行国家政策的工具。为了规避这些条约的限制，许多国家往往不宣而战[22]。在汲取了 20 世纪上半叶的经验和教训后，1945 年《联合国宪章》不仅禁止战争，更是全面禁止在国际关系中使用武力和以武力相威胁，仅在维持或恢复国际和平与安全的范围内，将使用武力的授权交由联合国安理会行使。这意味着，当代国际法原则上已不再给国家单方面擅自发动战争留下合法性空间，而是用联合国集体安全机制这样的"公力救济"方式取代国家这种原始的"私力救济"，使战争从掠夺或"同态复仇"的工具变为维持或恢复国际和平与安全的最后手段[23]。但是，国家的诉诸战争权并非完全失去意义，当代国际法仍为国家在例外情况下的"私力救济"留有一定余地，即承认国家在遭受武装攻击时有进行单独或集体自卫的自然权利①。但是，国家以行使自卫权为由动用武力有着严格的限制，必须同时符合即时性、必要性和比例性三项法律标准：①自卫权仅能在遭受武装攻击时行使，且必须在安理会采取必要办法之前；②一国采取的武力应对措施已是最后手段，别无其他选择；③一国采取的武力应对措施与遭受的武装攻击相比是相称的[24]。与适用国际人道法时面临的情形一样，让自主无人武器系统对这些标准做出准确的判断，在技术和法律层面都面临巨大障碍。

第一个需要解决的问题是，攻击国使用自主无人武器系统在什么情况下构成

---

① 还有一种不证自明的情形是国家的同意，可以排除使用武力的不法性。例如，一国同意另一国在其本国境内使用武力打击恐怖主义目标。

对另一国的武装攻击，这是触发后者自卫权的关键。在这个问题上，国际法院区分了最严重形式的和其他不那么严重形式的使用武力(less grave form of use of force)，并认为只有前者才构成武装攻击。具体而言，武装攻击不仅指正规军队越过国际边界的行动，而且也指一个国家或以其名义派遣武装小队、武装团体、非正规部队或雇佣军，对另一个国家进行武力行为，其严重性相当于正规部队的实际武装攻击，或该国实际卷入了这些行为①。实质上，构成武装攻击的行为就是联合国大会所认定的侵略行为②。从国际法院的解释来看，武装攻击的判定标准在于其严重性是否达到了正规军攻击的规模和效果，而不在于所使用武器的类型[25]。如果使用自主无人武器系统达到了上述规模和效果，就构成武装攻击，否则可能就只是边境摩擦事件。但国际法院同时也强调，武装攻击的概念不包括以提供武器、后勤或其他支持的形式给予叛乱者的援助③。这就意味着，一国向另一国的反对派提供自主无人武器系统不构成对该国的武装攻击。然而在这种情形下，自主无人武器系统的软硬件控制系统是由前者设计和制造的，后者境内攻击目标的参数也可能是前者预先设定的，反政府的武装团体可能只是进行了激活操作。这是否相当于武器提供国对该团体的攻击实施了有效控制④，抑或是激活这一操作本身已有效阻断了这种控制，在现有国际法的框架下还无法得出确定的结论。

第二个问题是防卫国使用自主无人武器系统时如何保证武力应对措施的必要性和比例性。首先，使用自主无人武器系统可能会显著降低国家间和平解决争端的可能性。国际社会自19世纪末以来确立和平解决国际争端原则以及将战争非法化的努力，正是认识到战争给人类社会带来的巨大灾难，特别是对人的生命和躯体的残害。自主无人武器系统的应用却在某种程度上缓解了这种担忧。俄罗斯联邦负责国防工业的前副总理德米特里·罗戈津(Dmitry Rogozin)就曾表示："为了不让我们的战士牺牲，我们必须要进行无接触战斗，因此有必要使用战争机器人"[26]。美国在2011年推出的《无人系统综合路线图(2011—2036)》中也提出："美国和盟国的作战行动继续凸显出无人系统在现代作战环境中的价值。指挥和作战人员高度评价无人系统的固有特征，尤其是它们的持久性、多用途以及降低了人员的生命危险"[27]。由此可以推断，自主无人武器系统的这一特性会减少防卫国使用武力的顾虑，从而限缩使用和平手段的空间，实质上会降低战争的门槛。

---

① ICJ, Case concerning Military and Paramilitary Activities in and against Nicaragua (Nicaragua Case), Judgment I.C.J. Report 1986, paras.191, 195。
② 联合国大会第3314(XXIX)号决议(侵略定义)，1974年12月14日通过，第3条。
③ Nicaragua Case Judgment, I.C.J. Report 1986, para.195。
④ 武装团体的行为必须是在一国指令或强制下实施的，才可以说存在有效控制。为该团体提供资助和装备，组织和训练该团体，选择军事或准军事的攻击目标以及策划整个攻击行动，都不构成有效控制存在的充分证据。

特别是在攻击国和防卫国均部署和使用自主无人武器系统的情况下，战争的爆发可能比人们想象中更加容易。由此带来的衍生后果是，国家间会开展自主无人武器系统的军备竞赛，从而形成恶性循环[6]。

其次，使用自主无人武器系统很容易造成过度反应，从而破坏武力自卫措施的比例性。这种比例性实质上是对行使自卫权可能导致的战争之全面后果的评估[6]。这种评估有客观和主观两种方法：客观方法聚焦战争的实际影响，即战争实际产生的相对好的方面是否超过了它所带来的破坏后果；主观方法则是依据特定时间可获得的证据评估战争的可能效果。而无论采用哪种评估方法，都应当考虑到不诉诸战争这一选项会带来怎样的影响[28]。但事实上，这种评估是相当困难的，因为它绝不仅仅是对经济成本和利益的简单计算，还要考虑政治、外交、国际关系等诸多因素，是根据所有可用的情报对局势的综合判断。例如，攻击国使用武力的行为是否构成国际法意义上的武装攻击？防卫国应使用多大规模和范围的武力应对措施？攻击敌方的自主无人武器系统与攻击敌方人员的效果能否等同？在可见的未来，自主无人武器系统很难完成如此审慎和复杂的决策。一个可供参考的实例发生在 1988 年 7 月 3 日，美国"文森特"号巡洋舰发射导弹击落了伊朗航空 655 民航班机，最终导致机上 290 人全部丧生[1]。这就是一次舰载作战信息系统误判引发过度反应所造成的悲剧，在有人类指挥官做出最终决策的情况下尚且如此，更不用说使用全自主的无人武器系统。

4.3.2　使用自主无人武器系统和不干涉原则

国际法不仅在一般意义上禁止使用武力，同样也禁止使用武力相威胁。国际法院在关于核武器的咨询意见中就明确指出："如果在某一情况下使用武力本身为非法——不论什么原因——威胁使用此种武力同样也为非法"①。相比使用武力，以武力相威胁在实践中更加难以判断。但可以肯定的是，单纯部署自主无人武器系统本身不构成以武力相威胁，是否非法取决于其使用的目的和方式。很多情况下，不那么严重形式的使用武力和以武力相威胁还会放在不干涉原则的范畴内加以考量。干涉的含义相当宽泛，一般是指一国对另一国内外事务的干预行为，但尚缺乏明确的法律定义[23]。广义的干涉还包含武装干涉、人道干涉等子概念，更是难以与威胁或使用武力相区分。1945 年《联合国宪章》原本只禁止联合国机构干涉他国内政，此后联合国大会又以宣言的形式将不干涉义务扩展至所有国家，并反复重申②。根据上述宣言，联合国禁止的与使用武力相关的干涉包括：①武

---

① ICJ, The Legality on the Threat or Use of Nuclear Weapons, Advisory Opinion, I.C.J. Report 1996, para.47.

② 1945 年《联合国宪章》，第 2 条第 7 款；1965 年《关于各国内政不容干涉及其独立与主权之保护宣言》，联合国大会 1965 年 12 月 21 日第 2131(XX)号决议通过；1970 年《关于各国依〈联合国宪章〉建立友好关系及合作之国际法原则之宣言》，联合国大会 1970 年 10 月 24 日第 2625(XXV)号决议通过。

装干涉；②组织、协助、煽动、资助、鼓励或容许目的在于以暴力推翻另一国政权之颠覆、恐怖或武装活动；③使用武力剥夺各民族之民族特性构成侵犯其不可移让之权利及不干涉原则之行为。与禁止使用武力原则一样，是否构成干涉别国内政与使用的武器类型无关。但考虑到国际社会对使用武力的严格解释，使用自主无人武器系统特别是非致命的自主武器可能更容易落入干涉的范畴。

4.4 使用自主无人武器系统的国际责任

无论人工智能技术发展到何种程度，使用自主无人武器系统都不可能保证百分之百的可靠性，违反国际法的情况仍有可能发生。因使用自主无人武器系统而导致违法的行为发生时，随之而来的就是如何进行救济和追责。这是一个无法回避的问题，因为无救济则无权利。相应地，"责任是权利的必然结果，所有国际性质的权利都含有国际责任，如果有关义务未获满足，那么责任就导致赔偿"[①]。因此，没有追责机制也就不可能保证国际义务得到有效履行。目前，尚不存在任何专门的国际条约来规范自主无人武器系统的研发、获取、部署和使用以及因上述行为导致的责任问题，因此只能诉诸既有的国际法规则，包括条约和习惯。从当代国际法的视角看，使用自主无人武器系统导致的违法行为可能导致两种类型的国际责任——国家责任和个人刑事责任。国家责任可因违反武力使用法和国际人道法而产生，对后者的违反还会同时导致个人刑事责任。无论哪种形式的国际责任，国际法均建立了相应的归责标准，但这些标准并未充分预见到人工智能技术的发展及其军事利用。因此，使用自主无人武器系统而导致违反国际法时，无论是国家责任还是个人刑事责任，其归责标准和归责模式都面临挑战，甚至存在法律真空。

4.4.1 国家责任

国家应为其不法行为承担赔偿责任，这是国际法的一项基本原则[②]。换言之，一国违背任何义务的行为，无论其起因为何，都引起国家责任[③]。2001 年，联合国国际法委员会二读通过了《国家对国际不法行为的责任条款草案》，为国家责任提供了具体的归责标准：首先，国家间必须存在有效的国际法律义务，无论是条约法义务还是习惯法义务；其次，由作为或不作为构成的行为违背了该义务；最后，该行为可归因于国家，因为国家是抽象的法律实体，本身不可能实施某种

---

① Spanish Zone of Morocco Claims, Report of International Arbitral Awards, 1925, Vol.II, p.641。

② PCIJ, Chorzow Factory Case, Series A, No.17, 13 September1928, p.29。

③ The Rainbow Warrior Case, Report of International Arbitral Awards, 1990, XX, p.217。

行为，只能通过被授权的官员或其他代表行事①。就武力使用法和国际人道法而言，国际法律义务是清晰、明确且有效的，而自主无人武器系统无论因为软硬件故障还是设计缺陷，也都有可能违背这些法律义务。但在可归因性的问题上，由于人工智能控制系统的存在，情况就变得不同。

1. 违反武力使用法的国家责任

使用自主无人武器系统可能构成对一国非法使用武力。正如前文所述，在未经安理会授权的情况下，国家间诉诸合法武力的唯一途径是行使自卫权。对一国而言，是否行使该项权利以及如何行使该项权利，一般由宪法授权的国家机关依照法定的国内程序对局势进行评估并在此基础上进行审慎决策。如果使用自主无人武器系统，相关判断和决策完全交由人工智能控制系统来完成，一旦系统出现软硬件错误导致对局势误判，就可能产生过度反应甚至是完全错误的反应。

自主无人武器系统导致的非法使用武力是否可归因于使用国，实际上取决于对国家责任性质的判断，即国家责任是一种过错责任(主观责任)还是严格责任(客观责任)。国际判例和学者观点在该问题上存在严重分歧。主观责任说认为，一国承担责任的前提应是知晓或本应知晓任何可能发生的不法行为而未尽审慎注意义务或通知义务②。在这一学说之下，使用自主无人武器系统造成不法行为的可归因性就面临严重障碍，因为很难证明国家知道或本应知道自主无人武器系统在某个特定的情况下会发生故障进而导致不法行为的产生。事实上，即便相关国家知道这种武器不可能具备百分之百的可靠性，它们也无法预见到不可靠性会由于何种因素的影响而在何种情况下产生。此外，当前的国际法规则并不要求国家部署和使用的任何合法武器都必须具备绝对的可靠性，也就没有理由要求自主无人武器系统必须达到这样的标准。相较而言，客观责任说更强调不法行为发生并产生损害的事实。按照这一学说，确定非法使用武力产生的国家责任与所用武器的类型毫无关系，其可归因性十分清晰。只要一国的有权机关部署并使用了自主无人武器系统，无论该武器实施的不法行为是何种原因引起，使用国都应对该不法行为造成的损害承担赔偿责任。联合国国际法委员会没有对这种学说表达明确的立场，认为采取主观责任还是客观责任取决于具体情况，尤其包括初级义务的内容③。不过，目前多数观点都倾

---

① Draft Articles on Responsibility of States for Internationally Wrongful Acts with Commentaries, Report of the International Law Commission on the work of its fifty-third session, 2001, p. 34。

② ICJ, Corfu Channel Case, Judgment, I.C.J. Report 1949, p.18; ICJ, Case concerning Armed Activities on the Territory of the Congo, Judgment of Merits, I.C.J. Report 2005, paras.247-250。

③ Draft Articles on Responsibility of States for Internationally Wrongful Acts with Commentaries, Report of the International Law Commission on the work of its fifty-third session, 2001, p. 34。初级义务涉及国际法设定了哪些义务，次级义务处理这些义务被违反后的责任问题，《国家对国际不法行为的责任条款草案》属于次级义务的内容。

向于客观责任说，因为严格责任能促使国家对其相关部门进行更严格的管理[29]。在一国使用自主无人武器系统发生不法行为时能否导致国家责任的问题上，这种倾向显得尤为重要，否则就可能造成归责困难甚至是国家责任真空。

2. 违反国际人道法的国家责任

武装冲突中违反国际人道法的行为不仅会引发个人刑事责任，也可能导致国家责任。作为初级规则的国际人道法，事实上早就建立了自己的责任机制。《陆战法规和惯例公约》(1907 年海牙《第四公约》)第 3 条就已明确规定："违反该章程规定的交战一方在需要时应负责赔偿。该方应对自己军队的组成人员做出的一切行为负责。" 1977 年《第一附加议定书》第 91 条重述了该内容，只是在措辞上有一些微小的调整。此外，1949 年 "四个日内瓦公约" 中也有类似的条款①。与《国家对国际不法行为的责任条款草案》相比，国际人道法为一国所属武装部队人员的行为建立了绝对的可归因性标准，无须其行为必须以官方资格行事②。但这并不意味着国际人道法就是一个充分自足的体系，因为它只处理了可归因性问题的一个方面，所以可将上述条款视为国家责任法的特别法③。在其他情况下，仍需诉诸《国家对国际不法行为的责任条款草案》建立的各项归因标准，包括但不限于：①一国除武装部队外其他机关的行为，如警察部门等行政机关；②行使政府权力要素的个人或实体的行为，如一国雇佣的私营军事和安保公司的某些行为；③受到一国指挥或控制的行为，如某些非国家武装团体的行为；④正式当局不存在或缺席时实施的行为，如民众抵抗运动；⑤经一国确认并当作其本身行为的行为④。

如果一国武装部队人员在冲突中部署并使用了自主无人武器系统，哪怕只是激活了这种武器，该国都应对此种武器造成的违反国际人道法的行为负责。在绝对责任模式下，自主性影响的只是武器的控制方式而非武器的性质，武装部队人员使用的是自主武器还是需要人工操作的武器，以及是否要为违反国际人道法的行为负个人刑事责任，结果并无不同。国际人道法规定这种绝对责任的逻辑是，武装部队人员作为特定类别的国家机关，国家所实施的控制相比其他公务人员更为严格[30]。但除此以外的其他情况下，都必须先将自主无人武器系统造成的违反国际人道法的行为归因于相关个人、实体或机关(即属于他们以相关资格行使的行为)，然后才可能归因于国家。归因链条的延长就意味着归责难度的增加，因为确

---

① 1977 年《第一附加议定书》第 91 条："违反各公约或本议定书规定的冲突一方，按情况所需，应负补偿的责任。该方应对组成其武装部队的人员所从事的一切行为负责。"

② 2001 年《国家对国际不法行为的责任条款草案》，第 7 条。

③ 同上，第 55 条。

④ 同上，第 4、5、8~10 条。

立国家责任并不需考虑行为的主观意图，但在建立个人责任时这一点不可或缺。解决这一难题存在两种思路：一种是在部署和使用自主无人武器系统时应始终保证人类控制，直接排除"人在回路外"这种完全自主武器系统的合法性；另一种是将自主无人武器系统本身直接视为一种国家机关或者行使政府权力要素的个人或实体。就第一种思路而言，难以解决的问题是，人类控制应给武器的自主性留有多大空间？换言之，人类控制应是一种直接控制还是间接控制？姑且不论法律上的绝对禁止未来能否实现，仅从技术的角度看，一些自主武器一旦被激活，就已在事实上排除了人工干预的可能性。国际社会虽然也提出了"有意义的人类控制"这一概念，但其内涵和外延至今都不明确。而第二种思路则直接回到"拟人论"的模式上来，看似为确立国家责任扫清了障碍，却让追究个人刑事责任陷入困境。国家责任和个人刑事责任都是保证国际人道法得到有效遵守的重要途径，在这方面不能建立双重标准。因此，在专门的国际公约出现之前，上述形式的责任真空可能会一直存在。

国际人道法还给国家施加了审慎注意义务，即国家有义务尊重并确保尊重国际人道法。具体而言，一国应采取适当的立法、行政或其他适当措施预防违法行为的发生，而一旦发生违法行为，则应进行有效、迅速、彻底和公正的调查，并根据国内法和国际法起诉并惩治责任人[31]。如果国家未能有效履行上述义务，同样会引发国家责任。然而，国家在多大范围内对使用自主无人武器系统承担预防义务，以及由于责任真空的存在无法采取司法行动时是否构成对注意义务的违背，现有的国际法规则还无法给出明确的答案。

4.4.2 个人刑事责任

除国家责任外，武装冲突中严重违反国际人道法的行为构成战争罪，行为人还应被追究个人刑事责任，这是自纽伦堡审判以来已牢固确立的一项基本原则①。从逻辑上讲，战争罪是通过有人操控的武器还是使用自主无人武器系统实施的，其后果并无实质上的差异。但实际的情况是，如果人类的自主判断被算法取代，同样的犯罪行为在归责上就面临严重障碍，因为自主无人武器系统的应用打破了原本以人类武器操作员和指挥官为中心的责任模型，而现有刑事司法体系规范的对象恰恰是人而非机器。在这个问题上，多数学者坚决反对"拟人论"的思路，反对由机器来承担法律责任，无论它们变得多么智能。马尔科·萨索利教授认为："只有人类才受法律规则的支配。……无论人工智能技术发展到何种程度，总是有人类站在起点上。是人类决定是否制造一台机器以及由谁来制造。即使有一天，机器人可以制造另一台机器人，也仍然需要人类开发出第一台机器人并教会它如

---

① 《〈纽伦堡宪章〉和纽伦堡审判中确认的国际法原则》，1946 年 12 月 11 日联合国大会第 95(1) 号决议通过，原则一。

何制造新的机器人。受法律约束的是人类而非机器"[32]。迈克尔·施密特教授也强调: "全自主系统并非一开始就是完全无人的系统。至少, 系统的设计者或操作员必须根据规定的参数进行编程以使其运行, 操作员还必须决定将其部署于特定的战场空间。……仅仅是人类没有控制某一交战行为的事实并不意味着没有人为自主武器系统的行为负责"[33,34]。在这一前提下, 问题就演变为谁应为自主无人武器系统犯下的战争罪行负责。随着技术的进步, 软件系统也变得日趋复杂, 机器学习不再局限于人类输入的具体指令, 而是可以通过算法进行类比和推理, 这使得未来自主无人武器系统的行为愈加难以预测。例如, 自主无人武器系统也许可以通过一个人过去的言论或行为的大数据计算出该人给己方带来严重安全威胁的可能性, 如果这一可能性超过了预设的阈值, 就可能激活自主无人武器系统的攻击系统, 哪怕该人在攻击的当时属于平民。这种固有的不可靠性导致个人责任的承担者可能会超出部署和使用自主无人武器系统的终端用户, 扩展至这类武器的研发人员(设计人员、编程人员)、生产公司等。

作为终端用户, 决定部署和使用自主无人武器系统的战斗员或军事指挥官有义务保证遵守国际人道法。例如, 美国国防部 2012 年颁布的一份关于武器系统自主性的指令中就强调, "授权使用、指令使用或操作自主和半自主武器系统的人必须保持适当注意并遵守战争法、可适用的条约、武器系统安全条例以及可适用的交战规则"[8]。如果武器操作人员或指挥官决定在某一作战环境下使用自主无人武器系统时, 明知或能够预见到该武器可能严重违反国际人道法, 或者在违法行为发生时没有采取有效措施关闭该武器系统, 他们因此而承担个人刑事责任并无问题。但如果自主无人武器系统的行为明显超出了操作人员或指挥人员的可预见性范围, 如硬件故障、软件错误或深度机器学习带来了不可预测的结果, 或者在违法行为发生时没有人工关闭武器系统的现实可能性, 就可能产生责任真空, 因为操作人员或指挥人员此时不具备为战争罪承担个人刑事责任所必需的主观故意①。有学者试图通过类推适用指挥官责任来弥补这一短板[17]。但是, 一方面, 国际法的既有规则并不承认指挥官责任是一种独立的直接责任, 而是视为一种归责方法②。适用指挥官责任解决自主无人武器系统带来的责任真空问题, 实质上又回到了"拟人论"的思路。另一方面, 指挥官责任实质上追究的是不作为, 旨

---

① 例如, 1998 年《国际刑事法院罗马规约》第 30 条规定: "(一)除另有规定外, 只有当某人在故意和明知的情况下实施犯罪的物质要件, 该人才对本法院管辖权内的犯罪负刑事责任, 并受到处罚; (二)为了本条的目的, 有下列情形之一的, 即可以认定某人具有故意: 1. 就行为而言, 该人有意从事该行为; 就结果而言, 该人有意造成该结果, 或者意识到事态的一般发展会产生该结果。(三)为了本条的目的, '明知'是指意识到存在某种情况, 或者事态的一般发展会产生某种结果。'故意'和'明知'应当作相应的解释。"在战争罪认定的主观要件方面, 原南斯拉夫国际刑事法庭以及其他特别法庭的实践与国际刑事法院并不完全一致, 但这并不影响自主无人武器系统"可能"带来责任真空这一结论。

② 1977 年《第一附加议定书》, 第 87 条; 1998 年《国际刑事法院罗马规约》, 第 28 条。

在以这种间接责任模式敦促指挥官对其下属的行为履行充分的注意义务，但该注意义务的范围和程度同样与自主无人武器系统行为的可预见性密切相关。当然，在国际层面追究使用自主无人武器系统引发的个人刑事责任存在真空并不意味着在国内层面同样如此。例如，前文叙及的美国国防部指令就对自主无人武器系统的部署和使用给指挥官施加了直接责任[8]。但很多情况下，国内法往往都是利用其他罪名处理实质上构成战争罪的行为。尽管这仍然能让有关个人承担刑事责任，但无法充分体现罪行的严重性以及责任人应受法律谴责的程度[35]。

由于自主无人武器系统的可靠性高度依赖其设计者、编程者等研发人员，他们在这类武器实施了严重违法行为后的责任问题日益受到关注。如果说武器操作人员是通过按钮或键盘来最终控制自主无人武器系统的行为，那么研发人员就是通过算法来实施了这种控制。我们很难说自主无人武器系统在武装冲突中实施了严重违反国际人道法的行为与这些武器的研发者毫无关系，但研发行为并不能直接等同于这些武器实施的行为，因此在现有法律框架下试图以战争罪追究他们的个人刑事责任，面临着巨大障碍。首先，战争罪要求行为在武装冲突的背景下发生并与该冲突有关，但在大多数情况下，自主无人武器系统的研发工作都是在和平期间进行的，并且很可能在武装冲突开始前就已结束。其次，假设武装冲突是长期的以致研发工作全部在这一期间完成，或者研发人员在自主无人武器系统于武装冲突期间部署后又对其做了实质性的重大修改，从而满足了背景要件，确定适用哪一种个人刑事责任模式也并非易事。

以 1998 年《国际刑事法院罗马规约》的规定为例，由于研发工作不可能构成直接实施，可适用的个人直接刑事责任模式就包括：①通过不论是否负刑事责任的另一人实施这一犯罪；②为了便利实施这一犯罪，帮助和教唆(aiding and abetting)实施或企图实施这一犯罪，包括提供犯罪手段；③为了促进以共同目的行事的团伙的犯罪活动或犯罪目的，或者明知这一团伙实施该犯罪的意图，以任何其他方式故意支助这一团伙实施或企图实施这一犯罪①。换言之，就是能否将研发人员视为武器操作人员、军事指挥人员以及其他决策者的共同正犯，从而间接实施了犯罪。就第一项而言，它要求研发人员能控制实际实施犯罪行为之人的意志，不论该人是否应被追究刑事责任②。这就排除了研发人员可以通过自主无人武器系统的操作人员甚至是军事指挥人员实施犯罪的可能性，因为这种控制几乎不可能存在。就第二项而言，它要求研发人员不仅要知道实际行为人的最终目的是实施犯罪并且自己的行为会协助实施这一犯罪，还要求研发人员的工作就是"为了便利实施这一犯罪"的目的，这是一项比原南斯拉夫国际刑事法庭适用得更

---

① 1998 年《国际刑事法院罗马规约》，第 25 条第 3 款第 1 项、第 3 项和第 4 项。

② The Prosecutor v. Germain Katanga and Mathieu Ngudjolo Chui, Decision on the confirmation of charges (ICC-01/04-01/07-717), Pre-Trial Chamber I, 30 September 2008, para. 488.

高的标准[36]。举例来说，如果研发人员知道自主无人武器系统在某一作战环境中
被操作人员激活后很可能严重违反国际人道法，但仅仅是出于获利的考虑仍然从
事了该武器的研发活动，就很难构成《国际刑事法院罗马规约》所指的帮助和教
唆。此外，与背景要件相联系的一个问题是，研发人员在和平时期的工作能否构
成对武装冲突期间犯罪行为的帮助和教唆。国际刑事司法判例对此没有明确阐释，
只是说明帮助和教唆一项犯罪可以发生在主要犯罪实施前、实施中和实施后，甚
至可以远离主要犯罪的地点①。但这很难得出帮助和教唆行为可以发生在武装
冲突开始前的结论。而对第三项，仅是确定研发人员与武器操作人员、军事指
挥人员或其他决策人员属于具有共同犯罪目的的集团，就是一项不可能的任
务。从实践的角度看，由于自主无人武器系统的研发一般都是一项庞大、复杂
的系统工程，军事和政府机关、学术研究机构、国内外公司甚至是跨国公司都
可能参与其中，他们各负其责，工作内容相互依存，几乎难以认定哪个人或哪
些人最应该为自主无人武器系统实施的违法行为负责，更不用说很多情况下还
要以武器操作人员或军事指挥人员需要承担刑事责任为前提[12]。至于自主无人
武器系统的生产者，基本只可能追究其关于产品质量的民事责任或者刑事责
任，基本与战争罪行无关。由此可见，如果部署和使用自主无人武器系统导致
严重违反国际人道法，既有的国际刑事司法体系存在明显的责任真空。

4.5　使用自主无人武器系统与相关国际法的规则

　　国家在设计、开发、列装、测试、部署及使用自主无人武器系统的过程中，
其主要关切的仍是这类武器在战争或武装冲突中具体应用所面临的法律问题，所
以武力使用法、国际人道法、国家责任法和国际刑法等国际法分支与此密切相关。
但自主无人武器系统作为人工智能技术军事化利用的重要表现形式之一，根据具
体的场景，还可能涉及一些其他国际法领域，其中的既定条约或习惯法规则虽然
并非专门针对自主无人武器系统，这类武器的出现却可能影响其中一些主要规则
的使用。这些领域包括但不限于关于武器转让的国际法、海洋法、外层空间法、
国际人权法等。除此以外，由于致命自主无人武器系统的出现可能带来严峻的伦
理和法律挑战，同时出于对这类武器可能引发的国家间军备竞赛的担忧，国际社
会还在《特定常规武器公约》框架下开启了军控谈判，以期在未来形成一部专门
规范自主无人武器系统的国际条约。

---

① ICTY, Prosecutor v. Blaskic, Appeals Chamber, Case No. IT-95-14-A, Judgement of 29 July 2004, para. 48。

4.5.1　自主无人武器系统与《武器贸易条约》

　　2013 年《武器贸易条约》是目前在武器转让领域最重要的国际多边条约之一[①]。它旨在监管常规武器贸易、打击非法贸易并防止交易的常规武器被转作他用。条约对武器贸易中的转让行为做了非常宽泛的界定，包括出口、进口、过境、转运和中介等所有环节，除非武器的跨境移动仍是供其本国所有并使用，例如，某一缔约国向境外军事基地转运自主无人武器系统供本国部队使用，就不属于条约所指的转让行为。就范围而言，条约适用于八类常规武器：①作战坦克；②装甲战斗车；③大口径火炮系统；④作战飞机；⑤攻击直升机；⑥军舰；⑦导弹和导弹发射器；⑧小武器和轻武器。除此以外，还包括上述常规武器射击、发射或运载的弹药以及武器的零部件。从类型上看，这一监管范围涵盖了目前所知的大部分自主无人武器系统，因为它们实质上就是上述常规武器与人工智能控制系统按照某种方式形成的结合体。按照条约要求，自主无人武器系统的转让不得违背联合国安理会采取的措施，不得违背缔约国应承担的条约义务，不得因转让而使这类武器被用于违反国际法。即使自主无人武器系统的转让不在上述禁止之列，出口国也应考虑到相关因素，在不歧视的基础上客观评估自主无人武器系统是否会产生破坏国际和平与安全、国际犯罪等消极后果，并在风险过高时禁止此类出口。最后，参与自主无人武器系统转让的缔约国还应采取措施，防止这类武器被转作他用[②]。

　　从国际法的角度看，虽然《武器贸易条约》可以规制自主无人武器系统的转让，但由于它是一项比较宽泛的制度，所以在某些方面也存在严重的漏洞。首先，条约的适用范围无法包含非致命的无人军用自主系统，也不涉及自主系统技术的转让。例如，美国开发并使用的半自主机器人"魔爪"(talon)，最初是被开发用于探测并摧毁地雷等各类爆炸物，以保护战斗员。但它同时也是一个能满足多任务需求的机器人解决方案，可以改装成武器运载系统，其武装版本被称为"利剑"(swords)，可进行观察、侦察和探测等任务，同时携带用于防御的机枪或榴弹发射器。因此，它作为无人操作的监视系统可作为民用系统或技术单独购买，并在安装武器附件后用于军事用途，从而规避《武器贸易条约》的约束。其次，条约并不禁止向非国家实体转让自主无人武器系统。考虑到当代武装冲突中绝大部分属于有非国家实体参与的非国际性武装冲突，这一缺陷可能给国际和平与安全带来严重威胁。总体而言，《武器贸易条约》确实可以强化自主无人武器系统转让方面的透明度和国际责任，从而提高国家和国际社会的武器控制能力，最终减少非

---

① 《武器贸易条约》，2013 年 4 月 2 日联合国大会第 67/234B 号决议通过，2014 年 12 月 24 日生效，截至 2020 年 8 月共有 110 个缔约国。中国是重要的条约谈判参加国之一。2020 年 6 月 20 日，第十三届全国人民代表大会常务委员会第十九次会议批准中国加入《武器贸易条约》，标志着中国加入条约进程基本完成国内法律程序。数据来源：https://treaties.un.org/pages/ViewDetails.aspx?src=TREATY&mtdsg_no=XXVI-8&chapter=26&clang=_en#EndDec。
② 2013 年《武器贸易条约》，第 1～11 条。

法武器贸易。但它也亟待有效补充和加强,这就需要各缔约国采取有效措施减少条约与其他相关国际法规则之间的冲突和重叠,加强它们之间的协同作用[11]。

4.5.2 自主无人武器系统与海洋法

现有的许多具备自主功能的武器系统都安装在军舰上。由于造成平民生命和财产损失的可能性更低,国家可能更愿意优先在海上使用此类武器。因此,许多规范国家海洋行动的条约和习惯法规则可以适用于现在及未来的海基自主无人武器系统,特别是 1982 年《联合国海洋法公约》[36]。《联合国海洋法公约》不仅是一部普遍性多边条约,其中许多规则还被视为构成习惯国际法。具体而言,关于军舰的规则当然适用,不受是否配备自主无人武器系统的影响①。除此以外,可适用的规则还包括但不限于关于领海无害通过的规则、关于国际海峡过境通行的规则、关于航行和飞越自由的规则、关于公海上管辖权的规则和关于主权豁免的规则等②。不过,由于《联合国海洋法公约》只将"军舰"定义为"属于一国武装部队、具备辨别军舰国籍的外部标志、由该国政府正式委任并名列相应的现役名册或类似名册的军官指挥和配备有服从正规武装部队纪律的船员的船舶",所以独立在海上航行的自主无人武器系统能否构成军舰是有疑问的,如无人潜航器。在这个问题上,现有的国际法规则仍亟待完善。

4.5.3 自主无人武器系统与空间法

自主无人武器系统也可能部署于太空。由于太空环境对人类活动的天然限制,在太空中部署和使用自主无人武器系统可能更具优势。如果要设计、发展、部署和使用太空自主无人武器系统,这些活动就要受到有关外层空间的国际法规则的制约。1967 年《关于各国探索和利用包括月球和其他天体在内外层空间活动的原则条约》(简称《外层空间条约》)是外层空间法的核心文件,其中大量规则也被视为是对习惯国际法的编纂③。按照该条约第 4 条第 1 款的规定,各缔约国不得在绕地球轨道放置任何携带核武器或任何其他类型大规模毁灭性武器的实体,不在天体配置这种武器,也不得以任何其他方式在外层空间部署此种武器。国际社会目前对大规模杀伤性武器的普遍理解是包含生化武器与核武器,常规武器不在其列。这就意味着,在太空部署携带常规武器的自主无人系统并不违反国际法,除非其属于对

---

① 1982 年《联合国海洋法公约》,第 29~33 条。

② 同上,第 19~20 条、第 31 条、第 39~40 条、第 58 条、第 78 条、第 88 条、第 95 条、第 99~111 条、第 224 条、第 236 条。

③ 《关于各国探索和利用包括月球和其他天体在内外层空间活动的原则条约》,1966 年 12 月 19 日联合国大会通过,1967 年 1 月 27 日开放供签署,1967 年 10 月 10 日生效。截至 2020 年 1 月 1 日,条约共有 110 个缔约国,我国于 1983 年加入该条约。

地攻击武器且不能做到只攻击合法的军事目标。不过，一些缔约国的该项义务可能会由其国内法加以补充。例如，美国国内法所指的大规模杀伤性武器就包括具有大范围爆炸效果的武器，哪怕是常规武器[1]。该条约第 4 条第 2 款要求各缔约国必须把月球和其他天体绝对用于和平目的，禁止在天体建立军事基地、设施和工事，以及试验任何类型的武器及进行军事演习。从研发规律来看，很难只在地球模拟的环境试验太空自主无人武器系统的效果后就直接应用，这项禁令实质上剥夺了在月球和其他天体部署自主无人武器系统的合法性。但必须指出，用于军事目的但不构成武器的太空自主无人系统不在禁止之列，如近地轨道的军用侦察卫星、遥感卫星、军用全球定位系统，甚至是反导系统的天基部分[37]。该条约第 6～8 条还规定缔约国应对发射并留置于太空的物体保持管辖权和控制权，且发射国应对其太空活动以及对他国造成的损害承担国际责任。这样的规定也必然适用于太空自主无人武器系统，无论该损害是故意造成的还是因武器故障导致的[37]。在《外层空间条约》各项原则的统领下，1967 年《援救协定》[2]、1971 年《责任公约》[3]、1974 年《登记公约》[4]和 1979 年《月球协定》[5]中的相关规定也同样可适用于缔约国的太空自主无人武器系统。除此以外，联合国大会通过的两项决议也与太空自主无人武器系统具有相关性，即 1986 年《关于从外层空间遥感地球的原则》和 1993 年《关于在外层空间使用核动力源的原则》。前者为利用自主无人武器系统从太空收集和处理地球信息提供了法律指南，后者则可能适用于核动力的太空自主无人武器系统。

4.5.4　自主无人武器系统与国际人权法

国际人权法在任何时候都适用于使用武力的情形[6]。在武装冲突期间，国际人权法是国际人道法的重要补充，甚至可以域外适用[38]。而在不构成武装冲突的暴力局势中，使用武力必然要服从国际人权法规则。在军事占领、反恐行动等低烈度冲突中以及在国内动乱和紧张局势中执法时使用自主无人武器系统，都需要诉诸基于国

---

① Title 18 United States Cocde, Section 2332a。

② 即《关于援救航天员、送回航天员及送回射入外空之物体之协定》，1967 年 12 月 19 日联合国大会第 2345(XXII)号决议通过，1968 年 12 月 3 日生效。截至 2020 年 1 月 1 日，约约共有 103 个缔约国，我国于 1988 年加入该条约。

③ 即《关于外层空间物体所造成损害的国际责任公约》，1971 年 11 月 29 日联合国大会第 2777(XXVI)号决议通过，1972 年 9 月 1 日生效。截至 2020 年 1 月 1 日，条约共有 98 个缔约国，我国于 1988 年加入该条约。

④ 即《关于登记射入外层空间物体的公约》，1974 年 11 月 12 日联合国大会第 3235(XXIX)号决议通过，1976 年 9 月 15 日生效。截至 2020 年 1 月 1 日，条约共有 69 个缔约国，我国于 1988 年加入该条约。

⑤ 即《关于各国在月球和其他天体上活动的协定》，1979 年 12 月 5 日联合国大会第 34/68 号决议通过，1984 年 7 月 11 日生效。截至 2020 年 1 月 1 日，条约共有 18 个缔约国。

⑥ ICJ, The Legal Consequence of the Construction of A Wall on the Occupied Territory of the Palestine, Advisory Opinion, I.C.J. Report 2004, para.106。

际人权法的执法范式，而可能受到影响的人权范围包括生命权、人格尊严、自由与安全以及免受酷刑和其他形式的残忍、不人道或有辱人格的待遇等权利。考虑到自主无人武器系统的致命性，这里只围绕生命权展开探讨。

生命权是一项不可克减的人权，即使在武装冲突中也不容许任意剥夺①。在执法范式下使用武力，必须遵守合法目的，更是要遵循必要性原则和相称性原则。具体而言，就是要遵循武力使用的逐步升级程序，即从非致命手段向致命手段逐步升级，换言之就是"逮捕优先"，并且在计划行动时应尽量增加实施逮捕的机会。执法人员只有在绝对必要时才能使用武力，特别是火器，而且不得超出执行职务所必需的范围。只有在挽救人的生命或保护他人免受严重伤害而确实别无选择的情况下，才能使用致命武力，且不应危及与事无关的人员②。这些情况都需要在个案的基础上加以评估，但自主无人武器系统缺乏评判威胁严重性和致命武力必要性的人文素养。无论算法如何完善，自主无人武器系统都很难具备人类才有的同情和共情能力，无法基于不同的环境和情势找出可以替代使用武力的最佳方案。有学者直言，机器在进行人类生活通常需要的定性评估方面能力有限，允许机器决定是否为保护他人而采取行动，将对生命权构成严重风险[39]。更关键的是，当人面对机器而不是人类的执法人员时，也许会做出不正常的反应，很可能会导致自主无人武器系统错误地采取致命武力。另外，自主无人武器系统由于缺乏非致命的执法手段，不可能保证无罪推定的适用以及嫌疑人接受公正、公开审判的权利，很容易构成国际法所禁止的法外处决、草率处决或任意处决行为，从而侵犯生命权，还可能产生国家责任问题[40]。

4.5.5　酝酿中的军控条约

现有及可能出现的各种自主无人武器系统已在政策、法律和伦理等诸多方面引起国际社会的关注，科学家甚至认为自主无人武器系统是继火药与核武器之后的第三次战争革命[41]。现有国际法律框架在应对这类武器方面的可能缺陷也愈发凸显。国际社会最终决定在 1980 年《特定常规武器公约》的框架下审议这一问题③。2013 年 11 月，在瑞士日内瓦举行的缔约方会议决定，由主席在来年召开一次非正式的专家会议，结合公约的目标和宗旨，讨论与致命性自主武器系统领

① ICJ, Nuclear Weapons Case, Advisory Opinion, 8 July 1996, I.C.J. Report 1996, para.25。
② 1966 年《公民权利和政治权利国际公约》，第 6 条；人权事务委员会：第 36 号《一般性意见》，CCPR/C/GC/36，第 10～17 段；1979 年《执法人员行为守则》，第 3 条；1990 年《执法人员使用武力和火器的基本原则》，第 9 条；克里斯托夫·海恩斯：《法外处决、即决处决或任意处决问题》特别报告员的报告，2013 年 9 月 13 日，联合国文件号 A/68/382，第 32～39 段。
③《禁止或限制使用某些可被认为具有过分伤害力或滥杀滥伤作用的常规武器公约》，1980 年 10 月 10 日通过，1983 年 12 月 2 日生效。截至 2020 年 8 月，公约共有 125 个缔约国，我国于 1982 年加入该公约。

域新技术有关的问题[42]。2014 年 5 月，非正式专家会议如期召开，并形成年度会议在随后两年继续召开。2017 年，非正式的专家会议升格为正式的政府间专家组，而且年度会议除各缔约国代表外还邀请国际组织、非政府组织、学术界、行业和民间团体的代表参加，旨在从技术、军事、伦理和法律等不同视角就这个多层面的问题交换看法和专业意见。遗憾的是，政府间专家组目前仍未能向各缔约国提出具体的政策建议。尽管专家组会议形成了应对致命性自主无人武器系统保持适当程度的人类判断以及这类武器应遵从国际人道法的共识，但如何建立执行机制仍然存在很大争议。

政府间专家组面临的首要问题是无法形成一个普遍接受的关于自主无人武器系统的定义。一些国家认为一个统一的定义并无必要，另一些国家和国际组织则提出自己的建议并认为定义构成讨论的起点。各方定义的共同之处是都承认全自主性和致命性构成自主无人武器系统的两大基本特征，但对于上述术语的具体内涵和外延仍然存在争论。对于自主无人武器系统的国际规制，专家组会议上逐渐形成了三种立场。第一种主张全面禁止致命性自主武器系统，伦理论者认为让机器决定人的生死在任何情况下都是不可接受的，法律论者认为这类武器违背了法律的精神而且存在责任真空，战略论者则认为开发自主无人武器系统在维护国家安全方面弊大于利，因为基于数字技术的人工智能科技更容易向潜在的对手扩散。大部分拉美国家均持此种立场，但有意思的是它们暂时都不具备研发自主无人武器系统的能力。第二种立场则截然相反，反对给自主无人武器系统的开发和应用施加任何限制。其中伦理论者认为禁止使用或限制研发自主无人武器系统会阻碍技术转向民用，不利于政府更好地完成保护国民的义务，而法律论者则坚持自主无人武器系统可以在武装冲突中更好地遵守区分原则和比例原则。大多数最有可能研发自主无人武器系统的国家基本持此立场，特别是美国与俄罗斯。第三种立场是国际监管，即承认自主无人武器系统和相关技术可能给民众带来的利益，同时也担忧它们可能存在的问题。在这一立场的基础上，有人建议禁止在作战中使用自主无人武器系统但不禁止其研发，也有人建议禁止特定类型的自主无人武器系统或其中的某些功能，还有人提议建立不扩散制度。更为保守的人则认为，在全自主无人武器系统研发出来之前谈监管措施为时过早，这可能会导致这些措施存在先天缺陷。中国倾向于此立场，但保持了一定的战略模糊性，同时也表达了对人工智能武器军备竞赛的担忧①。

经过多年讨论，尽管在诸多方面仍存在争议，但专家组会议还是确立了未来工作的指导原则，它们将构成未来对致命自主无人武器系统进行国际规制的基础，

---

① 关于各方立场和观点的详情，参见联合国驻日内瓦办事处网站裁军条目下关于致命性自主武器系统领域新技术的讨论，网址：https://www.unog.ch/80256EE600585943/(httpPages)/8FA3C2562A60FF81C1257CE600393DF6?OpenDocument。

同时也不会妨碍今后讨论可能取得的成果。这些原则包括：①国际人道法适用于自主无人武器系统的潜在发展和使用；②人类仍须对自主无人武器系统的使用决定负责；③确保对发展、部署和使用自主无人武器系统问责，包括确保这类武器在人类指挥和控制的责任链中运作；④对新出现的自主无人武器系统进行法律审查；⑤防止自主无人武器系统扩散；⑥自主无人武器系统的设计、研发、测试和部署应包含风险评估和减小风险的措施；⑦不应使自主无人武器系统领域的新技术人格化；⑧任何讨论和政策措施都不应阻碍人工智能技术的进步或和平利用；⑨处理自主无人武器系统领域的新问题应力求在军事必要和人道考虑之间取得平衡[4]。最后，可以采取各种形式、并在武器生命周期的各个阶段实施的人机交互，应确保自主无人武器系统的潜在使用符合适用的国际法，特别是国际人道法[20]。事实上，制定一部专门规制自主无人武器系统的军控条约可以弥补既有规则的诸多缺憾。然而，由于人工智能领域的无人自主技术仍在持续发展中，许多问题是基于假设和预测，国际社会也存在较大的意见分歧，因此政府间专家组的工作进展缓慢，新条约的出台仍然任重而道远。

4.6　本 章 小 结

　　人工智能领域的自主无人系统武器化可能会给现有人类社会的伦理和法律带来诸多挑战。诚然，我们现在还无法得出确定的结论，使用自主无人武器系统就一定会违背人类社会的道德和法律。事实上，它也可能辅助人类战斗员或指挥官做出正确的决策，降低本国军队面临的死亡和重伤危险，在敌对行动中遵守国际人道法规则。但是，由于责任真空的存在，哪怕其发生的概率极其微小，也仍然需要现在就正视这一问题。因为责任真空问题一旦在现实中实际发生，就很容易引发雪崩效应。没有道德和法律的制约而放任技术的野蛮发展，最终只会形成互害的结果。现在，很难预测人工智能领域的无人技术是否会全面取代人类从而出现"机器人战争"。但应当注意的是，在获取自主无人武器系统技术的能力方面，各国之间有着巨大差异。对大多数国家，在军事上获得并利用这种技术仍然是一个遥不可及的目标。换言之，一些国家可能具备部署和使用自主无人武器系统的潜在能力，而其他国家则没有。在这种情况下，就不可避免地需要评估自主无人武器系统本身及其使用的合法性，就需要诉诸武力使用法、国际人道法以及其他相关的国际和国内法律框架。结果可能是，军事技术上的不平衡导致各国在解释和适用现有规则方面出现分歧。但自主无人武器系统的设计、发展、获取、部署和使用应当在法律的规制范围内，这是毫无疑问的。

参 考 文 献

[1] Scharre P. Army of None: Autonomous Weapons and the Future of War[M]. New York: W. W. Norton & Company, 2019.

[2] Kelly M. The OODA LOOP (OBSERVE, ORIENT, DECIDE, ACT) applying military strategy to high risk decision making and operational learning processes for on snow decision makers[C]. Proceedings of International Snow Science Workshop, 2014: 1056.

[3] Leveringhaus A. Ethics and Autonomous Weapons[M]. London : Palgrave MacMillan, 2016.

[4] Report of the 2018 Session of the Group of Governmental Experts on Emerging Technologies in the Area of Lethal Autonomous Weapons Systems[R/OL]. https://www.un.org/disarmament/ publications/library/expert-group[2023-05-10].

[5] Li Q, Xie D. Legal Regulation of AI Weapons Under International Humanitarian Law: A Chinese Perspective[R/OL]. https://blogs.icrc.org/law-and-policy/2019/05/02/ai-weapon-ihl-legal-regulation- chinese-perspective[2019-05-02].

[6] Roff H. Lethal autonomous weapons and jus ad bellum proportionality[J]. Case Western Reserve Journal of International Law, 2015, 47(1): 48.

[7] 红十字国际委员会. 自主武器系统——技术、军事、法律和人道视角[R]. 日内瓦: 红十字国际委员会, 2017.

[8] Department of State. Autonomy in Weapon Systems, Directive 3000.09[R/OL]. https://fas.org/ irp/doddir/dod/d3000_09.pdf[2023-04-20].

[9] Melzer N. International Humanitarian Law: A Comprehensive Introduction[M]. Geneva: ICRC, 2016.

[10] Sharkey N E. The evitability of autonomous robot warfare[J]. International Review of the Red Cross, 2012, 94(886): 787-799.

[11] Jha U C, Robert K. Lethal Autonomous Weapon Systems Legal, Ethical and Moral Challenges[M]. New Delhi: Vij Books India Pvt Ltd, 2016.

[12] McFarland T. Autonomous Weapon Systems and the Law of Armed Conflict: Compatibility with International Humanitarian Law[M]. Cambridge: Cambridge University Press, 2020.

[13] Sparrow R. Twenty seconds to comply: Autonomous weapon systems and the recognition of surrender[J]. International Law Study, 2015, 91: 707-708.

[14] 薛刚凌, 肖凤城. 军事法学[M]. 2 版. 北京: 法律出版社, 2016.

[15] U.S. Air Force Judge Advocate General's School. Air Force Operations and the Law[M]. Washington: CreateSpace Independent Publishing Platform, 2014.

[16] Kastan B. Autonomous weapons systems: A coming legal "singularity"?[J]. Journal of Law, Technology and Policy, 2013, (1): 61-62.

[17] Report of the 2019 Session of the Group of Governmental Experts on Emerging Technologies in the Area of Lethal Autonomous Weapons Systems[R/OL]. https://documents-dds-ny.un.org/doc/ UNDOC/GEN/G19/285/68/pdf/G1928568.pdf?OpenElement[2023-03-15].

[18] Coupland R M. A guide to the legal review of new weapons, means and methods of warfare:

Measures to implement article 36 of additional protocol I of 1977[J]. International Review of the Red Cross, 2006, 88(864): 931-956.

[19] Pagallo U. Robots of just war: A legal perspective[J]. Philosophy & Technology, 2011, 24(3): 307-323.

[20] Sullins J P. When is a Robot a Moral Agent?[M]. Cambridge: Cambridge University Press, 2011.

[21] Rousseau C. 武装冲突法[M]. 张凝, 辜勤华, 陈洪武, 等译. 北京: 中国对外翻译出版公司, 1987.

[22] 马克思·普朗克比较公法及国际法研究所. 国际公法百科全书第四专辑——使用武力、战争、中立、和约[M]. 广州: 中山大学出版社, 1992.

[23] 李强, 谢丹. "斩首行动" 的军事运用及其法理规制[J]. 中国军事科学, 2020, (1): 130.

[24] Simma B. The Charter of the United Nations: A Commentary[M]. 3rd ed. Oxford: Oxford University Press, 2012.

[25] Lewis D A, Blum G, Modirzadeh N K. War-algorithm Accountability[R]. Cambridge: Research Report of Harvard Law School Program on International Law and Armed Conflict, 2016.

[26] Hambling D. Armed russian robocops to defend missile bases[J/OL]. https://www.newscientist.com/article/mg22229664-400-armed-russian-robocops-to-defend-missile-bases[2014-04-23].

[27] United States Department of Defense. Unmanned Systems Integrated Roadmap 2011-2036[R]. Washington: United States Department of Defense, 2011.

[28] Hurka T. Proportionality in the morality of war[J]. Philosophy & Public Affairs, 2005, 33(1): 38.

[29] Shaw M N. 国际法[M]. 6 版. 白桂梅, 高健军, 朱利江, 等译. 北京: 北京大学出版社, 2011.

[30] Sassòli M. State responsibility for violations of international humanitarian law[J]. International Review of the Red Cross, 2002, 84(846): 406.

[31] UN General Assembly. Basic Principles and Guidelines on the Right to a Remedy and Reparation for Victims of Gross Violations of International Human Rights Law and Serious Violations of International Humanitarian Law[R/OL]. https://www.ohchr.org/en/instruments-mechanisms/instruments/basic-principles-and-guidelines-right-remedy-and-reparation[2005-12-06].

[32] Sassòli M. Autonomous weapons and international humanitarian law: Advantages, open technical questions and legal issues to be clarified[J]. International Law Studies, 2014, 90: 308-340.

[33] Schmitt M, Thurnher J S. "Out of the loop": Autonomous weapon systems and the law of armed conflict[J]. Harvard National Security Journal, 2013, (4): 231-281.

[34] Schmitt M N. Autonomous weapon systems and international humanitarian law: A reply to the critics[J]. Harvard National Security Journal Features, 2013, (1): 1-37.

[35] Cryer R, Robinson D, Vasiliev S. An Introduction to International Criminal Law and Procedure[M]. 4th ed. Cambridge: Cambridge University Press, 2019.

[36] Crootof R. The varied law of autonomous weapon systems[Z]. Autonomous Systems: Issues for Defence Policymakers, 2015: 109.

[37] Shackelford S J. From nuclear war to net war: Analogizing cyber attacks in international law[J]. Berkeley Journal of International Law, 2009, 25(3): 1-60.

[38] Hathaway O A, Crootof R, Levitz P, et al. Which law governs during armed conflict? The relationship between international humanitarian law and human rights law[J]. Minnesota Law Review, 2012, 96(6): 1883-1944.

[39] Heyns C. Autonomous Weapons Systems and Human Rights Law[R]. Geneva: The Informal Expert Meeting to The Convention on Certain Conventional Weapons, 2014.

[40] Callamard A. Report of the Special Rapporteur on Extrajudicial. Summary or Arbitrary Executions[R]. Geneva: UN, 2019.

[41] Russell S. "Take a stand on AI weapons", robotics: Ethics of artificial intelligence[J]. Nature, 2015, (521): 415-418.

[42] Final Report of the Meeting of the High Contracting Parties to the Convention on Prohibitions or Restrictions on the Use of Certain Conventional Weapons Which May Be Deemed to Be Excessively Injurious or to Have Indiscriminate Effects[R]. Geneva: UN, 2019.

第5章 各国自主无人武器系统相关法律及军控政策分析

自主无人武器系统是比自主无人系统更狭窄的概念参见图 1-3。自主无人武器系统是随着人工智能技术应用走向实战化后涌现的新产物,以 2019 年胡塞武装无人机集群袭击沙特阿美石油公司设施,2020 年阿塞拜疆与亚美尼亚冲突中使用土耳其产"旗手"(Bayraktar)TB-2 战术无人机,2022 年俄乌冲突中的"弹簧刀-600"、"沙赫德-136"自杀式无人机的大规模使用为标志,自主无人武器系统逐步投入实战。国际军控界很早就把目光投向自主无人武器系统的军控问题,围绕是否完全禁止或限制使用自主无人武器系统等一系列问题展开讨论;另外,以美国国防部发布的 3000.09 号指令为代表,各国法律、政策均对自主无人武器系统的军控问题做出了不同程度的回应。目前,《禁止或限制使用某些特定常规武器公约》缔约国审议会议就"致命性自主武器系统"设置了政府专家组进程,该进程在 2019 年形成了 11 项框定未来军控谈判的指导性原则,是军控领域的阶段性成果。在 2021 年政府专家组(GGE)会议上,各国就各指导性原则陆续发表立场文件或观点,体现了军控谈判与各国法律、政策的互动。本章以历次 GGE 会议为主线,梳理各国围绕关键问题提交的立场,分析其法律、政策对未来军控谈判的走向。

5.1 分析各国法律及政策的作用

5.1.1 分析各国法律、政策的双重作用

本章中各国法律、政策是指各国为应对自主无人武器系统的规制而出台的法律、政策,或指各国不是为应对自主无人武器系统规制专门制定,但其适用范围涵盖自主无人武器系统规制的法律、政策。国际军控谈判层面对自主无人武器系统的规制主要体现在联合国裁军事务厅(UNODA)主导的《禁止或限制使用某些特定常规武器公约》缔约国审议会议框架下的 GGE 会议对致命性自主武器系统议题的讨论和发展。致命性自主武器系统的议题背景是人工智能技术在武器领域的运用对国际人道法基本规则形成的挑战和应对困局,其发端于 2014 年《特定常规武器公约》框架下设置的非正式会议议题,2017 年后发展为致命

性自主武器系统 GGE 会议。在此平台上，各国法律及政策被提出并纳入 GGE 会议的讨论中，GGE 会议自 2018 年以来将规制致命性自主武器系统的 10 项原则纳入讨论，并将其编入 GGE 会议报告。2019 年 GGE 会议报告增加至 11 项。因新冠病毒疫情影响，2020 年 GGE 会议推迟至 2021 年举行。目前各缔约国就自主无人武器系统特性及上述 11 项原则的可适用性发布了评论、意见。这些观点的收集和融合及最后能否成为各国共识，决定了未来在《特定常规武器公约》框架下能否达成一个有普遍约束力的军控条约。从上述过程可见，各国法律及政策中的要点与 GGE 会议组织的编纂活动是一个双向互动、循环渐进的过程：各国主张在 GGE 会议提出、讨论，GGE 会议编纂的原则反馈给各国政府并征询其合理性、可操作性方面的意见。2021 年 6 月的 GGE 会议，已有国家就 11 项原则提出了肯定、深化或反对的意见。

因此，各国法律及政策要点对于未来自主无人武器系统的国际法规则形成具有重要的影响。按照国际法渊源的一般理论，条约规则如 1980 年《特定常规武器公约》及其各议定书，其效力的渊源来自国家的同意。未来能否在《特定常规武器公约》框架下形成有约束力的规则，取决于各国在谈判博弈的各阶段，能否尽可能达成共识。唯有如此，未来规制自主无人武器系统的条约才可能具有广泛的代表性，并减少在各国批准的阻力。站在军事大国的立场上看，坚持和维护其基本立场从而在某些关键要点上不断提出、重申不同于他国的观点，有利于其从谈判的早期阶段就成为某项规则的持续反对者(persistent objector)。典型的例子如美国政府在 1977 年《第一附加议定书》缔约谈判时就反对该议定书第 35 条第 3 款及第 55 条第 1 款的措辞。此后，在红十字国际委员会试图将此规则确认为具有国际习惯法属性时，美国国务院仍然予以反对[1]。尽管此后《国际刑事法院罗马规约》第 8 条第 2 款 b 项 iv 目将该规则确认为战争罪，由于美国从未批准《第一附加议定书》且一贯反对这一规则，因此理论上这一款战争罪对美国没有约束力。这一实例生动地说明，各国政策特别是军事大国的政策在谈判中具有双重作用：一是确认谈判中形成的缔约国共识，作为未来条约文本的基础，从共识的范围和深度可对未来条约谈判的进展进行预判；二是彰显自身不受某些约束的立场，不论未来与其利益相悖的条约还是习惯法形成与否，都不能对其国家利益造成实质性的损害。

5.1.2　GGE 指导原则的内容

2018 年 GGE 会议各方就未来规制致命性自主武器系统达成了初步共识，会议报告将其归纳为 10 项指导原则；2019 年 GGE 会议报告将其增加为 11 项指导原则，并编入会议报告附件 4。其中，11 项指导原则的形成是各国法律、政策与 GGE 会议双向互动的结果，有的原则来自某些国家的法律规定，而指导原则能否成为这一议题下未来军控条约的规定，依赖各国对这些指导原则的态度。各国对指导原则的确切含义写入条约文本后将对国家产生何种约束力存在不同的理解。基于上述原因，讨论各国法律及政策要点，离不开对审核各国对 11 项指导原则态度的分析。11 项指导原则及各自关联的国际法问题简述见表 5-1。

表 5-1　GGE 指导原则

原则	内容	关联领域或问题
a	国际人道法继续完全适用于所有武器系统，包括致命性自主武器系统的可能开发和使用	国际人道法对自主无人武器系统的适用性
b	人类仍须对武器系统的使用决定负有责任，因为不能把责任转嫁给机器，应在武器系统的整个生命周期里考虑到这一点	有意义的人类控制原则；国家责任、个人刑事责任问题
c	可以采取各种形式并在武器生命周期的各个阶段实施的人机交互，应确保对基于致命性自主武器系统领域的新兴技术的武器系统的潜在使用符合适用的国际法，特别是国际人道法。在确定人机交互的质量和程度时，应考虑一系列因素，包括作战环境，以及整个武器系统的特点和能力	人机交互反映认定主观意图
d	应确保根据适用的国际法在《特定常规武器公约》的框架内对发展、部署和使用任何新武器系统问责，包括使这类系统在人类指挥和控制的责任链中运作	责任不得转移给机器；个人刑事责任原则
e	在研究、发展、取得或采用新的武器、作战手段或方法时，国家有义务按照国际法确定该新武器、作战手段或方法的使用在某些或所有情况下是否为国际法所禁止	《海牙陆战章程》第 22 条；《第一附加议定书》第 36 条下对武器的法律审查义务
f	在发展或取得基于致命性自主武器系统领域新技术的新武器系统时，应考虑到实体安保、适当的非实体保障（包括黑客攻击或数据欺骗等网络安全问题）、落入恐怖主义团体手中的风险和扩散的风险	防扩散义务；防止恐怖主义义务
g	任何武器系统新技术的设计、发展、测试和部署周期都应包含风险评估和减小风险的措施	军控风险评估原则
h	致命性自主武器系统领域新技术的使用须信守国际人道法和其他适用国际法律义务	善意遵守国际法义务原则
i	在拟定可能的政策措施时，不应使致命性自主武器系统领域的新技术人格化	伦理问题
j	在《特定常规武器公约》范围内讨论和采取任何可能的政策措施都不应阻碍智能自主技术的进步或和平利用	和平利用人工智能技术
k	《特定常规武器公约》提供了适当的框架，可在《特定常规武器公约》的目标和宗旨的范围内处理致命性自主武器系统领域新技术的问题，力求在军事必要性和人道主义考虑之间取得平衡	军事必要原则

5.1.3　GGE 指导原则的性质

目前 GGE 指导原则并非具有约束力的既有国际法规则。2016 年《特定常规武器公约》审议会议对 GGE 使命和授权是"探索可能的建议并达成共识"[2]。根据这一授权的措辞，GGE 指导原则是在一定程度上能够反映各国的态度和共识，但也仅限于各国态度的最大公约的层面。如自主无人武器系统议题未来的发展方向是在《特定常规武器公约》框架下制定一个有广泛约束力的条约，那么 11 项指导原则完全可能发展为未来条约文本的基础。法律对规则的讨论分为既有法、应然法，11 项指导原则毫无疑问属于应然法的范畴。国际人道法、国际刑法领域还存在对自然法能否直接约束国家的讨论，如下文提及的马顿斯条款若干种含义中，有一种解释方法认为马顿斯条款提及的"人性法则"、"公众良知"系自然法的反映(5.4 节部分)。当各国均展现出缔约谈判的热情或将既有国际人道法规则解释为可直接适用于自主无人武器系统领域时，也就意味着国际社会倾向于通过实在国际法而非自然法的方式规制自主武器系统领域的问题。因此，将 11 项指导原则界定为具有自然法属性且对国家有直接约束力，并不符合当下的现状。

根据卡克林(Ambassador Karklin)大使的总结，各国对 GGE 指导原则的认识包含如下几个类型：①GGE 指导原则为工作组的下一步工作提供了基础，具有指导意义；②有些国家进一步认为，GGE 指导原则应当在各国国内法的操作层面予以落实；③一部分国家认为指导原则还需要进一步发展、归纳和提炼[3]。从三类国家的态度看，无论采取哪种观点，均承认 GGE 指导原则是作为应然法存在的、未来制定法律规则的目标，而非有直接约束力的既有规则。

5.2   中国法律和政策分析

5.2.1   2018 年立场文件内容

我国发布的针对智能化武器的特定政策，体现在《特定常规武器公约》进程中于 2018 年提交的中国政府立场文件(China's Position Paper, CCW/GGE.1/2018/WP.7)及 2021 年 GGE 会议工作文件《中国关于政府专家工作组工作建议的评论》(China's comments on the working recommendations of the group of governmental experts on LAWS)中。文件中没有对自主无人武器系统、致命性自主武器系统的概念进行定义，但对致命性自主武器系统的特征进行了详细描述，并阐述了一些基础性主张。2018 年立场文件主要内容概括如下[4]：

第一，关于致命性自主武器系统所包括的范围，立场文件认为致命性自主武器系统(LAWS)应当被理解为完全自主武器系统，并支持就其概念达成一个协议，以便使相应的研究和问题解决得以延续，因此中国支持对这类武器系统的技术特点进行讨论并寻求设定定义和范围。对致命性自主武器系统特征的描述，包括 5 项：①致命性；②自主性，即便在缺乏人类干预和控制的情况下能够全程执行任务；③系统一旦启动不能被关闭；④能够产生不加区分的毁伤效果；⑤具备自我演化能力，通过与环境的交互，系统自身能够自主地学习、拓展自身功能和能力从而超越人的期望。

第二，强调保障人机交互的必要措施有利于防止由于脱离人类控制而产生的不加区分的杀戮。人机交互应当有明确的定义，并对人类干预的模式和程度进行界定。因此，诸如有意义的人类控制、人类判断等概念，应当深入阐述和澄清。

第三，强调致命性自主武器系统对环境有高度适应性，特别适合在受到核威胁、生物武器、化学武器威胁的情况下使用。但作为高度技术化的产品，发展致命性自主武器系统可能大大降低战争成本和增加战争爆发的可能性。除此之外，自主无人武器系统不能有效区分战斗员和平民，因此有更大的可能性造成不加区分的攻击。因此，中国强调各国应该实施足够的预防措施，防止对平民不加区分地攻击。

第四，人工智能技术对人类社会的影响应当得到客观、公正和充分的讨论，而不应该为之预先设定立场。

第五，致命性自主武器系统作为新的作战方式、方法，应当遵循 1949 年《关于战时保护平民之日内瓦公约》和 1977 年的两个附加议定书的规则。

5.2.2 2021 年工作文件内容

2020 年 GGE 会议因为新冠病毒疫情原因延期，但各国有机会就 2019 年 GGE 会议以来提出的 11 项指导原则进行充分的斟酌。因此，2021 年 GGE 会议各国提出的工作文件主要针对指导原则的可行性和潜在的问题、须进一步深入的问题进行评论。我国 2021 年工作文件着眼于对 11 项指导原则进行一般性评价，主要内容概括如下[5]：

第一，总体上对 11 项指导原则予以肯定，并指出中国政府确定这些原则反映了《联合国宪章》、国际人道法和其他广泛认可的法律和伦理概念的宗旨，为未来《特定常规武器公约》缔约国规制人工智能的军事原则提供基本的指导。

第二，建议 GGE 应进一步讨论与致命性自主武器系统相关的问题，如定义、技术特征、政策选项的军事潜在影响等，建议 GGE 综合评估致命性自主武器系统带来的问题，为进一步凝聚共识和采纳额外的指导原则奠定基础。

第三，倡导各国在此基础上提升国际交流和分享其实践的良好管理。

第四，中国提出的三项原则应当加入 GGE 指导原则的清单中：①增强对新兴技术的评估；②发展人工智能追求善意目标；③增进国际交流。

第五，在基于人工智能的操作性良好管理，强调并推荐了中国国务院 2017 年颁布的《新一代人工智能发展规划》以来中国政策的重点，强调了国家新一代人工智能治理专业委员会发布的《新一代人工智能治理原则：发展负责任的人工智能》中的 6 项原则，包括和谐友好、公平公正、包容共享、尊重隐私、安全可控、共担责任。

5.2.3 《中国关于规范人工智能军事应用的立场文件》

2021 年 12 月，我国外交部军控司发布了《中国关于规范人工智能军事应用的立场文件》。该立场文件与无人装备或自主无人武器系统有关，但其倡议范围不限于自主无人武器系统。人工智能的军事应用场景包括很多类型，无人装备或自主无人武器系统仅仅是其中的一个环节和组成部分。美国国防部及近年来力推的全域联合作战(joint all-domain operation, JADO)或全域联合指挥控制(joint all-domain command and control, JADC2)体系，是北约国家在态势感知和指挥体系上的新战略，力图实现去中心化、扁平化的高效率感知—决策—作战循环。在美国国会的理解中，全域联合指挥控制体系包含三大支柱性技术：一是自动化和人工智能技术，二是云计算技术，三是通信技术[6]。自主无人武器系统构成人工智能军事运用的重要领域。在此背景下，《中国关于规范人工智能军事应用的立场文件》在军控政策领域具有统合作用，是站位更高、眼光更长远的文件，既具有宣示我国国防、外交政策的作用，也具有一定的规划作用。

该立场文件的要旨是人工智能安全治理是人类面临的共同课题，加强对人工智能军事应用的规范，预防和管控可能引发的风险，有利于增进国家间互信、维护全球战略稳定、防止军备竞赛、缓解人道主义关切，有助于打造包容性和建设性的安全伙伴关系，在人工智能领域践行构建人类命运共同体理念[7]。提出的具体立场及军控建议如下[7]：

战略安全上，各国尤其是大国应本着慎重负责的态度在军事领域研发和使用人工智能技术，不谋求绝对军事优势，防止加剧战略误判、破坏战略互信、引发冲突升级、损害全球战略平衡与稳定。

军事政策上，各国在发展先进武器装备、提高正当国防能力的同时，应铭记人工智能的军事应用不应成为发动战争和追求霸权的工具，反对利用人工智能技术优势危害他国主权和领土安全的行为。

法律伦理上，各国研发、部署和使用相关武器系统应遵循人类共同价值观，坚持以人为本，秉持"智能向善"的原则，遵守国家或地区伦理道德准则。各国应确保新武器及其作战手段符合国际人道法和其他适用的国际法，努力减少附带伤亡、降低人员财产损失、避免相关武器系统的误用恶用，以及由此引发的滥杀滥伤。

技术安全上，各国应不断提升人工智能技术的安全性、可靠性和可控性，增强对人工智能技术的安全评估和管控能力，确保有关武器系统永远处于人类控制之下，保障人类可随时中止其运行。人工智能数据的安全必须得到保证，应限制人工智能数据的军事化使用。

研发操作上，各国应加强对人工智能研发活动的自我约束，在综合考虑作战环境和武器特点的基础上，在武器全生命周期实施必要的人机交互。各国应始终坚持人类是最终责任主体，建立人工智能问责机制，对操作人员进行必要的培训。

风险管控上，各国应加强对人工智能军事应用的监管，特别是实施分级、分类管理，避免使用可能产生严重消极后果的不成熟技术。各国应加强对人工智能潜在风险的研判，包括采取必要措施，降低人工智能军事应用的扩散风险。

规则制定上，各国应坚持多边主义、开放包容的原则。为跟踪技术发展趋势，防范潜在安全风险，各国应开展政策对话，加强与国际组织、科技企业、技术社群、民间机构等各主体交流，增进理解与协作，致力于共同规范人工智能军事应用，并建立普遍参与的国际机制，推动形成具有广泛共识的人工智能治理框架和标准规范。

国际合作上，发达国家应帮助发展中国家提升治理水平，考虑到人工智能技术的军民两用性质，在加强监管和治理的同时，避免采取以意识形态划线、泛化国家安全概念的做法，消除人为制造的科技壁垒，确保各国充分享有技术发展与和平利用的权利。

5.2.4　刑法规定

《中华人民共和国刑法》第三百七十条规定，明知是不合格的武器装备、军事设施而提供给武装部队的，处五年以下有期徒刑或者拘役；情节严重的，处五年以上十年以下有期徒刑；情节特别严重的，处十年以上有期徒刑、无期徒刑或者死刑。

过失犯前款罪，造成严重后果的，处三年以下有期徒刑或者拘役；造成特别严重后果的，处三年以上七年以下有期徒刑。

单位犯第一款罪的，对单位判处罚金，并对其直接负责的主管人员和其他直接责任人员，依照第一款的规定处罚。

智能化武器、自主无人武器系统或致命性自主武器系统的设计者、生产者对武器的设计、生产、测试有审慎尽职的义务。但中国法律不支持在自主无人武器系统违法使用造成战争罪的情况下，以战争罪追究设计者、生产者的责任。在中国法律体系中，设计者、生产者的责任，自成体系，与战争罪没有关联。

5.2.5　行政法规规定

GGE 指导原则、《第一附加议定书》第 36 条及各国政策均提出要将针对自主无人武器系统的有效法律审查纳入规制的框架之内。我国军事和行政立法、规章对武器的法律审查有相应的规定，主要法规包括《武器装备质量管理条例》《武器装备科研生产备案管理暂行办法》《武器装备研制设计师系统和行政指挥系统工作条例》等。《武器装备质量管理条例》专门针对"加强对武器装备质量管理的监督管理、提高武器装备质量水平"而制定;《武器装备科研生产备案管理暂行办法》建立了国家国防科技工业局武器装备科研、生产的备案审查制度;《武器装备研制设计师系统和行政指挥系统工作条例》建立了在开发、研制新型号武器过程中设计师、行政指挥两大系统相互独立、各司其职、相互配合的工作制度。三个法规、规章均体现了对待研制、生产新型武器装备的审慎态度。其中,《武器装备质量管理条例》是落实《第一附加议定书》第36条义务的具体表现,从质量管理、可靠性、风险防控的角度入手,试图解决武器装备发展中的安全隐患。

具体而言,在《武器装备质量管理条例》的体系下,武器装备质量分为论证质量管理,研制、生产与试验质量管理,维修质量管理三个阶段。《武器装备质量管理条例》就三个阶段内各自出现的新武器、新技术、新材料、新工艺带来的风险及可靠性问题,要求进行相应评估、落实风险管控机制,具体分述如下:

在论证阶段,《武器装备质量管理条例》第13条规定:武器装备论证单位应当对论证结果进行风险分析,提出降低或者控制风险的措施。武器装备研制总体方案应当优先选用成熟技术,对采用的新技术和关键技术,应当经过试验或者验证。

在研制、生产与试验阶段,《武器装备质量管理条例》第21条第2款要求:武器装备研制单位对设计方案采用的新技术、新材料、新工艺应当进行充分的论证、试验和鉴定,并按照规定履行审批手续。第22条规定:武器装备研制单位应当对计算机软件开发实施工程化管理,对影响武器装备性能和安全的计算机软件进行独立的测试和评价。第24条规定:武器装备研制、生产单位应当严格执行设计评审、工艺评审和产品质量评审制度。对技术复杂、质量要求高的产品,应当进行可靠性、维修性、保障性、测试性和安全性以及计算机软件、元器件、原材料等专题评审。第28条规定:武器装备研制、生产和试验单位应当建立故障的报告、分析和纠正措施系统。对武器装备研制、生产和试验过程中出现的故障,应当及时采取纠正和预防措施。

在维修质量管理阶段,《武器装备质量管理条例》第43条规定:军队有关装备部门应当定期组织武器装备质量评估,将武器装备质量问题及时反馈给武器装备研制、生产、维修单位,并督促其采取纠正措施。第44条规定:武器装备研制、生产和维修单位发现武器装备存在质量缺陷的,应当及时、主动通报军队有关装备部门及有关单位,采取纠正措施,解决武器装备质量问题,防止类似质量缺陷重复发生。

结合上述规定与国际法上对武器进行法律审查的含义、GGE指导原则内容进行分析,可得出的初步结论如下:

第一,我国法律设置了针对新武器和新武器带来的作战方式、手段的评估体系。

　　第二,我国评估及相应责任追究机制,落脚点是武器质量管控,《武器装备质量管理条例》以《中华人民共和国产品质量法》在武器研制、生产领域的实施细则形式出现,而不是为履行《第一附加议定书》第 36 条义务的目的被设计、制定出来的。我国法律规定的"质量管理"与《第一附加议定书》第 36 条意义上的法律审查出发点有重合,但并不完全相同。法律审查主要落脚点是新武器及新作战方式、手段是否在根本上违反国际人道法的基本原则,其审查要点可简要归纳如表 5-2 所示。因此,理论上存在武器研制满足质量或初始设计对性能的要求但因其杀伤方式的原因无法满足法律审查条件的情形。从履行条约义务的角度考察,《武器装备质量管理条例》并不能完全反映第 36 条下法律审查义务的全貌。

表 5-2　法律审查事项

序号	事项	国际人道法规则内容	来源
1	毁伤方式引起不必要痛苦	禁止使用属于引起过分伤害和不必要痛苦的性质的武器、投射体和物质及作战方法	《第一附加议定书》第 35 条第 2 款
2	毁伤方式长期损害环境	禁止使用旨在或可能对自然环境引起广泛、长期而严重损害的作战方法或手段	《第一附加议定书》第 35 条第 3 款和第 55 条
3	毁伤方式无法落实区分原则	禁止使用不能以特定的军事目标为对象的具有无区别打击军事目标和平民或民用物体的性质的作战方法或手段	《第一附加议定书》第 51 条第 4 款第 2 项
4	毁伤方式无法落实区分原则	禁止使用任何将平民或民用物体集中的城镇、乡村或其他地区内许多分散而独立的军事目标视为单一的军事目标的方法或手段进行轰击的攻击	《第一附加议定书》第 51 条第 5 款第 1 项
5	毁伤方式无法落实比例原则	禁止可能附带使平民生命受损失、平民受伤害、平民物体受损害三种情形中任一种并且与预期的具体和直接军事利益相比损害过分的攻击	《第一附加议定书》第 51 条第 5 款第 2 项

　　第三,《武器装备质量管理条例》体系下,武器装备的质量监管义务涉及论证、研制、生产、试验、维修等各阶段。而在 GGE 会议的认知体系暨日出日落图(图 5-1)中,2018 年 GGE 会议报告把全流程监管划分为由数字 0~5 标定的 6 个阶段,分别对应的是:0-研发前政策指导;1-研发;2-测试、评估和认证;4-部署、训练、指挥和控制;4-使用或放弃;5-使用后评估[8]。《武器装备质量管理条例》缺乏对部署、使用、使用后评估阶段的直接规定,根本原因还是《武器装备质量管理条例》致力解决的是武器装备的质量问题,而非武器使用效果是否符合国际人道法要求问题,出现偏差在所难免。

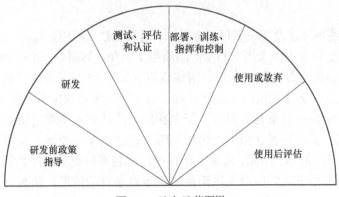

图 5-1　日出日落图[8]

5.2.6　对我国法律和政策评价

我国 2018 年向 GGE 提交的立场文件，是一种政策宣示，从总体上看具有建设性作用，强调就奠定未来工作基础的致命性自主武器系统的概念进行界定，主张使用自主无人武器系统应当按照国际人道法的要求进行评估，并且对有意义的人类控制原则、人类判断等概念，持开放性态度。按照立场文件对致命性自主武器系统的特征描述，致命性自主武器系统的范围将变得非常窄。与此形成对比的是美国国防部 3000.09 号指令解释，只要武器系统具备自动识别、决策、交战的能力，就具备了自主性。两个国家立场的理解完全不同。按照中国立场文件阐述的特征制定致命性自主武器系统的定义，缔约国实际上是就要不要在未来禁止、限制某种高度智能化的武器系统进行讨论，并在此基础上制定军控规则；而目前各国技术水平已可研制、列装的、具备一定自主性但无法自我演化的武器系统，则不在拟定中的规则的规制范围之内。从另一个角度理解立场文件的定义，引申后可以得到的推论是：中国政府认为具有高度智能化能力武器才应受到规制，而目前能被生产出来的、仅具备一定自主性的武器不应在《特定常规武器公约》框架下讨论并制定对其适用的军控规则。除此之外，我国对军控中的某些关键问题，如第 36 条审查及其标准、如何落实责任不得转移规则(2019 年 GGE 会议最后文件提出的指导原则)、是否制定特定国内法都没有明确表态。

2021 年工作文件总体上对 11 项指导原则予以肯定，并建议我国将新一代人工智能治理的实践作为建立良好惯例的实例推荐给国际社会。事实上，国务院《新一代人工智能发展规划》并没有直接与军事智能、致命性自主武器系统直接相关的内容。《新一代人工智能发展规划》提出的 6 项原则中，似乎只有"安全可控"、"共担责任"两项与武器的法律审查义务、自主武器使用者、开发者对违法行为承担责任有一定的关联性，但工作文件仅仅是一般性立场的宣示，距在关键问题上表明立场从而对塑造未来军控国际法规则的状态仍然有相当遥远的距离。当然，当前立场的模糊性可以作为人工智能在军事领域尚未发展成熟的权宜之计、"走一步看一步"策略的表现。

2021 年工作文件尽管未能就 11 项指导原则做出详细评论，但仍然尝试提出 3 项主张，并谋求将其加入 GGE 指导原则的清单，这是我国有关部门试图以自身政策、软法规则影响规制自主无人武器系统的国际法规则形成的主动尝试。

2018 年立场文件及 2021 年工作文件并未明确提及我国涉及武器的法律制度。《武器装备质量管理条例》从整体上反映了我国政府对待武器开发的审慎态度，在较大幅度上满足了落实《第一附加议定书》第 36 条下的法律审查义务对缔约国的要求，但由于该条例的落脚点是武器的"质量"，因此考察的重点是武器及驱动软件的可靠性，而非武器的杀伤效能是否在本质上满足区分原则、比例原则、避免不必要痛苦等国际人道法基本原则的要求。鉴于此，针对自主无人武器系统智能化的特性，《武器装备质量管理条例》仍然有进一步修改的空间，或有必要制定专门适用自主无人武器系统合法性审查的条例或规制。

从《中华人民共和国刑法》的规定看，武器、生产者仅对故意或过失提供不合格武器承担责任，而非以相同罪名就自主无人武器系统使用违反国际人道法的行为承担责任。因此，与历次 GGE 会议在责任问题上相关的要点是，我国法律反对扩大自主无人武器系统违法使用责任人的范围。从因果关系的角度看，武器开发者、生产者的过错与敌对行动中的违法行为不存在近因关系；从现实的角度看，国家应当鼓励而非压制国防工业。因此，《中华人民共和国刑法》做出上述安排是完全合理的。

5.3　美国法律和政策分析

美国国防部于 2012 年 11 月颁布了第 3000.09 号指令《武器系统中的自主性》，这是美国关于自主武器系统的第一个规范性法律文件，该指令法律地位与我国部门规章类似，该指令于 2023 年进行了修订①。除此之外，美国政府在《特定常规武器公约》第五次审议会议政府专家组会议提交若干文件，2017 年提交了 2 份工作文件，分别涉及致命性自主武器系统②的特征描述(*Characteristics of Lethal Autonomous Weapons Systems*，CCW/GGE.1/2017/WP.7)和对武器系统自主性的界定(*Autonomy in Weapon Systems*，CCW/GGE.1/2017/WP.6)；2018 年提交的立场文件关涉美国政府认为国际社会应对致命性自主武器系统的研发、测试、部署、使

---

① Office of the Under Secretary of Defense for Policy, UAS. DoD Directive 3000.09, Autonomy in Weapon Systems, 2023

② 并非主张提出关于致命性自主武器系统的法律定义，而是为使得《特定常规武器公约》框架下工作得以推进采取的定义。

用采取的态度(*Human-machine Interaction in the Development, Deployment and Use of Emerging Technologies in the Area of Lethal Autonomous Weapons Systems*, CCW/GGE.1/2018/WP.4); 2019 年的工作文件详细设想了自主武器系统、人工智能技术在军事领域的应用场景(*Implementing International Humanitarian Law in the Use of Autonomy in Weapon Systems*, CCW/GGE.1/2019/WP.5); 2021 年 6 月 11 日，根据其 2020 年编写的《美国关于指导原则的评释》(*US Commentaries on the Guiding Principles*)，向 GGE 会议提交了建议文件(US Proposals)。这些工作文件有相当的理论支撑，原因在于 2016 年根据《联邦咨询委员会法》美国成立了国防创新委员会(Defense Innovation Board, DIB)，这一第三方机构起协调、统合作用。该创新委员会与哈佛大学、斯坦福大学等研究机构密切合作，于 2019 年发布了美国国防部在利用人工智能方面应遵循的五项原则及详细说明，理论支持和协调作用明显。此外，美国国防部于 2018 年发布了其人工智能战略(*2018 Department of Defense Artificial Intelligence Strategy: Harnessing AI to Advance*)并对其机构做出了调整，加强了顶层设计。

5.3.1　关于武器系统自主性的 3000.09 号指令

3000.09 号指令涵盖了自主武器系统的设计、开发、列装、测试、部署及使用等自主武器系统使用周期中的所有流程，详细规定了国防部各部门、分管国防部副部长、参联会主席、项目测试主管等官员、职能部门在涉及自主武器系统使用周期中每一环节各自的职能、权限及义务(责任)。除此之外，还规定了在使用武器环节中战地指挥官、操作员各自的义务、责任，以及使用自主武器系统情况，具体分述如下：

第一，指令要求自主武器系统的设计、开发、列装、测试、部署、使用，遵守保持对自主武器系统进行可靠人工控制的原则，保证自主武器系统的使用，能够充分地反映指挥官、操作员的意图。在这一原则下，美国国防部预期达到的政策目标包括以下各要点的内容。

第二，规定自主武器系统的设计应允许指挥官和操作员对使用武力实行适当层次的人工判断。

第三，规定自主武器系统的软硬件的设计，应当考虑未经计划的交战或者丧失武器系统控制的风险，软硬件应包含安全机制、抗干扰机制、信息保证机制，设计恰当的人机交互界面(human-machine interface)和控制机制。为了使操作员在与目标交战时得到充分信息、做出恰当攻击决定，人机交互界面应符合严格的要求：能够为接受过相应训练的操作员了解、能够提供对系统状态的可追溯的信息反馈机制、能够为操作员激活或关闭武器系统功能提供清晰的程序。

第四，规定任何得到授权使用或指挥使用自主武器系统的人员，必须以战

争法、可适用条约、武器安全条例以及交战规则为依据，尽合理注意义务
(appropriate care)。

　　第五，规定自主武器系统通常仅在指令允许的范围内可被使用，并通过相应
程序得到批准：①半自主武器系统可被用于实施致命的或者非致命的攻击。使用
半自主武器系统时，必须保证系统在通信干扰或丢失的情况下，不会在未经得到
授权的操作员决定的情况下自主选择并攻击个人或者特定团体目标；②人监督的
自主武器系统用于拦截时敏目标或者实施饱和攻击目标，选择将人类作为攻击目
标的情况除外；③自主武器系统可根据国防部 3000.09 号指令的相关规定用于对
物体目标实施非致命性、非动能性的攻击。

　　第六，规定超出通常使用范围的情况下，在正式发展和正式部署前使用自主
武器系统进行攻击的，必须得到主管政策的国防部副部长，主管装备、技术和后
勤的国防部副部长，参联会主席批准。

　　第七，规定自主武器系统的国际买卖和销售，必须得到技术安全和对外公开
相关要求和程序的批准。

　　为落实上述政策目标，3000.09 号指令包含若干附件，对保证自主武器系统的
有意义的人类控制并使之在使用中反映指挥官、操作员的意图，进行了细化规定：

　　第一，附件 2，是对认证、确认(verification and validation，V&V)流程及测试、
评估(test and evaluation，T&E)流程的具体要求。值得注意的是，附件 2 要求：
①对武器系统的软硬件的可靠性都要求认证和测试；②在首次操作性测试和评估
(initial operational test and evaluation，IOT&E)后，自主武器系统的任何进一步软
硬件改动，都必须进行回滚测试(regression test)。

　　第二，附件 3，是对自主武器系统和半自主武器系统进行审批的具体要求。
审批分为两个类型：一是在武器系统进入正式开发阶段的审核要求；二是完成研
发后、正式部署前的审批要求。前者针对的是设计方案的可靠性，后者针对的是
武器使用性能的可靠性。

　　第三，附件 4，是对国防部及军队各级人员义务、责任和相应权限的确认。
相关人员主要包括负责政策的国防部副部长，负责装备、技术及后勤的国防部副
部长，负责人员及训练的国防部副部长，负责项目测试和评估的主任、参联会主
席、战地指挥官。从总体上看，审批权限与承担的义务、责任相对应。相关人员
的权限大致按照军政、军令区分的范畴分布，各国防部副部长的权限集中于武器
的研发、测试、部署方面的审批，参联会主席的权限体现在对研发、测试、部署
自主武器系统流程中，提出军事需求和关键性能指标，提出训练使用的规范以及
超出通常范围使用自主武器系统的决定、协调权。战地指挥官的职责，主要体现
为应该按照规范、程序使用自主武器系统及尽到合理注意的义务。

5.3.2　2017 年工作文件

美国在 2017 年政府专家组会议上提交了两份文件,名为《致命性自主武器系统的特征》和《武器系统中的自主性》。两份文件与美国国防部 3000.09 号指令结合,能够说明美国对待自主武器系统的态度。

《致命性自主武器系统的特征》这份工作文件,表达了美国政府回避在《特定常规武器公约》谈判前景尚未明朗的前提下给致命性自主武器系统下精确定义的立场,其主要观点归纳如下[9]:

第一,强调致命性自主武器系统应该根据自身情况归纳、勾勒多数国家能够接受的特征,而非由政府专家组会议谈判界定。因此,即便是暂时在谈判中使用的工作性定义,美国也反对过早采纳。其理由是,不论什么样的新武器出现,其使用都自动受到武装冲突法的约束,即过于精确、狭窄的界定不利于谈判推进。

第二,主张致命性自主武器系统定义应该对机器人学、工程师、科学家、律师、军事人员、伦理学家都适用;并且主张,致命性自主武器系统的特征不应该基于特定技术类型的假设而建立,因为技术发展速度很快,根据特定技术类型归纳的武器特征可能很快过时。

第三,以自身法律概念为引领,试图通过引入美国国防部 3000.09 号指令下对自主武器系统的定义,主导《特定常规武器公约》对致命性自主武器系统概念的描述。3000.09 号指令引入并力推的概念包括:①自主武器系统,指一旦被激活,可在无人类操作员进一步干预下选择并交战的武器系统;②半自主武器系统,指经激活后,经人类操作员选定特定个人或团体作为攻击目标后,可自动交战的武器系统;③排除自主武器系统定义延伸至网络攻击领域。

《武器系统中的自主性》这份工作文件,主要阐述美国在研发、列装自主武器系统的法律审查、运用自主武器系统提升遵守法律潜力、承担违法责任方面的立场,要点摘录如下[10]:

第一,关于法律审查,强调《第一附加议定书》第 36 条下审查的重要性,强调根据美国国防部 3000.09 号指令将对自主武器系统的开发、列装进行全方位法律审查,在研发、测试、认证等不同阶段,有关人员可提出法律建议;除此之外,国防部 5000.01 号指令,授权律师对即将列装的武器系统进行法律审查。对美国国防部来说,列装、采购中的法律审查,聚焦于武器系统自身在根本上是否违反了国际习惯法或美国成为缔约国的国际条约。更进一步,审查武器系统是否在任何情况下其攻击会产生不加区分的效果、无法遵守比例原则和区分原则。

第二,认为使用自主武器系统应该遵守区分原则、比例原则、预先警告原则等武装冲突法规则,强调上述义务永远是参与作战的人员的义务,而非武器系统的义务。因此,根据美国国防部 3000.09 号指令要求,军事人员有义务进行相应训练，武器系统应能够提供可追溯的信息反馈，并使操作员明确激活和关闭武器系统的程序。

第三，强调人工智能技术的发展和军事运用，会提升武器系统遵守、执行战争法规则的潜力。2018 年立场文件是对这一立场的详细阐述。

第四，声明使用自主武器系统违法的法律责任，不能由人转移给机器，并进一步区分责任类型，将违法使用自主武器系统的责任类型区分为个人刑事责任和国家责任。

第五，就个人刑事责任而言，可分为故意和非故意两种情况。针对第二种情况，非故意的情况下，评估责任是非常复杂的问题。仅仅由于事故或者装备的功能错误发生自主武器系统的攻击，即便在引起平民伤亡的情况下，也不一定引起国家责任。战争法没有对此提供任何回答。标准必须在一般国家实践和统一标准的情况下评估。而判断决定使用武器者有没有过错的情况下，决策者的责任必须依据决策当时他们所能得到的信息来判断，而非根据事后表现出来的信息来判断。

5.3.3　2018 年立场文件、2019 年工作文件

2018 年立场文件及 2019 年的工作文件，是国际军控层面美国政府对自主武器系统态度的展现。与众多人权机构观点不同，美国政府对待自主武器系统的态度持中性和审慎态度。2018 年立场文件要旨为：自主武器系统的运用能够大幅度提高武器攻击的精确性，从而提高了毁伤效果，减轻了攻击军事目标带来的附带伤亡和损害。由此，2018 年立场文件认为，自主性导致武器精确性、可靠性提高，使武器制造商能够设计爆炸当量更小的弹药，从整体和长期着眼，有利于促使武装部队更好地遵守武装冲突法的要求，减轻战争对平民的附带伤害[11]。

2019 年工作文件内容概括如下[12]：

第一，对自主武器系统的忧虑主要是区分原则、比例原则以及预先警告原则能否得到有效遵守的问题，但武装冲突法的原则、规则下的义务是对人的义务，而非将义务和相应责任转移到战地指挥官和操作员身上。

第二，武装冲突法规制的是"攻击"行为，因此自主武器系统的部署、激活不在规制范围之内。

第三，自主武器系统的使用中，战地指挥官、操作员应针对减少意外风险、附带伤害等事项，采取必要合理注意的措施。在具体运用中，2019 年立场文件认为武器自主性能够带来三类应用场景：①武器的自主性功能可使指挥官或操作员攻击特定目标或特定团体的意图实现起来更具有精确性、可靠性；②武器自主性功能可为攻击决策提供更有效依据；③武器的自主性功能可被用于帮助指挥官和操作员选定其不知道的来袭目标与之交战。

第四，认为能否遵守武装冲突法的关键在于武器系统能否反映人的攻击意图及对武器系统的人工控制，为此建议加强的方向为：①进行严格的测试，以便评估武器系统的性能表现及可靠性；②建立相应的机制、训练及程序，用以保证武器的使用与其设计、测试和审核的用途保持一致；③在使用自主武器系统前，进行法律审核。

5.3.4 2021 年 GGE 会议建议文件

美国政府于 2020 年编写了《美国关于指导原则的评释》，2021 年 GGE 会议美国提交的建议文件，实际上是《美国关于指导原则的评释》对 GGE 指导原则的建议部分。美国的建议分为四个部分：①国际人道法的适用性；②人类责任；③人机交互；④武器法律审查。其观点、立场在之前美国政府提交的立场文件、工作文件或其国内法中都有所阐述，《美国关于指导原则的评释》及本次建议文件，只不过把先前立场阐述得更为条理化。从总体上看，2021 年建议文件肯定了 GGE 的 11 项指导原则，其梳理的四个领域，是美方认为未来规则制定的重点。建议文件中值得关注的是对人类责任的两项观点：①包括自主武器系统的设计者、开发者、决定列装部队或决定部署人员、指挥官、系统操作员，均应根据国际人道法的规定对在致命性自主武器系统领域新技术的运用范围内就其决定负责[13]；②由自主武器系统事故或系统功能紊乱造成的针对平民或其他受到国际人道法保护人员的非故意伤害，不构成违反国际人道法的行为[13]。

上述两项观点美国政府针对责任问题的最关键表述，与中国法律的立场或国家责任一般原理明显违背。就第一项表述而言，美国政策建议自主武器系统设计者、开发者、决策列装者、部署者与使用自主武器系统的指挥官、操作员一样，均对违反国际人道法行为承担责任。这一点与中国法律的基本态度是相反的，如前文所述，中国法律以国内刑法上单独的罪名和行政处罚追究武器设计、研制、生产者的责任，但此罪名并非国际法上的战争罪。美国这一立场，似有扩大战争罪适用范围的嫌疑。

就第二项而言，美方表述的观点可概括为，国家领导的军队成员的行为，在其主观上没有故意实行违反国际人道法行为时，国家责任不能成立。根据公认的国家责任理论，国家责任的构成要件包括：存在违反国际义务的不法行为及不法行为可归因于国家两项。归因性并非主观状态的判断，而是根据一定的标准将个人或机构的行为视为国家的行为。根据联合国国际法委员会《国家对国际不法行为的责任条款草案》(2001 年二读)第 4 条规定，国家机关的行为即国家的行为。而军队如政府部门一样，是当然的国家机关的组成部分。由此可见，美方观点意在将其使用的自主武器系统的不确定性带来的违法后果从国家责任中排除，以便美军在广泛部署、使用自主武器时，规避由机器故障等问题而导致违反国际人道法的风险。

5.3.5　美国国防部 2018 年人工智能战略和机构调整

美国根据《联邦咨询委员会法》于 2016 年成立的国防创新委员会(DIB)在军事智能领域占有举足轻重的独特地位，DIB 就国防部应采取的新兴技术和创新方法向美国国防部部长和其他国防部高级领导人提供独立建议，以确保美国国防部在美国的技术和军事地位。DIB 系第三方中立机构，但法规的制定和政策的形成，基于产业和技术考察，拥有非常重要的发言权，具有引导话题设置和引领政策发展方向的作用。此后 2018 年美国国防部发布《2018 年国防部人工智能战略》(*The Department of Defense Artificial Intelligence Strategy 2018*)，构成了军事智能领域的顶层设计。与此众多中小国家、人权组织主张禁止、限制人工智能在军事领域运用，此战略基本预设为人工智能将为军事领域带来结构性变革，美国政府应充分助推人工智能的运用，具体行动包括：①采取措施发展基于人工智能等军事能力，从而助力于完成关键性任务；②在美国国防部内部形成共同基础，以去中心化发展和试验的方式，扩大人工智能相关工作的影响力；③培养以人工智能为核心领导力的文化、技能和工作方式；④与商业、学术、国际盟友及伙伴进行合作，实现装备的发展工程制造、部署和有效维护[14]。为落实上述安排，美国国防部内设置联合人工智能中心(Joint AI Center)，并在国防部内部处于居中协调的位置[14]。与联合人工智能中心并列的机构还包括测试资源管理中心(Test Resource Management Center)，自主性兴趣社区及测试、评估、认证团队(Autonomous Community, T&E, Verification and Validation Groups)以及美国国防部高级研究计划局。在人工智能领域，测试资源管理中心的主要职责是通过技术投资提升技术的完备程度；自主性兴趣社区及测试、评估、认证团队的主要职责是测试评估技术的可靠性；美国国防部高级研究计划局的职责包括可解释人工智能项目(Explainable AI Program)，致力于研究深层神经网络的算法黑箱问题，提高人工智能运作机制可被使用者理解的程度，同时也致力于研究假想敌使用人工智能的情形。除国防部直属机构外，美各军种各自拥有回应人工智能需求的机构或研究项目，如陆军人工智能任务部队(Army AI Task Force)、海军人工智能研究应用中心(the Navy Center for Applied Research in Artificial Intelligence)、空军人工智能计划等。

根据目前披露的信息，美国国防部，美国国务院，DIB 涉及军事智能、自主武器系统的各机构之间的关系大致如图 5-2 所示[15]。

5.3.6　美国国防创新委员会发挥作用

2019 年 DIB 发布咨询意见《人工智能原则：关于国防部符合伦理利用人工智能的建议》(*AI Principles: Recommendations on the Ethical Use of Artificial Intelligence*

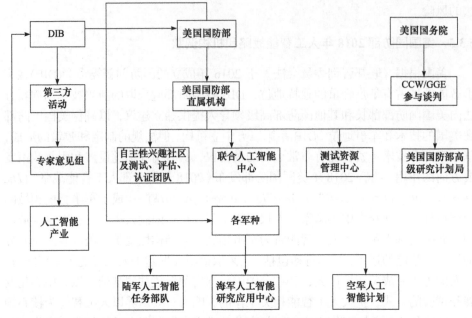

图 5-2　美国国防部人工智能战略推进机构关系

by the Department of Defense)，该意见中提出了人工智能规制的五项原则，既是指导政策制定的伦理原则，也切中了很多军控和国际人道法、国际刑法上的要点。DIB 的政策建议，均在五项原则的基础上展开。五项原则分别归纳为：

(1) 责任原则，即人类应该行使适当的判断力，并对美国国防部人工智能(产品的)开发、部署、使用和成果系统负有责任；

(2) 公平原则，即美国国防部应采取有步骤的措施，以避免开发和部署战斗或非战斗人工智能系统无意中对人造成伤害；

(3) 可追溯性原则，即美国国防部的人工智能工程学科应该足够先进，从而使技术专家对包括透明且可审查开发方法、数据源、涉及程序及文档等在内的人工智能系统开发流程和操作方法有适当的理解；

(4) 可靠性原则，美国国防部人工智能系统应具有明确定义的适用范围，并且应在其整个使用周期内，测试并确保此类系统的安全性、鲁棒性(robustness)；

(5) 可管理性原则，美国国防部人工智能系统的设计和制造应能满足其要求预期的功能，同时具有检测和避免意外伤害的能力、以人工或自动方式脱离交战或关闭已经展现出造成意外升级或者其他行为的处于部署状态的系统的能力[16]。

DIB 提出的五项原则，与美国政府在《特定常规武器公约》进程中表达的立场高度一致。《特定常规武器公约》在 2018 年、2019 年专家组会议确立的关于致

命性自主武器系统的指导原则,很大程度上与 DIB 的观点保持一致。可见,DIB
虽然是第三方中立机构,但是具有主动协调学界、产业和美国国防部、美国国务
院的能力,为其观点或行动提供理论支撑和行动背书,从形式上看虽然不具有最
终决策的权力,但 DIB 拥有为美国国防部、美国国务院设置讨论议题和提供讨论
所需要的理论框架的权力,实际上起到了引领和协调的作用,是高超的顶层设计
的表现。

　　DIB 的建议得到了美国国防部的充分尊重,美代理国防部部长于 2021 年
5 月 26 日发布了《在国防部执行负责任的人工智能》法律备忘录,完全肯定
了 DIB 提出的人工智能五项伦理原则,并决定将以联合人工智能中心为总协
调机构,推进负责任的人工智能工作,在设计、发展、部署和使用人工智能方
面全面贯彻[17]。由此可见,该法律备忘录是 DIB 拥有强大整合资源能力的体
现,作为法律上独立的第三方机构,DIB 实质上是美国国防部落实人工智能政
策的动力源。

　　DIB 的作用值得我国考量。2017 年国务院印发《新一代人工智能发展规划》
明确要求:深入贯彻落实军民融合发展战略,推动形成全要素、多领域、高效益
的人工智能军民融合格局。以军民共享共用为导向部署新一代人工智能基础理论
和关键共性技术研发,建立科研院所、高校、企业和军工单位的常态化沟通协调
机制。促进人工智能技术军民双向转化,强化新一代人工智能技术对指挥决策、
军事推演、国防装备等的有力支撑,引导国防领域人工智能科技成果向民用领域
转化应用[18]。为推进国家发展人工智能的战略目标和军事安全平衡,建立有效的
军队、政府、学术界、企业通平台已经是迫在眉睫的事项。

5.3.7　对美国法律和政策的评价

　　美国国内法规和军控谈判政策,可概括为“顶层设计、积极发展、审慎使用”
的特征。“顶层设计”指从美国国防部、美国国务院至各军种,具有明确的发展思
路和分工配合;另外,是根据联邦咨询委员会设立的 DIB 加强了学术研究、产业、
军队、外交等系统的整合与协调,善于将自身对伦理问题的理论认识转化为法律
和技术概念,从而向国际军控谈判积极施加影响。“积极发展”是指其积极肯定武
器智能化、自主化特性带来的提升战斗力、减少附带伤亡、损害的正向收益,并
没有跟随人权组织和军事小国的舆论走向,其着眼点始终落实在如何提高自身作
战能力上。“审慎使用”体现在自主武器系统从开发到使用,都尽可能贯彻保持对
武器系统有意义的人类控制以及使武器攻击反映指挥官、操作员意图两方面。审
慎性具体体现在:

　　(1) 武器性能测试的严格性;

　　(2) 对使用武器系统人员的针对性训练,保障规范性、程序性控制;

(3) 明确使用武器的通常范围和通常范围外场景，相关人员匹配对应的权限和义务、责任；

(4) 强调各级人员的审慎注意义务，美国的政策，对其维护军事霸权和技术领先优势有利。

5.4　俄罗斯政策分析

5.4.1　政策内容

俄罗斯对待人工智能技术的军事运用相当积极，其国内法没有规制自主武器系统的专门法律法规，但相当一部分法律涉及允许无人武器系统的使用。在政策层面，俄罗斯鼓励包括自主武器系统在内的人工智能技术的军事应用。在国际军控政策领域，俄罗斯在《特定常规武器公约》框架下政府专家组的前奏——非正式专家会议(Informal Expert Meeting)上，对拟定专门军控机制一度持反对态度。俄罗斯政府分别在 2017 年(*Examination of Various Dimensions of Emerging Technologies in the Area of Lethal Autonomous Weapons Systems in the Context of the Objectives and Purposes of the Convention*，CCW/GGE.1/2017/WP.8)、2019 年(*Potential Opportunities and Limitations of Military Uses of Lethal Autonomous Weapons Systems*，CCW/GGE.1/2019/WP.1)GGE 会议提交了工作文件，这两个文件比较全面地阐述了俄罗斯政府对致命性自主武器系统的军控机制的政策和立场。各国值得注意的是，2019 年 GGE 会议最后文件确定了未来规制致命性自主武器系统法律规则的 11 项原则，各国对将致命性自主武器系统置于某种形式军控机制(条约或其他成果编纂)之下形成了一定的、影响力较为广泛的共识，因此前后两次工作组文件中俄政府的态度有比较明显的转变。2021 年 GGE 会议期间，主要国家对 GGE 指导原则加以评论或提出深入建议，俄罗斯发布名为《关于 CCW 缔约国在致命性自主武器系统领域新技术领域政府专家组会议 2017 年至 2021 年工作成果的考虑》(*Considerations for the Report of the Group of Governmental Experts of the High Contracting Parties to the Convention on Certain Conventional Weapons on Emerging Technologies in the Area of Lethal Autonomous Weapons Systems on the Outcomes of the Work Undertaken in 2017-2021*)的工作文件，就国际人道法对自主武器系统的适用性、马顿斯条款的适用性、法律审查、是否应在《特定常规武器公约》框架内缔结规制自主武器系统的有约束力的国际法文书等问题，发表或重申了观点。

5.4.2　2017 年工作文件

2017 年工作文件要点归纳如下[19]：

第一，俄罗斯政府认为截至当时，缺乏可供分析的致命性自主武器系统的样本，是讨论致命性自主武器系统的主要问题。俄罗斯政府反对效仿《特定常规武器公约》《第四议定书》规制激光致盲武器的模式，将这一模式套用在自主武器系统的规制之上，理由是《第四议定书》并不是禁止使用激光致盲武器，而是防止使用激光武器后产生永久性致盲的效果。

第二，俄罗斯政府强调当前的技术条件难以区分自主武器系统的民用属性和军用属性，这一现状将构成致命性自主武器系统的问题得到进一步讨论的障碍。

第三，俄罗斯政府不反对 2017 年政府专家组会议讨论中提出的"自主性"、"有意义的人类控制"、"可预见性"，认为其含义取决于致命性自主武器系统的概念如何界定。

第四，俄罗斯政府认为尽管"有意义的人类控制"原则概念不清晰且发展得非常有限，但存在讨论的潜力。大多数国家同意武器系统缺乏有意义的人类控制是不可接受的，但何为"有意义控制"的标准，目前很难在不将此概念政治化的情况下得到认同。

5.4.3　2019 年工作文件

在 2019 年工作文件中，俄罗斯政府采取比较明确地界定致命性自主武器系统特性的策略，并在此基础上对相应国际法规则、国内法做出有利于己方的阐述[20]：

第一，肯定自主武器系统在未来军事领域的前景，并认为使用高度自动化技术有助于保证武器制导的精确性，同时减小使用武器时对平民和民用物体造成意想不到的伤害的概率。

第二，描述了致命性自主武器系统的用途，包括摧毁军事设施、保护关键基础设施(如核电厂、水坝、大桥等)、清除恐怖组织、保护平民。

第三，强调已经存在的高度自动化军事系统不应该单独归类为特殊的类型，并对这个类型的武器立即设置限制、禁止使用的要求。

第四，强调未来《特定常规武器公约》讨论予以规制的，仅限于完全自主的武器系统，因此反对在《特定常规武器公约》框架下讨论无人机作战系统。

第五，对致命性自主武器系统给出了俄罗斯定义"除军械外的、目的是在没有操作员任何参与的情况下进行战斗和支援任务的无人技术手段"①。

第六，强调使用致命性自主武器系统受到武装冲突法既有规则的规制，具体包括：①使用致命性自主武器系统不得进行不加区分、不成比例地对平民攻击或对平民没有预先警告的攻击；②不得违反比例原则；③是否使用致命性自主武器系统的决定应该由策划军事行动、发展使用这些武器系统场景的人做出。

第七，强调人工控制因素的重要性，对致命性自主武器系统的控制，应该向操作员或者上一级系统提供部分或全部改变工作模式或完全关闭途径，且对人类控制应由国家来决定。

第八，强调第36条审查的义务的必要性，但是俄罗斯不主张建立任何对武器进行审查的强制性义务。俄罗斯认为更重要的是使国家普遍接受《第一附加议定书》的约束并撤销有关国家在批准议定书之后做出的保留。

第九，强调俄罗斯已经有对全国适用的审查武器系统设计原型的、基于法律审查的机制。这些检查在武器系统原型的开发和使用的任何阶段都适用。对军品的评估不仅审查其声称的功能、特点和环境影响，还包括军品是否遵守第36条义务的要求。

第十，声明不应忽视自主武器系统在保证国家安全环境方面的潜在积极作用。

5.4.4　2021年工作文件

2021年俄罗斯工作文件内容要点概括如下[21]：

第一，俄罗斯同意国际人道法对自主武器系统完全适用的观点。

第二，俄罗斯认为既有法律规则足以应对自主武器系统的规制。自主武器系统尽管有自身的特点，但是其规制必须与国际人道法保护平民，禁止施加不必要的痛苦，不得对自然环境造成长期、持续且严重影响的原则，以及比例原则的限制一致。

第三，关于马顿斯条款及人权法规则能否规制自主武器系统，俄罗斯认为，人性法则、公众良知和人权视野等，不应成为限制和禁止使用某些类型武器的唯一衡量条件。

第四，俄罗斯反对在GGE框架内发展具有法律约束力的国际法文书，并将其用于延缓此类武器系统和技术的开发。相反，俄罗斯建议应将讨论重点放在对自主武器系统适用的国际法规范上。

第五，反对基于某些国家的政治喜好而将人工智能区分为好或坏的类型，应当保证人工智能技术的持续研究发展。

---

① 联合国文件尚未提供中文文本，该定义是根据俄文的英文译本翻译而来的。英文表述是"unmanned technical means other than ordnance that are intended for carrying out combat and support missions without any involvement of the operator"。

　　第六，关于自主武器系统的作战效能，俄罗斯认为自主武器系统可在相当程度上减轻由于操作员错误、心理状态、伦理、宗教或道德价值观导致的武器的负面影响，可减少针对平民及民用物体进行非故意攻击的概率。

　　第七，既有军用或军民两用的、具有一定自主性的系统不应被界定为特殊类型的人工智能载体而要求立即限制或禁止其发展和使用。GGE 对致命性自主武器系统讨论不应当被限制在完全自主的军用或军民两用系统。

　　第八，俄罗斯重申其观点，即工作性定义不应仅仅包含当前对致命性自主武器系统的理解，更要着眼于其未来发展，具有广泛的包容性。

　　第九，不论自主武器系统发展有多先进，必须保持人类对其的控制，但保持控制的形式和方式，应当由国家自由裁量。

　　第十，俄罗斯支持根据《第一附加议定书》第 36 条的要求进行法律审查，俄罗斯有充分能力保证法律审查，但反对就自主武器系统的审查建立普遍有强制约束力的审查机制。

5.4.5　对俄罗斯政策的评价

　　尽管法律规定碎片化且不成体系，作为军事技术大国，俄罗斯对自主武器系统采用了与美国接近的实用主义立场。在关键问题上，如有意义的人类控制、可预见性等，与其他国家相比并不十分清晰，但脉络大体相同。虽然在军控领域针对致命性自主武器系统规制的讨论并不积极，但其政策具有高度的灵活性，能根据局势背景的变化做出有针对性的调试。此外，俄罗斯政策的鲜明特色是始终强调当下不宜以军控条约(《特定常规武器公约》框架下议定书)的形式建立新的军控机制，背后可能存在两方面的原因：一是局势明朗之前持观望态度；二是不愿受到硬约束。美、英的军控政策导向是，积极推动军控机制中标准的引领，将规则导向有利于自己的局面，从而保护自身对自主武器系统发展的努力和技术优势；俄罗斯政策反其道而行之，通过反对或推迟硬约束力规则的形成，为自身发展自主武器系统留有空间。

　　2021 年工作文件表达了俄罗斯三个关键要点上的判断：

　　第一，俄罗斯认为既有国际人道法规则足以规制致命性自主武器系统。这一立场背后涵盖两层意思：一是就《第一附加议定书》第 36 条下的武器法律审查义务而言，目前各缔约国自行判断、各自对新武器进行审查且在多边层面排除推行统一强制性标准已经满足了俄罗斯的要求，没有必要在多边层面制定统一规则；二是俄罗斯否认马顿斯条款①及其他国际人权法规则在规制自主武器系统方面的作用。马顿斯条款的历史最早上溯至 1899 年第一次海牙和平会议期间俄罗斯代表

---

　　① 俄罗斯工作文件中提及 "人性法则"、"公众良知" 的用语，来自于 1899 年《海牙第二公约》序言中的马顿斯条款。

马顿斯教授对 1899 年《海牙第二公约》序言的起草，将各国受到"人性法则"、"公众良知"的支配写入序言，实际上是为了应对比利时谈判代表德斯坎(Descamp)对公约文本将被占领土上的抵抗组织成员排除在战斗员范围之外的表述而提出的异议。马顿斯教授以上述表述弥合了比利时与俄罗斯、德国等军事大国的裂痕，作为一种外交技巧，为该公约顺利缔结排除了障碍。现代国际法上对马顿斯条款的确切含义有相互竞争的几种认识：法律解释的辅助工具、自然法渊源、国际习惯法(强行法)渊源等[22]。俄罗斯主张马顿斯条款不适用于规制致命性自主武器系统，背后的立场是俄罗斯不认为马顿斯条款作为自然法为规制致命性自主武器系统提供了法律依据，从而防止小国或非政府国际组织等将自然法、国际人权法主张向武器领域渗透。俄罗斯的主张符合军事必要的考虑，也符合其作为军事强国的安全利益。

第二，俄罗斯反对制定专门规制自主武器系统的国际条约。这一立场与众多小国及采取模糊立场的大国的观点格格不入。如果主张既有规则足以规制自主武器系统这一论点成立，那么反对专门的国际条约便是这一逻辑的必然延伸。俄罗斯立场体现了以阻滞或延缓国际条约制定的方式为自身发展自主武器系统预留足够时间的策略。

第三，俄罗斯各工作文件一贯反对在《特定常规武器公约》的框架内建立多边法律审查机制。这一观点也符合有能力发展自主武器系统的军事大国不愿国际组织或其他国家窥伺其军事智能技术动态的倾向。

5.5　法/英/澳/日等国政策分析

5.5.1　法国的政策

1. 政策内容

法国对自主武器系统的政策在 2018 年的 GGE 会议上得到比较充分的说明，主要源自其提交的名为《在研发、部署和使用致命性自主武器系统领域新兴技术中的人机交互》(Human-Machine Interaction in the Development, Deployment and Use of Emerging Technologies in the Area of Lethal Autonomous Weapons Systems, CCW/GGE.2/2018/WP.3)的工作文件，主要内容概括如下。

第一，肯定人类指挥机构必须认识到并评估自主武器系统的可靠性和可预见性。武器系统的可预见性并非处于最重要的地位，最重要的是武器操作员有能力控制评估和控制武器系统。

第二，操作员和指挥官必须理解自主武器系统如何操作及系统如何运作，以及武器系统在战地可能产生的潜在后果，以便他们在其中做出人类的判断。具体要求：①采取恰当的执行认证、评估、确认程序；②在必要时，对系统算法进行严格的测试；③建立经验教训总结的机制。

第三，必须将武器系统置于人工控制之下：①在使用高度自主的武器系统时，应贯彻指挥官责任；②严格建立操作规范、使用规范、交战规则，使用自主武器系统必须在精确定义的规则框架下得到人类认证。现有技术条件下，军事行动中为使军队遵守国际法规则，若使用具备自我学习能力的武器系统，将不会带来任何好处。

第四，任何情况下，必须保持人与自主武器系统之间的通信连接，即便是间歇性的通信连接，也应该尽量保持。

第五，强调在使用武力的过程中，人类控制处于中心地位，因此违反武装冲突法的情况下，相关人员天然应承担责任而非机器承担责任。

在 2019 年 GGE 会议中，法国声称：谈判一项具有法律约束力的文书或预防性禁令为时过早，而且会适得其反。在现阶段，根据 2018 年 GGE 的工作和通过的 10 项指导原则，通过政治承诺将是凝聚共识的最适当选择。

2021 年 GGE 会议中，法国提交了一份名为《就法律领域内新兴技术的规范和操作框架的澄清、审议和发展方面可能提出的协商一致建议》(*Possible Consensus Recommendations in Relation to the Clarification, Consideration and Development of Aspects on the Normative and Operational Framework on Emerging Technologies in the Area of LAWS*)的文件。该文件包含了对 GGE 指导原则如何进行深化的分析和建议，要点概括如下[23]。

第一，关于自主武器系统的界定和规则的适用范围。法国主张应当排除遥控或无线电指令操作武器系统，排除在非关键领域或低水平领域具有自主性的武器系统或自动武器系统。法国主张应当区分完全自主武器系统和部分具有自主性的自主武器系统。完全致命性自主武器系统完全与 GGE 指导原则违背。

第二，部分致命性自主武器系统在正确使用的条件下可为操作带来收益，也可能带来潜在的伦理和法律挑战，应当由缔约国采取适当的措施减轻其负面影响。

第三，《特定常规武器公约》缔约国应就适用于自主武器系统的设计、发展和使用的原则、政策和具体措施达成一致，具体包括：①缔约国承诺不发展、装备和使用具有完全自主性的武器；②缔约国承诺并执行规制实现部分自主性的武器系统的发展和使用的国家政策及措施，具体包括：法律审查、风险评估和减轻损害措施；对使用者的训练，保证责任追究，在全生命周期、可控的人机交互界面下人对武器系统拥有控制力。

2. 对法国政策的评价

法国政策总体上对自主武器系统持较为谨慎的态度，肯定将 2018 年有意义的人类控制原则作为政策和法规规制的核心考虑。与其他国家显著不同的特点是：

第一，法国强调通信链路在保持对自主武器系统控制权中的重要作用，即便仅能实现间歇性的通信连接，法国认为国家也有义务保持上述通信，从而确保在武器系统出错情况下随时干预。这一点表明，法国是较少认识到不能脱离武器装备的通信机制的特征、作用范围、时延性等问题对自主武器系统影响的国家。国际法层面讨论使用自主武器系统的责任不得转移，但责任问题脱离不了具体的使用场景。

第二，法国立场与众多不具有发展军事智能技术能力的小国和非政府组织(NGO)不同，一方面不回避自主武器系统带来的挑战，同时也肯定自主武器系统部署和使用将带来作战效能的提升。由于作战效能提升，攻击更精确，生产商可设计和制造爆炸当量和杀伤半径更小的武器，因此法国的观点实际上在暗示，从长远的效果看，自主武器系统的使用将在很大程度上减小因为杀伤机理造成的违反国际人道法的概率。

第三，法国将自主性进行了分类，即把武器分为具有完全自主性和部分具有自主性两类。并强调伦理和责任风险主要来自武器处于完全自主性的状态。这一立场与前文引用的中国 2018 年立场文件中对自主武器系统特征的描述是相近的。法国主张的部分具有自主性意味着武器设计师应当考虑在观察、评估、决策、攻击组成的 OODA 回路中已经为操作员控制自主武器系统保留了监控和关闭的机制。尽管战场环境和实验室环境相差甚大，不能完全排除这种自主武器系统超出人类意图的情况，但从原理分析，此种做法有利于加强对自主武器系统的有效控制且能够反映操作员的意图。

5.5.2　英国的政策

1. 政策内容

英国在 2018 年 GGE 会议上提交了名为《人机接触点：联合王国关于对武器开发和目标锁定循环的观点》(*Human Machine Touch Points: the United Kingdom's Perspective on Human Control over Weapon Development and Targeting Cycles*，CCW/GGE.2/2018/WP.1)的工作文件，比较全面地阐述了英国政府的政策立足点。从整体上看，英国政府同意以有意义的人类控制原则作为规制自主武器系统的落脚点，该文件的主要内容均围绕如何落实和加强人工控制展开。具体内容归纳为如下要点。

第一，人工控制应在自主武器系统自研发到使用的全使用周期内得到贯彻。对其进行法律规制包括如下几个方面：①国家法律和可适用的国际法规则；②开发武器的详细说明，就系统的要求进行特定的描述，以便保证合理的人工控制；

③武器设计应包含保持人工控制的要求，特别是着眼于通过人机交互保持人对机器的控制；④认证、确认和颁发许可证，此过程包括法律审核，特别是落实《第一附加议定书》第 36 条的审核；⑤制定合理的操作流程，包括训练、指挥与控制、交战规则等各方面的完善。

第二，针对自主武器系统，应采取以人为中心、贯穿武器使用周期的方式，在不同阶段和不同方面，落实人工控制。

第三，英国引入北约体系下目标锁定流程——"联合目标锁定循环"(Joint Targeting Cycle)①分析自主性在北约联合作战使用武器流程中的作用和影响。联合目标锁定循环将此战术行动分解为可循环往复的六个步骤，依次为：①指挥官意图、目标确定和指导；②锁定目标发展；③能力分析；④指挥官决策、军事力量规划和分配；⑤行动策划和武力执行；⑥评估。

根据英国政府专家理解，上述①、②、③、④、⑥五个步骤，均不包含武器系统自主决定的因素，涉及自主性的是第⑤阶段，包含目标搜索、锁定、跟踪、瞄准、交战、评估等各行动。除此之外，英国政府专家认为，不在北约联合目标锁定循环使用范围内的情况，如战斗员近距离交战的情况下，自动化程度的提高可在相当程度上提高战斗员单兵的生存能力，并提升战斗员更好地遵守武装冲突法规则的能力。

第四，既有的武器系统中，反火箭弹、火炮系统，只能在自动模式下进行工作，因为操作员的反应速度跟不上火箭弹、炮弹来袭速度，但自动工作模式完全在操作员预先设定的范围之内，目前的武器系统没有能力轻易更改操作员的设置。

第五，英国强调应在武器的全使用周期落实责任。在部署前，主要体现在遵守国内法和国际法的相应要求，对武器系统进行严格的实地测试、遵循相应流程。新武器的列装必须使指挥官和战斗员理解其操作的限制，并且必须制定相应的交战规则。在部署后，指挥官、操作员应当遵循各项命令、指示、操作标准流程。

第六，2018 年 GGE 会议最终文件将致命性自主武器系统的有意义的人类控制划分为六个阶段(图 5-1)。英国专家文件在此基础上进行了拓展，标注了每一个阶段落实工作的关键点，各阶段分别落实如下。

阶段 0：政策控制，此阶段制定国家相应政策。

阶段 1：研究和发展，此阶段进行早期研究发展、项目和工程管理、武器性能需求定义、详细的系统设计。

阶段 2：测试和评估、认证和确认，此阶段测试、评估和接收列装、规制和颁发许可。

阶段 3：部署、指挥和控制，此阶段训练、完善交战规则，制定操作计划，把

① Allied Joint Publication 3.9: Allied Joint Doctrine for Joint Targeting (Edition A version 1), chapter 2, figure 2.2.

武器系统部署至使用场所。

阶段 4：使用和任务放弃，此阶段进行目标锁定决策和其他行动、战场管理。

阶段 5：评估，此阶段进行战场损害评估、教训总结、装备服役信息反馈。

2021 年 6 月 GGE 会议期间，英国提交的政策文件名为《与澄清、考虑和发展在致命性自主武器系统领域新型技术的规范和操作框架有关的可能共识建议的书面贡献》(*Written Contributions on Possible Consensus Recommendation in Relation to the Clarification, Consideration and Development of Aspects of the Normative and Operational Framework on Emerging Technologies in the Area of Lethal Autonomous Weapon Systems*)。这一文件聚焦于对可适用于致命性自主武器系统的规则和 GGE 指导原则的评价，主要分为法律框架和规范、武器系统的生命周期、分享良好惯例、人类在自主武器系统中的作用、关于负责任发展和使用自主武器系统规范、致命性自主武器系统的特征描述等，其要点摘录如下[24]。

第一，关于法律框架和规范：①英国认为国际人道法和既有的关于武器发展、采购、使用的法律规范已经为自主武器系统的规制提供了充分的依据；②自主武器系统可以提高举证、分析、决策时间线等能力，可以帮助国际人道法更好地使用；③国家或武装冲突参与方部署和使用自主武器系统的责任不能转移；④使用自主武器系统不会也不能否定相应的个人刑事责任和国家责任，未来《特定常规武器公约》框架内讨论应当致力于阐述责任规则如何适用于致命性自主武器系统；⑤对新武器的法律审查对于判定新武器能否满足国际人道法要求至关重要，国家应修改和发展相关方法并保证对新技术进行严格的审查；⑥规范、义务、原则、伦理和法律关切的问题处于自主武器系统讨论的核心，应当继续推进。

第二，关于武器生命周期：①肯定 2018 年以来六阶段划分方法，且应转换成实践中具有操作性的框架；②《特定常规武器公约》应肯定自主武器系统不仅指一个特定的武器本身，自主性在一个系统或系统的子系统中存在，并且包含了众多功能；③工业界是利益相关方，应加入《特定常规武器公约》关于自主武器系统的讨论。

第三，关于分享良好惯例：①所有缔约国都应被鼓励加入在武器系统全生命周期中分享良好管理的行列中；②在恰当的时机，各国应公布或更新国防政策、军事手册、训练材料等，以便确保有关人员能够合法地使用新武器；③武器使用纲要有助于建立良好惯例。

第四，关于人类在自主武器系统中的作用：①人类对军事后果的责任对于防卫中有效且负责任的决定是基本要素，为建立自主武器系统使用的责任，至关重要的是人类在自主武器系统全生命周期中的细节；②《特定常规武器公约》缔约国应承认人类控制是复杂、动态、多层次且依赖于环境变化的；③在武器系统全生命周期内人类的活动增加或减少人类对武器系统的控制程度，以及影响遵守国际人道法的程度，这些行动不能孤立地加以考虑，因此重要的是应该发展一套清晰、全面理解如何在武器全生命周期内执行措施的方法。

第五，关于负责任发展和使用自主武器系统规范：①对于未来进程，发展建立负责任发展和使用自主武器系统的规范至关重要；②就意图使用自主武器系统的领域建立高级别单方政策，可被接受的自主武器系统的特征，以及伦理发展和操作惯例将会成为国家贡献于正在进行的致命性自主武器系统议题的宝贵途径；③英国正在发展一套政策原则，其中将把发展人工智能赋能系统的政策作为其人工智能战略的一部分。这一系列政策原则可以构成未来负责任使用此类系统的基础。

第六，关于致命性自主武器系统的特征描述：①鉴于目前没有 GGE 公认的致命性自主武器系统的定义，因此将这些系统的特征描述出来将对未来《特定常规武器公约》框架下的工作奠定基础。一整套系统或其组成功能的自主程度是重要的讨论领域。因此，区分自动化和自主化及其各自的特点，将会有助于区分学习能力、预见能力方面的差别。这些特征可能挑战，也可能帮助对国际人道法的遵守。②在军事行动层面做出决策，部署自主武器系统，需要适当地理解武器系统将如何运作，为此，应当将加强训练并保证适当地对军事决策提供技术和法律援助。

2. 对英国政策的评价

英国的政策理念与美国、法国等北约国家并无不同，都比较明确地承认自主武器系统的全使用周期应贯彻有意义的人类控制原则，以此为基础，积极挖掘人工智能技术提升作战效能的空间。其特点是：①结合北约军事行动的特点，详细阐述了在北约联合作战规范中，武器自主性发挥的空间与限制、规范与流程，值得重视并进一步研究；②明确、清晰且详细展示了自研发至使用的全流程中，落实有意义的人类控制应抓好的工作重点，对我国有参考意义。

英国政策主张中特别值得关注的一点是，其主张各国应在恰当时机公布或更新国防政策、军事手册、训练材料等，以便确保有关人员能够合法地使用新武器。作者认为，我国不应采取这种立场：第一，《第一附加议定书》第 36 条仅要求缔约国应该对新武器进行法律审查，但并没有要求强制公布审查结果和细节的义务[25]，这一主张远远超出了缔约国程度的义务要求；第二，公布训练材料可能相当于公布新装备武器系统的特征信息，与我国保密法规要求相违背①。

---

① 按照《中国人民解放军保密条例》第八条第(八)款，"军事学术、国防科学技术研究的重要项目、成果及其应用情况"属于保密事项范围。

5.5.3　澳大利亚的政策

1. 政策内容

澳大利亚于 2019 年 3 月向 GGE 会议提交名为《澳大利亚控制和使用自主武器系统的体系》(*Australia's System of Control and Applications for Autonomous Weapon Systems*，CCW/GGE.1/2019/WP.2/Rev.1)的文件，比较全面地反映了澳大利亚政府对待自主武器系统的态度。核心思想是：以往 GGE 会议对致命性自主武器系统的讨论的落脚点是在军事冲突中对武器系统的控制；而通过有效的控制，军事人员可以恰当地保证武器系统的功能(包括自主武器系统在内)以合法且受到规制的方式运作。该文件对澳大利亚控制武器系统在军事武力中的使用进行了概括，将其归纳为以下九个阶段[26]。

第一阶段：制定广泛的法律框架，以便符合社会习惯和价值观。

第二阶段：设计和研发武器阶段，国家应做到确定一系列要求，包括识别自主武器系统指标的广泛功能，以及其被允许使用的不同场景，控制命令机制如何转化成为代码，确定技术和安全要求，人工控制角色和与自主武器系统如何交互，建立限制和安全边界。

第三阶段：测试、评估和审核阶段，具体包括软件认证、功能可靠性认证、操作许可和限制条件。测试应保证对自主武器系采取必要措施，防止武器系统脱离人工控制。系统整体进行测试时对各分系统也同时进行测试。未能通过测试的，须重新设计和研发。第三阶段中的审核，特指根据《第一附加议定书》第 36 条对新武器是否符合武装冲突法的要求进行的审核，其审查的标准是武装冲突法及对澳大利亚有效的其他国际法规则下的义务。

第四阶段：列装、训练和认证。列装指武器系统开发、测试完毕后，经审批进入部队服役。认证指许可证管理的过程，技术性能达到要求的武器系统满足必要标准的，颁发使用许可。值得注意的是，澳大利亚颁发使用许可，可以区分武器系统使用存在使用条件限制和不受限制的情况。前者情况下，自主武器系统仅取得有条件的许可，后者取得完全操作许可(full operational certification)。

第五阶段：预部署选择(pre-deployment selection)。虽然名为"预部署"，但文件中该阶段指澳大利亚政府根据国内法和国际法将自主武器系统部署到武装部队的过程。澳大利亚政府在此阶段有义务向其国防军参谋长提供武器系统的使用指南和目标，以便参谋长展开军事应对计划。

第六阶段：确定使用边界(use parameter)，即确定自主武器系统在何时、何地以及以何种方式使用的额外限制条件。

第七阶段：预部署认证和训练(pre-deployment certification and training)，即预部署阶段的认证和训练，与第四阶段的认证、训练不同。第四阶段的认证、训练着重于武器性能，第七阶段的认证、训练针对的对象是战地指挥官和操作员，目的是评估自主武器系统在特定任务计划中的使用场景。

第八阶段：使用的战略和军事控制，指自主武器系统在具体军事行动中的使用，对其审慎控制以便符合法律要求。澳大利亚政府特别强调，部队使用自主武器系统应受到交战规则的限制，在此阶段，对指挥官和操作员的制约，主要是交战规则。

第九阶段：军事行动后评估，包括但不限于毁伤效果评估、操作报告、任务后分析、事故调查、爆炸遗留物是否合法、武器系统可靠性检查和保养等。

2. 对澳大利亚政策的评价

澳大利亚对自主武器系统政策的特点，可以归纳为：①强调研发、测试、部署、使用等自主武器系统使用周期中各阶段的控制因素，建立有意义的人类控制；②澳大利亚政府与美国国防部不同，没有就自主武器系统的开发、测试、部署、使用等事项建立专门的程序和流程，而是将其置于适用于规制所有针对武器全使用周期的法规、政策框架之下。

5.5.4　日本政策分析

1. 政策内容

日本的政策主要体现在 2019 年 3 月其向 GGE 会议提交的名为《2019 年政府专家组会议可能的结果和国际社会关于致命性自主武器系统的未来行动》(*Possible Outcome of 2019 Group of Governmental Experts and Future Actions of International Community on Lethal Autonomous Weapons Systems*，CCW/GGE.1/2019/WP.3)的报告，2021 年 GGE 会议日本尚未单独提交文件，而是与澳大利亚、英国等国联合提交文件。日本政府在自主武器系统方面关键问题的政策与立场概括如下[27]：

第一，日本政府声明没有计划发展完全自主的致命性武器系统(full autonomous lethal weapons system)；此外，日本赞同有意义的人类控制在维护国家安全方面有积极作用，并打算发展此类系统；高度自动化武器系统(highly automated weapons systems)由于其设计就是为了保障有意义的人类控制，在现阶段不应受到限制。

第二，关于致命性自主武器系统的定义，日本认为目前没有明确定义，各利益相关方应该进一步讨论,讨论的落脚点应该是致命性的界定和人工控制的形式。

第三，关于致命性的界定，日本认为概念外延的泛化，可能导致规则的适用范围过于宽泛，因此应当把概念限制在具有致命性的自主武器系统上。同时，日本认为区分防守性武器系统和进攻性武器系统没有意义。因此，有必要进行的讨论应该集中到直接剥夺人类生命的武器系统上。

第四，关于有意义的人类控制的形式，日本认为该原则是在武器造成违法攻击的情况下追究责任的前提，因此有必要采取措施防止武器系统脱离人工控制。此外，有意义的人类控制的各种表现形式，有待于各利益相关方进一步讨论。

第五，关于法律规则的适用范围，日本认为自主武器系统技术的采用将使附带损害减少并减少人员的错误，因此在未来很长一段时间内不能排除自主武器系统作用的可能性。因此，拟定中的规则的适用范围应该仅限于具有致命性且完全自主的武器系统。

第六，关于自主武器系统与国际法和伦理道德的关系，日本认为使用自主武器系统遵守适用的武装冲突法规则至关重要。任何使用属于常规武器范畴的自主武器系统违法的情况下，应该追究国家或个人的责任。

第七，关于信息共享和信任建设，日本认为应在《特定常规武器公约》框架下加强信息共享、透明度建设，探索可被一致通过的机制，而根据1977年《第一附加议定书》第36条的规定，引入缔约国如何遵守该条要求的机制，可以构成一个选项。

2. 对日本政策的评价

日本政府的政策内容表明两方面的问题：①日本根据自身判断，认为实现"人在回路之外"的完全自主的武器系统的时代没有到来；②日本希望发展并成为人工智能技术的大国，并在自我限定的"国家安全"领域得到发展；③拟定中的法律规则仅限于致命性且完全自主的武器系统的主张，其反面就是日本政府不限制发展在此范围之外的所有类型的自主武器系统；④《第一附加议定书》第36条下，缔约国对武器是否违反武装冲突法的审查，是缔约国自行决定方式、方法的义务，但将第36条引入《特定常规武器公约》框架之下，使之演变为信息共享、保持透明度的某种机制，反映了日本希望利用该机制限制其他国家并对其他国家的技术发展水平精确掌握的心态。

5.6　2021年澳/加/日/英/美等国联合工作文件

2021年6月GGE会议期间，澳大利亚、加拿大、日本、英国、美国向缔约大会联合递交了名为《关于讨论文件：以智利提出的CCW致命性自主武器系统领域新兴技术政府专家工作组未来工作的四要素为基础》(*Discussion Paper — Building on Chile's Proposed Four Elements of Further Work for the Convention on Certain Conventional Weapons (CCW) Group of Governmental Experts on Emerging Technologies in the Area of Lethal Autonomous Weapons Systems*)。如文件名所示，智

利提出了未来 GGE 工作讨论的四个重点领域，包括国际人道法对自主武器系统的适用性、人类责任、人机交互、武器的合法性审查。该工作文件是对智利建议在每个领域的回应。

该文件回应特定领域问题的逻辑结构为：①支持 GGE 指导原则内容；②GGE 罗列历年 GGE 会议报告中各方达成一致意见部分；③提出未来 GGE 推进工作应着力的领域。第一、第二步骤摘抄、罗列内容在此无须赘述。联合工作文件与澳、加、日、英、美的政策并不矛盾，是其额外的政策主张，体现了四方国家对 GGE 工作导向的思考和试图引领的趋势，因此值得关注的为四个重点领域内论述 GGE 工作推进建议部分，具体内容要点分述如下[28]。

5.6.1　关于国际人道法对自主武器系统的适用性

五国建议进一步澄清国际人道法原则(如区分原则、比例原则、预先警告原则等)如何适用于致命性自主武器系统及其技术领域。重点关注领域为：涉及武器自主性功能的自动寻找弹药、对指挥官或操作员决定锁定目标起辅助作用的决策支持工具、武器系统中依赖于自主性功能来选择和攻击目标的机制。此外，五国文件还建议确认致命性自主武器系统的新兴技术可被运用于减少军事行动中平民面临风险(附带伤害)的具体方法。

5.6.2　关于人类责任

五国联合工作文件建议：①建立保证国际法中关于责任的规则如何在自主武器系统领域适用；②在涉及自主武器系统的全生命周期的各阶段(2018 年 GGE 会议报告提出的"日出日落图"标识的各阶段)建立保证责任追究的良好惯例。

5.6.3　关于人机交互

五国联合工作文件建议：①在涉及自主武器系统的全生命周期的各阶段建立包括专业研究和工业制造领域在内的良好惯例，以便加强对国际人道法的遵守；②分析既有良好惯例的各种因素，以便充实 GGE 指导原则(c)的内容；③识别生命周期中的各种决策、活动和过程对人机交互的贡献，并分析人机交互如何基于操作环境和不同武器的特点而做出反应。

5.6.4　武器的合法性审查

五国联合工作文件建议：①识别在致命性自主武器系统新兴技术领域进行法律审查的指导原则和良好惯例；②进一步识别在致命性自主武器系统设计、发展、测试、部署领域潜在的风险和减轻风险的应对措施。

5.6.5　对联合工作文件体现政策导向的评价

　　作者认为五国联合工作文件体现了以英、美为代表的西方国家对未来 GGE 导向的思考和引导,其基本立足点是假设:①像既有法律规则特别是国际人道法、国际刑法规范如 GGE 指导原则设想的,对致命性自主武器系统领域继续适用;②未来并不完全堵死制定规制致命性自主武器系统的军控或国际人道法规则。文件建议内容是在上述假设成立的基础上对 GGE 指导原则的深化。因此,在某些方面与特定国家(如俄罗斯)产生一定冲突,二者冲突是对军控规则谈判走向的争夺。

　　五国联合建议有一定的积极意义:①对既有国际人道法规则如何适用的一些具体难题(如自动寻找弹药)结合军事活动实际状况提出了讨论方向,为未来规则的形成提供了初步探索的基础;②在人机交互、武器合法性审查领域提出应结合实际建立可参考的范式。尽管如此,五国联合建议也存在风险,风险在于越是鼓励国家披露和分享相关领域的细节,就越有可能与各国保密法规冲突。我国必须看清潜在的风险,在披露良好惯例方面谨慎行事。

5.7　本 章 小 结

　　各国法律、政策与 GGE 会议提出的 11 项指导原则形成了双向影响的互动。未来谈判在关键问题上存在不确定性,可能影响规制自主武器系统条约的谈判进程。上述不确定性由两方面的因素造成:一方面是各国立场在各关键要点上意见相左乃至完全冲突,共识的范围越小,也就意味着未来形成规制自主武器系统条约的合力就越小;另一方面来自自主武器系统、军事智能技术对既有国际人道法、国际刑法理论的挑战,传统理论从未面临需要处理此类问题,理论工具应继续创新以便适应未来的局面。

5.7.1　关于各国法律、政策

　　除美国,各国尚未对自主武器系统制定专门的立法或军事法规、规章等,通常将自主武器系统的规制放在各自体系化的武器研发、测试、部署、使用的既有规则体系下实现。除此之外,在国际军控的层面,主要体现在政策的阐述和落实方面。考察典型的军事大国,其政策有如下几个特点(明确表示支持或不表示反对):

　　第一,均不否认研发、测试、部署、使用自主武器系统的权利,并认可利用人工智能技术是提升作战效能、减少附带伤亡及伤害的有效手段,这一点与众多人权机构的结论完全不同。

第二，均认可武装冲突法规则应当得到遵守，不能因为使用自主武器系统而将人的责任、国家的责任转移给机器。

第三，均认可自身发展人工智能技术及其对自身工业的促进作用。

第四，均认为使用自主武器系统、军事领域运用人工智能技术，应该持审慎的态度。通常通过训练的完善、人机交互的合理设定、交战规则等手段，对作战人员的行为加以限制，使武器系统的运作充分反映指挥官和操作员的意图、目标。

对涉及军控的关键法律和政策问题，各国的态度在技术细节上存在一定的差异，作者按要点归纳如表 5-3 所示。

表 5-3　各国对法律要点的立场统计

事项	中国	美国	澳大利亚	英国	法国	俄罗斯	日本
是否认为随着人工智能技术的发展高度自主化的武器将提升武器攻击的精确性，从而国家更好地遵守国际人道法	N/A	Y	N/A	Y	Y	Y	Y
是否应该达成特定条约	Y	N/A	N/A	N/A	N	N/A	N/A
是否应该对致命性自主武器系统形成定义	Y	N	Y	Y	Y	N/A	N/A
是否支持描述致命性自主武器系统特征	Y	Y	N/A	Y	Y	Y	N/A
是否支持有意义的人类控制理念	Y	Y	Y	Y	Y	Y	Y
是否支持有意义的人类控制应在武器的全使用周期中落实	N/A	Y	Y	Y	Y	Y	Y
是否认可应进行第 36 条意义上的审查	N/A	Y	Y	Y	Y	Y	Y
进行第 36 条意义的审查是否应在《特定常规武器公约》框架下形成统一标准和有强制约束力机制	N/A	N/A	N/A	N/A	N/A	N	Y
是否已有落实第 36 条审查的国内立法或机制	N/A	Y	Y	Y	Y	N/A	N/A
是否强调审查机制对软件、算法的可靠性进行验证	N/A	Y	Y	N/A	Y	N/A	N/A
对武器系统的改进后是否应继续第 36 条意义的审查	N/A	Y	N/A	N/A	N/A	N/A	N/A
是否表达发展致命性自主武器系统不影响人工智能技术、产业的发展	Y	Y	N/A	N/A	N/A	N/A	Y
就交战中如何使用自主武器系统是否已经制定或支持制定明确的国内法规范	N/A	Y	Y	Y	Y	N/A	N/A

续表

事项	中国	美国	澳大利亚	英国	法国	俄罗斯	日本
是否强调应界定自主武器系统的使用边界（或典型使用场景）	N/A	Y	Y	N/A	N/A	N/A	N/A
是否强调使用自主武器系统应保持通信连接从而保持人在回路的有效性	N/A	N/A	N/A	N/A	Y	N/A	N/A
是否明确支持使用武器后应进行效果评估	N/A	N/A	N/A	Y	N/A	N/A	N/A
是否支持使用自主武器系统责任不得转移	Y	Y	Y	Y	Y	Y	Y
在使用武器违反国际人道法但操作员不具有故意情况下是否支持对操作员追责	N/A	N	N/A	N/A	N/A	N/A	N/A
使用自主武器系统是否应贯彻指挥官责任	N/A	N/A	N/A	N/A	Y	N/A	N/A
在使用武器违反国际人道法情况下是否支持追究国家责任	N/A	Y	N/A	N/A	N/A	N/A	Y

注："Y"表示支持；"N"表示反对；"N/A"表示未表明态度。

根据目前 GGE 会议讨论罗列的指导原则，还处于发酵的阶段，各主要军事大国除了中国继续保持较高程度的模糊，均在比较关键的要点上采取逐步明确的态度。根据最近 GGE 会议的各国政策的态度，远未到就所有关键要点达成一致共识的程度。导致这一现状的原因：一方面来自规则本身的复杂性(如英美等国均认为应该澄清国家责任、个人刑事责任规则如何适用于使用自主武器系统，自主武器系统的设计者、生产者是否应该承担责任等)；另一方面来自各大国基于自身利益选择暂时采取模糊态度或拖延表态。这些问题关系到有能力开发致命性自主武器系统的军事大国和无力开发的小国之间的博弈，关系到军事大国之间的博弈，还关系到军事必要与人道主义价值目标之间的平衡。未来各国军控政策的博弈还有待观察，但政策大致不会超出上述关键问题的基本范围。

5.7.2 关于理论不足应对自主武器系统的关键问题

既有国际法理论不足以应对自主武器系统带来挑战的情况，在各国政策中已有十分明显的表现，突出方面可归纳为如下几个问题：

第一，国际人道法适用于自主武器系统领域，如何解决一些边缘场景问题、如何区分自动和自主的程度、如何界定智能辅助决策在 OODA 回路中的作用等。

第二，如何在智能化场景下实现区分原则、比例原则、避免不必要痛苦原则、预先警告原则等，特别是比例原则的适用，传统上比例原则衡量的是预期带来的附带损害、伤亡与预期取得的军事利益之间的关系，军事利益与附带损害、伤亡之间的比较并非同类属性场景的比较，很难利用预设算法方式解决。

第三，在责任问题上，既有理论从未解决过自主武器系统基于自身的判断从而发起超出武器操作员在人机交互界面上设定进行攻击的情况。若此类攻击违反国际人道法，则如何界定个人刑事责任和国家责任，没有先例和范式可循。

第四，自主武器系统及其技术扩散，是否受武器转让、贸易领域国际法规则的制约，有待于澄清未来规制自主武器系统的规则及武器贸易规则(如《武器贸易条约》)在适用上的关系。

参 考 文 献

[1] Bellinger J B, Haynes W J. A US government response to the International Committee of the Red Cross study Customary International Humanitarian Law[J]. International Review of the Red Cross, 2007, 89(866): 443-471.

[2] CCW. Report of the 2016 Informal Meeting of Experts on Lethal Autonomous Weapons Systems[R]. Geneva: CCW, 2016.

[3] CCW. Chairperson's Summary (CCW/GGE.1/2020/WP.7)[R]. Geneva: CCW, 2021.

[4] CCW. Position Paper Submitted by China (CCW/GGE.1/2018/WP.7)[R]. Geneva: CCW, 2018.

[5] China's Comments on the Working Recommendations of the Group of Governmental Experts on LAWS [EB/OL]. https://documents.unoda.org/wp-content/uploads/2021/06/China.pdf[2021-08-30].

[6] Congressional Research Service. Joint All-Domain Command and Control: Background and Issues for Congress[R/OL]. https://apps.dtic.mil/sti/citations/AD1126249[2023-02-13].

[7] 外交部军控司. 中国关于规范人工智能军事应用的立场文件[EB/OL]. http://infogate.fmprc. gov.cn/web/wjb_673085/zzjg_673183/jks_674633/jksxwlb_674635/202112/t20211214_1046951 1.shtml[2021-12-14].

[8] CCW. Report of the 2018 Group of Governmental Experts on Lethal Autonomous Weapons Systems (CCW/GGE.2/2018/3)[R]. Geneva: CCW, 2018.

[9] CCW. Characteristics of Lethal Autonomous Weapons Systems (CW/GGE.1/2017/WP.7)[R]. Geneva: CCW, 2017.

[10] CCW. Autonomy in Weapon Systems (CCW/GGE.1/2017/WP.6)[R]. Geneva: CCW, 2017.

[11] CCW. Humanitarian Benefits of Emerging Technologies in the Area of Lethal Autonomous Weapon Systems (CCW/GGE.1/2018/WP.4)[R]. Geneva: CCW, 2018.

[12] CCW. Implementing International Humanitarian Law in the Use of Autonomy in Weapon Systems (CCW/GGE.1/2019/WP.5) [R]. Geneva: CCW, 2019.

[13] U.S. Proposals[EB/OL]. https://documents.unoda.org/wp-content/uploads/2021/06/United-States. pdf[2023-04-12].

[14] U.S. Department of Defense. Summary of the 2018 Department of Defense Artificial Intelligence Strategy: Harnessing AI to Advance Our Security and Prosperity[R]. Washington: U.S. Department of Defense, 2018.

[15] 孟誉双. 美国规制自主武器系统的法律政策及其启示[J]. 战术导弹技术, 2021, (5): 43-54.

[16] AI Principles: Recommendations on the Ethical Use of Artificial Intelligence by the Department of Defense[EB/OL]. https://media.defense.gov/2019/Oct/31/2002204458/-1/-1/0/DIB_AI_PRINCIPLES_

PRIMARY_DOCUMENT.PDF[2023-05-10].

[17] Memorandum for Senior Pentagon Leadership, Commanders of the Combatant Commands Defense Agency and DoD Field Activity Directors[EB/OL]. https://media.defense.gov/2021/Mar/16/2002601566/-1/-1/0/PROMOTING-AND-PROTECTING-THE-HUMAN-RIGHTS-OF-LGBTQI+-PERSONS-AROUND-THE-WORLD.PDF[2023-06-10].

[18] 新一代人工智能发展规划[EB/OL]. https://pkulaw.com/chl/25f716320ad6c9ddbdfb.html?keyword=新一代人工智能规划[2023-03-16].

[19] CCW. Examination of Various Dimensions of Emerging Technologies in the Area of Lethal Autonomous Weapons Systems, in the Context of the Objectives and Purposes of the Convention (CCW/GGE.1/2017/WP.8)[R]. Geneva: CCW, 2018.

[20] CCW. Потенциальныевозможностииограничениявоенногоприменениясмертоносныхавто номныхсистемвооружений(CCW/GGE.1/2019/WP.1)[R]. Geneva: CCW, 2019.

[21] Document of the Russian Federation[EB/OL]. https://documents.unoda.org/wp-content/uploads/2021/06/Russian-Federation_ENG1.pdf[2023-304-10].

[22] Mitchell S C. The enduring legacy of the Martens clause: Resolving the conflict of morality in international humanitarian law[J]. Adelaide Law Review, 2019, 40(2): 471-484.

[23] Possible Consensus Recommendations in Relation to the Clarification, Consideration and Development of Aspects on the Normative and Operational Framework on Emerging Technologies in the Area of LAWS[EB/OL]. https://documents.unoda.org/wp-content/uploads/2021/06/France.pdf[2022-10-20].

[24] Written Contributions on Possible Consensus Recommendations in Relation to the Clarification, Consideration and Development of Aspects of the Normative and Operational Framework on Emerging Technologies in the Area of Lethal Autonomous Weapons Systems[EB/OL]. https://documents.unoda.org/wp-content/uploads/2021/06/United-Kingdom.pdf[2022-12-11].

[25] Sandoz Y, et al. Commentary on the Additional Protocols of 8 June, 1977, to the Geneva Conventions of 12 August, 1949[M]. Geneva: Martinus Njihoff, 1987.

[26] CCW. Australia's System of Control and Applications for Autonomous Weapon Systems (CCW/GGE.1/2019/WP.2/Rev.1)[R]. Geneva: CCW, 2019.

[27] CCW. Possible Outcome of 2019 Group of Governmental Experts and Future Actions of International Community on Lethal Autonomous Weapons Systems (CCW/GGE.1/2019/WP.3) [R]. Geneva: CCW, 2019.

[28] CCW. Discussion Paper-Building on Chile's Proposed Four Elements of Further Work for the Convention on Certain Conventional Weapons(CCW) Group of Governmental Experts(GGE) on Emerging Technologies in the Area of Lethal Autonomous Weapons Systems(LAWS)[R]. Geneva: CCW, 2021.

第6章 未来展望

6.1 技术发展

纵观各国无人系统的研究计划和技术发展思路，结合对各国无人系统的发展现状分析，世界无人系统总体呈现高能化、智能化、体系化的发展态势，系统的多样化、自主化、协同化程度不断提高[1-4]。未来，无人系统必将拥有更强的自主和协同能力，支撑其在动态对抗环境中独立或协作完成愈加复杂的任务[5,6]；与此同时，各域/跨域无人系统也将与有人系统或其他无人系统无缝集成，发展成为能够跨域合作或者协同作战的联合作战力量，增强联合作战部队的作战能力[7,8]。

6.1.1 空中自主无人系统技术发展

空中自主无人系统未来的发展将更加注重技术与应用创新的高度融合，积极探索新概念空中自主无人平台；发展重点将集中在提高空中自主无人系统的自主能力、协同能力、安全能力等方面[9]。

1. 高能化、隐身化平台

高能化不单是指空中无人平台向超大型发展，实际上指的是向超高能力方向发展[10]，主要包括两个方面：

一方面，大型高端空中无人平台发展呈现"更快、更高、更强"等特征，主要表现在更高的隐身性、更长的航时、更高的速度、更强的机动性、更高的承载能力、更高的适应性等方面。隐身无人作战飞机的雷达截面积值比四代机还要低一个量级，可达 $0.01m^2$；"临界鹰"(SR-72)高超声速无人机，采用了"速度即隐身"的概念，巡航马赫数为 6，航程约 4800km，现有常规的防空系统对其反应有限，存在"鞭长莫及"的可能。

另一方面，微纳、新材料、半导体等技术的进步将加速空中无人平台向小型化、轻量化方向发展，这也将具备更强的隐身能力[11,12]。国外正在发展集成了微型传感器与通信模块的"智能尘埃"，具有能耗低、体积小、易部署、隐蔽性强等优点，能够组成无线传感器网络，执行大范围隐蔽侦察监视任务。如前文所述，国外正在试验将微型高爆炸药装载到微小型无人机上，将其改造成为可实施斩首行动的"微型杀手"。

2. 自主化、智能化控制

自主能力是大幅提升空中无人平台作战效能的基础，是空中无人平台实现作战概念创新的重要推动力。国外注重从战略层面规划空中无人平台的自主化发展，明确近期提高作战安全性和效率；中期开展先进传感器、自主算法、计算处理技术等研究，使任务领域从任务支持发展到作战支持，提高人机协同能力，使空中无人平台在多种作战任务中辅助作战人员作战；远期有望发展为接近能够理解作战人员指令和意图，甚至具有情感意识的"忠诚僚机"型自主无人系统，并在竞争性环境中共同作战。同时，美国还利用人工智能、机器学习、自主控制等创新科技提高自动发现瞄准目标、视觉辅助导航、自主机动控制等空中无人平台的自主能力。

3. 编队化、集群化协同

未来的对抗环境将使得无人机作战使用方式发生很大改变，由原来单平台程序控制方式逐步发展为多平台编队作战、集群作战、有人/无人协同作战方式，这就要求空中无人平台之间、与空中有人平台以及其他空中无人平台之间能够无缝连接，保证信息顺畅流转和正确理解。无人机之间形成作战编队，可避免任务重复，且效率低下等现象；集群作战方式则是更进一步发挥不同无人机系统的综合优势，如采用"蜂群"、"狼群"战术，具有冗余完成任务能力，极大地提高作战可靠性；有人/无人协同作战也是一种重要的作战方式，随着无人机自主能力的进一步提升，未来有人机可以指挥控制多架无人机构成的编队，采用"僚机战术"，在面临危险环境和特殊环境时，无人机具有比有人机更为优越的能力，但无人机遇到复杂战场情况无法做出准确判断，有人机/无人机协同作战，可以充分发挥无人系统、有人系统以及人的优势，弥补彼此的不足，更加高效地协同作业。

6.1.2　地面自主无人系统技术发展

地面自主无人系统未来发展重点仍然是以提升地面无人平台环境适应能力、自主导航能力、自主机动能力等方面，但随着近年来各国布局地下空间，地下自主无人系统技术的突破也将成为新的发展方向。

1. 地上自主无人系统技术发展

根据国内外近年来地上无人系统技术的发展情况，其发展重点在于提高平台在复杂环境下的自主机动控制能力，以及动力性能和人机交互水平等[13,14]，研发难点和发展趋势主要集中在以下几个方面。

1) 提升自主导航能力

尽管在通信受限或不可靠的情况下，自主导航能够降低操作员的工作负担，并提高自主定位性能，然而，随着战场对抗烈度的提升，各国都为对手塑造拒止环境，这对自主导航提出了新的更高的要求。未来，需要加速提升激光陀螺、光纤陀螺等器件性能，也要大力发展地磁导航、重力导航、仿生导航及其组合导航技术；还需要提高实时路况分析和动态障碍捕捉预测能力。针对复杂非结构化环境，研究基于先进人工智能技术的环境适应性更强的路径规划、路径跟踪技术。

2) 提升战场环境感知能力

目前，无人平台感知模块大多采取多传感器信息融合方法以获取战场环境信息，其中，凸障碍检测技术发展相对成熟，凹障碍检测技术尚不成熟。未来，针对非结构化环境，可加速推进地表纹理材质识别技术、基于机器学习的地形地貌分类、道路快速分割技术、三维动态环境重建技术等环境感知技术研究；同时，重点加强视觉图像增强技术、视觉与激光雷达相融合的障碍检测技术、运动目标快速捕捉与跟踪技术等恶劣气象条件下的环境理解技术研究。

3) 加速加改装、提升机动性

可通过加装方向盘/踏板等伺服操纵机构，以对电控发动机、电动转向、电子制动等直接实施控制的车辆电子技术，实现对常规有人驾驶平台的无人化改造；可加速研制通用化、模块化的无人驾驶控制组件，快速安装在各型地上无人平台上，实现无人操控、自主驾驶功能。目前，地上无人平台通常用履带或轮子机动，实现阿克曼转向、滑移转向和全向转向，机动能力有限，为提升地上无人平台对复杂地形和障碍的机动通过能力，可考虑将仿生学腿机动等融入现有无人平台，迅速提升机动能力，适应更加多元的特殊环境。

4) 增强动力输入强度

地上无人平台需配备能够有效操作、能量密集、可充电和可靠的动力源。这些动力源须满足无人平台尺寸和质量要求，满足多种环境和安全要求。目前，地上无人平台动力技术大部分采自商用发动机，偏于汽油或柴油机燃料，新型动力能源尚处于试验探索阶段。未来，为减轻动力负担，地上无人平台应当兼容多种能源，发展燃料电池和低噪声、高效率、高功率密度的内燃机；研究混合动力电驱动和混合动力轮毂电机驱动设计技术，开展太阳能电池、燃料电池、超级电容等应用技术研究。

5) 开发智能隐身技术

综合传统隐身设计(如热烟雾、水雾等)、新型智能隐身材料等开发智能化主动隐身系统，使地上无人平台具有感知外界环境以及敌方威胁、主动预测评估自身状态(如温度场)、自动处理信息、自动下达指令的响应能力。地上无人平台可根据冷静态、热静态、动态等状态，风速、太阳辐射等参数，预测评估未来数小时的温度场变化，并提前做出温度响应。

6) 探索深度人机交互

当前游戏键盘已用于操作地上无人平台，正向触摸式显示控制发展，既可以帮助使用者实施控制，又能收到来自无人平台的影像信息。此外，先进的脑控技术支持驾驶员脑波、心率和眼动跟踪显示，未来脑机交互技术可使操纵者通过用于监测脑信号的先进算法预测接下来性能状态的衰减，进而自动调整策略，以更适应操作者的状态。

2. 地下自主无人系统技术发展

地下空间(如城市地下环境、人造隧道和天然洞穴网络等)的利用日益成为研究的热点，利用无人系统在地下复杂环境自主遂行探测、搜索与搜救等任务具有天然优势，执行此类任务的无人系统即可称为地下自主无人系统[15]。由于地下环境复杂，地下自主无人系统发展面临着诸多挑战，包括在不同复杂地形快速行进、无卫星导航自主定位、遮蔽场景信息交互、复杂环境态势感知、恶劣场景群体协作等。

1) 一体化自主控制

一体化自主控制是指具有多种混合运动模式的地下无人系统，采用混合运动模式能够融合不同运动模式的优点，使其适应地下空间作业的要求。应用于地下空间的无人系统控制技术，可以分为基于生物仿生学的一体化自主控制技术和基于多模态运动的一体化自主控制技术。前者是针对特定场景任务需求，模仿在该场景具有生存优势的生物，从而研制出适用于此场景的自主控制技术；后者是能够依据场景自主调整运动模式，以适应地形的自主控制技术，该技术能够大幅度提升地下自主无人系统通过复杂空地场景的能力，降低地下自主无人系统的功耗，提升其续航能力。

2) 长航时高精度自主导航

地下空间长航时高精度自主导航是指地下自主无人系统根据平台自身运动、外部环境信息和辅助电磁信号，在长时间行进过程中准确获取自身无积累误差的位置信息。长航时高精度自主导航技术是实现地下自主无人系统自主行进的基础，可利用低频磁学导航和多源传感器信息融合的自主导航系统等方式实现，同时也依赖于可见光/红外等视觉传感器、激光雷达，以及毫米波雷达等主被动传感器对地下未知环境进行实时感知与动态重构。

3) 超视距可靠通信

超视距可靠通信是在城市地下、隧道系统和洞穴网络等通信能力降级的地下空间中，由于常规无线电信号穿透能力弱，无法在地下场景高遮挡条件下实现超视距信息传输，需要利用多节点自组织通信网络和高穿透能力的低频磁场等方式实现可靠的信息交互。目前,自组织通信网络是解决地下无人系统之间通信问题的主要方式之一,但其存在依赖节点数量、无法将信息远距离实时传输至外界等缺点,导致其适用范围受限,无法从根本上解决地下空间超视距通信问题。低频磁场通信技术是解决地下通信问题的潜在方案之一,需要解决的问题包括减小天线尺寸与质量、降低功耗,提升信息传输速率和准确率等。未来,该方向需向多层次、多元化发展,涵盖天线材料、实现形式、阵列结构、低频磁场信号的传播机理、通信信号调制方案和自组织通信网络构建等方面。

4) 智能化群体控制

地下自主无人系统群体控制是多个地下自主无人平台之间通过协调规划与控制来执行复杂任务,涉及地下空间自主探索技术、地下无人系统群体决策、编队协同智能控制等智能协同技术。注意,群体控制技术的突破是建立在地下空间自主导航及超视距通信等技术发展的基础之上的。

6.1.3 海上自主无人系统技术发展

1. 水面自主无人系统技术发展

水面自主无人系统可在海上大型舰艇编队外围伴随护航,不但可作为编队新型反潜力量,也可作为空中或水下探测感知网络的中继节点,为空、海、潜立体情报、侦察与监视提供基础[16]。

1) 平台远航程、高航速

当前水面自主无人系统主要应用于内河和沿海区域。随着水面自主无人系统各项技术的成熟及其在远海的广泛应用,水面自主无人系统将向远航程、高航速和大型化方向发展,如国外正在推进排水量达 140t、续航力达 6200km、可持续执行任务长达 30 天的大型无人水面艇的研制。

2) 艇身智能隐身化

随着人工智能技术的快速发展,水面自主无人系统将具备智能隐身能力。未来,水面自主无人系统将布满各类传感器、控制器并实现一体化控制,形成一套完整的主动隐身系统。如果水面自主无人系统感应到被探测,那么隐身系统将自动识别敌方探测方法、探测器技术参数。同时通过控制器使平台的外形、隐身材料的性能发生相应改变,以适应敌方的探测,且也会控制主动隐身设备对敌方探测实施压制和干扰。

3) 任务多样化、多功能化

目前,应用范围大、使命任务多样化的水面自主无人系统数量还不多。大部分承担海上巡逻警戒、对潜作战、电子对抗等单一功能任务。未来,随着传感器技术、智能控制技术、计算机和软件技术,以及标准化技术等发展,发展多功能化的水面自主无人系统将是重要方向，并应用于各个领域，承担多样化任务。

4) 系统协同化、集群化

单一的水面自主无人系统往往无法有效应对复杂近岸浅水海域存在的威胁，随着水面自主无人系统的广泛应用，除了单独执行任务，还需要多艘水面自主无人系统协同组网作业，共同完成更加复杂的任务。水面自主无人系统集群通过大范围的水上通信网络，实现数据融合、信息共享、任务协同和群体控制，进行群体协同作业。

5) 组件模块化、标准化

为使水面自主无人系统研制风险低、研制费用经济、研制周期短、批量化生产、性能质量高、使用方便，水面自主无人系统应积极探索并推广通用化、模块化、系列化等标准化整体设计；在研制期间根据相关电气、机械、软件任务载荷的标准接口和数据格式的要求，分模块进行总体布局和结构优化设计。标准化与模块化设计可使各系统单独设计，但同时又能提高各系统之间的融合水平，从而提升水面自主无人系统的综合性能，实现任务的可扩展性和可重构性。

2. 水下自主无人系统技术发展

国外已研制型号齐全、种类丰富、任务能力突出的水下自主无人系统，排水量覆盖几十公斤级到几十吨级，具备任务重构能力，初步实现不同种类无人潜航器组成任务系统协同执行任务的能力[17,18]。

1) 长航时与大深度

深海即深度大于 1000m 的海域，全球海洋的 90%海域属于深海海域，约占地球表面积的 65%，深海空间广阔，蕴含着各种资源和能源，海上战争将是跨越空中、水面、水下的多维立体战争，更大的潜深带来更佳的水下位势。未来，随着"以深制海"概念的不断推进，为获得更好的隐蔽性和突袭效果，把更深海域、更长时间作为水下自主无人系统发展的重点，深海无人潜航器、深海预置无人系统、深海预警无人系统等具备长航时、大深度工作能力的新型深海自主无人系统将会成为研究重点。

2) 模块化与集成化

由于水下自主无人系统作业环境特殊，水下自主无人系统造价普遍高于地面和空中系统，因此扩展能力较差的功能单一的系统不具备经济性、实用性价值，综合化、模块化设计将水下自主无人系统按照功能、类型进行分类集成，包括推进器、电池、控制设备、导航设备、通信设备等，任务载荷单元为扩展模块，可通过配置不同任务载荷适应情报、侦察、巡逻、打击、反水雷等多类型作业环境及任务，如探测任务配置侧扫声呐、前视声呐等探测设备。

3) 智能化与集群化

随着水下自主无人系统的广泛应用,呈现集群化、智能化和网络化发展趋势。在网络化支撑下,以无人潜航器、无人水下预置系统,以及水下监听网络为主的多类型水下自主无人系统,基于信息共享实现集群协同作业,将成为未来水下攻防体系的重要组成部分。利用 UUV 携带探测传感器辅助水下固定式水声监视系统,弥补固定式水声监控系统探测范围有限、机动性差的缺点。利用无人潜航器和无人水面艇等搭载传感器进行协同数据采集,通过数据自动融合,实现跟踪方案实时生成、武器适时发射等协同水下作战任务。

4) 探测识别自主化

水声通信是目前水下最为主要的通信手段,但其带宽窄、速率低、易受外界环境干扰的弊端短期内无法出现突破性改变,无法确保“人在回路”持续性,因此只能通过加强水下自主无人系统的探测及自主识别处理能力,提高自主化及智能化程度,减少人为干预的频次及数据量。水下态势是水下作战的前提依据,而水下探测及识别是水下复杂环境态势生成的关键,针对水下攻防背景,基于大数据及深度学习技术,开展探测识别、多节点信息综合处理、态势分析及生成等研究,构建态势评估指标和评估模型,是未来水下自主无人系统发展的趋势。

6.2 系 统 应 用

6.2.1 未来战争形态

未来智能化战争总体趋势为要素互联化、战场无人化、力量融合化、人机协同化,实现包括有人系统、无人系统、无人-有人协同系统在内的战场全要素的高度自组织信息共享和协同作战,呈现陆、海、空、天、网、电等空间多种作战力量在内的全域体系化快速联动和深度融合,形成具有复杂意图判断能力的透明战场,有人-无人系统、无人集群系统具备超大规模跨域对等式自主协同作战能力。综合而言,“万物互联、智能泛在、人机共融、全域协同、控网夺智、精准释能”将成为智能化战争的基本特点[19-21]。

1. 从信息主导转向智能主导

信息调动物质、能量,信息化战争以网络为中心实现信息汇聚;而智能是基于信息形成知识并利用知识调动物质与能量,未来战争智能将散布于战场空间各要素、各环节、各阶段,通过泛在互联融为一体,智能相比信息更具优势。

2. 武器装备从工具转变为伙伴

武器装备从扩展、延伸、强化人的体能进一步向增强、迁移、散布、聚集、融合人的智能与技能迈进。无人装备从遥控、程控，再到"自主行动"、"有人-无人编组"、"集群自主协同"，人与武器在空间上逐步分离，人由战争前沿退向后方，武器对人的依赖从"由近向远"走向"自主"，从受支配的"工具"渐变为可以合作共事的"伙伴"。

3. 作战空间全维拓展、四域融合

无人系统走向战场，融入社会，使得战与非战的界限更加模糊、军人与平民的界限更加模糊、前线与后方的界限更加模糊。无人系统作战力量将搏杀于智能化战争"物理域(陆、海、空、天)、信息域(网、电)、认知域、社会域"全维战场之中，战争形态不局限于物理空间中生死搏杀的热战，更有网电、认知、社会域中的无声无形之战，"四域融合"的体系对抗是战争形态的基本面貌，体系中所有要素都将成为攻防的对象，任何环节的疏漏都将可能导致满盘皆输[22]。

4. 从战场决胜转向战前决胜

人作为作战行动执行者将愈加成为战争最薄弱的环节，作为战争设计者、任务决策者、行动组织者也将面临智能不足的"瓶颈"，迫切需要机器智能"外脑"提供支撑。"不开第一枪"不代表没有先敌制胜手段，战争决胜因素更多取决于战前设计或者物理战场之外的一次突袭，真正的交战可能只是千百次战前战争模拟的一次复盘或是胜负已定后的清盘。

5. 制胜机理嬗变、非对称制衡更易奏效

"智力"将超越火力、兵力、信息力等成为决定战争胜负的关键因素，"制智权"与传统军事制权深度耦合，成为未来战争的核心制权。具有巨大军事潜能的智能技术突破将呈"井喷"态势，并通过网络广泛传播而易于获得；智能化战争战场空间空前扩展，"百密一疏"无时不有、无处不在，这为弱势一方以较小代价、巧妙方式克敌制胜提供了无限可能。

6. 部队编成重组、力量体系重塑

人与武器装备的合理配置与有效结合，是形成强大战斗力的基础。智能化战争中，人与智能装备的交互模式、指控关系、协同方式，遂行作战行动的作战样式、力量配置、进程控制、制胜机理等都将发生重大变化，作战部队力量编成势必要重组结构、优化配置、理顺关系、补缺增能，以充分利用人与机器各自的优

势，带动未来作战力量体系的整体重塑。

7. 战争基石异变、军事理论重建

军事理论对于整个作战体系建设具有统揽全局的先导作用。智能化战争与智能化时代技术同源、同频共振、融合发展，泛在互联的网络空间与机器智能就像人类无法离开的空气和水、电力与油气，异变为智能化时代人类赖以生存和发展新的基石，同时也为智能化战争开辟新的战场，传统与新兴作战空间的融合将更趋紧密。美军正在扬弃使其在信息化战争时代几乎领先战略对手整整一代的"网络中心战"理论，全面探索和创新"认知/决策中心战"、"马赛克战"等符合未来作战需求的新理论。

6.2.2 未来制胜机理

众所周知，信息主导是信息化作战的制胜机理，智能自主则是无人化作战的制胜机理[23,24]。

1. 战场态势自主感知

以多维空间的检测、识别、分类、跟踪等智能化感知技术为基础，无人系统自主获取战场环境信息、目标威胁状态、敌我友兵力部署等情报信息，实现对战场态势的估计及其演化的预测。

2. 作战方案自主决策

根据指挥员指令或意图，基于战场情报信息感知理解和敌方意图预测，无人系统优化生成多套作战方案或作战计划，供指挥员选择，包括提出作战行动方案、推演作战行动效果。

3. 作战任务自主规划

基于作战筹划阶段给出的顶层决心方案，无人系统自主生成作战行动的总计划和子计划；基于任务实施阶段产生的动态决心变化，无人系统自主调整作战计划，或者自主生成新的作战计划，包括全过程自主动态生成任务计划和推演验证任务计划。

4. 作战行动自主控制

无人系统自动探测、识别、定位、跟踪目标，自主规避威胁或障碍，并根据目标的位置、状态、类别、属性等，自主展开精确的攻防行动，实现携带武器的精准释放，包括自动接收目标与任务需求、自主匹配作战资源要素、自主规避威

胁障碍、自主精确打击目标等。

5. 作战配合自主协同

无人系统依托共享信息，围绕共同作战目标，自主同步地调整各平台作战行动，达成行动上的协调一致和效能上的耦合增强，最终实现体系内不同作战资源/单元行动的同频共振，主要包括物理域的同步联动、信息域的同步共享、认知域的同步交流等。

6. 作战效果自主评估

无人系统可自主完成目标打击毁伤效果信息的采集汇聚、分级分类，进行基于大数据的比对分析，精准评价毁伤效果，依据效果给出下一轮打击决策，包括对目标实时状态的大数据分析、对目标未来状态的评估预测，以及对目标毁伤状态的综合研判。

6.2.3　无人系统发展策略

智能化时代已然来临，智能化、无人化战争正在迫近。需要从设计战争、掌握制胜机理的高度，深刻把握智能化技术对战争形态演变的内在驱动性影响，坚持战斗力标准、创新军事理论、强化顶层设计、破除发展障碍、加强技术创新的战略管理，从军事理论、技术发展、装备研制、能力生成、训练演练等方面全面布局，协调发展，努力构建装备智能化作战能力，切实夺取打赢未来战争主动权[25]。

1. 军事理论创新：万物互联、智能泛在、认知中心

美军正在构建指导其智能化战争能力发展的"云作战"理论，以适应人工智能、大数据、云计算、物联网等技术的飞速发展对军事领域产生的颠覆性影响。军事战略与军事理论的与时俱进及颠覆性创新，将指引美军迈向以智能化军队、自主化装备和无人化战争为标志的军事大变革。智能化时代"万物互联、智能泛在、人机共融"，社会面貌、战争形态较信息化时代将发生颠覆性变化，迫切需要前瞻智能化战争，面向"物理-信息-认知-社会"四域融合战场，针对自主系统和无人作战，进行军事理论创新，指导自主无人系统力量结构重塑。

2. 技术发展对策：重视对手、技术突破、攻防兼备

既要重视对手高端无人系统的运用，又要重视对手利用低端无人装备获取非对称优势，避免对手对我形成技术突袭。高度重视环境感知、任务规划和自主控制等关键技术研发，同时大力发展互操作、智能协同、可信通信，提升自主与协

同作战能力；同时在防空体系中，将高自主无人装备作为靶标，以其多种作战运用模式为对抗目标，以多维融合的反无人装备手段为考核重点，大力发展探测预警、软硬毁伤、链路干扰、信息欺骗、诱导劫持等反制技术，形成攻防兼备的智能化装备技术体系。

3. 装备研制对策：全域融合、联合作战、形成体系

将进攻型有人-无人装备和防御型有人-无人装备相统一，发展"陆、海、空、天、电、网"等全域融合的有人-无人协同作战系统，打造战场攻坚的尖刀利刃和疏而不漏的恢恢天网。重点解决标准化(通用化、模块化、系列化)、互联互通互操作，以及开放式体系架构等制约无人系统融入联合作战体系的瓶颈问题。统筹规划、迭代发展无人系统装备体系和能力体系，无缝融入未来联合作战体系之中。

4. 能力生成对策：自然交互、混合智能、人机协同

智能化战争是人机共融的战争，人机自然交互和互理解、互信任、互学习是实现人类智慧和机器智能有机融合、高效协作的基础。重点突破人机混合智能的基础理论和关键技术，实现人机态势共享；发展语音、手势、眼动以及脑机接口等人机交互技术，实现人机自然友好非接触高效交互；研究人机功能动态分配调整机制，实现人机智能随机互动与优势互补；研发有人-无人机操作员在线训练系统，汇集人类驾驶员卓越技能与优秀战法，通过大数据分析与深度学习汇聚形成可移植机器智能；开发面向无人系统攻防对抗作战的人机混合群体对抗博弈训练系统，提升作战人员实战技能，增强机器智能与人类协同能力。

5. 训练演练对策：红蓝博弈、对抗生成、螺旋发展

着眼新型作战样式探索，模拟对手的无人系统作战体系和反制体系，构建多域或跨域无人系统攻防对抗试验场景，面向自主无人系统实战化训练与一体化联合作战演练、嵌入无人系统攻防对抗要素，通过自身实战化红蓝博弈，掌握自主无人系统的战争制胜机理，检验装备战技性能，推动无人化作战理论、训练规程、作战条例的形成与完善，牵引自主无人系统技术创新与装备发展，加速自主无人系统新型作战能力生成。

参 考 文 献

[1] 林聪榕, 张玉强. 智能化无人作战系统[M]. 长沙: 国防科技大学出版社, 2008.

[2] 郭胜伟. 无人化战争[M]. 北京: 国防大学出版社, 2011.

[3] Work R O, Brimley S, Scharre P. 20YY: 机器人时代的战争[M]. 邹辉, 译. 北京: 国防工业出版社, 2016.

[4] 张思齐, 沈钧戈, 郭行, 等. 智能无人系统改变未来[J]. 无人系统技术, 2018, 1(3): 1-7.

[5] Finn A, Scheding S. Developments and Challenges for Autonomous Unmanned Vehicles: A Compendium[M]. Berlin: Springer, 2010.

[6] Defense Science Board. The Role of Autonomy in DoD Systems[R]. Washington: Department of Defense, 2012.

[7] 牛轶峰, 沈林成, 戴斌, 等. 无人作战系统发展[J]. 国防科技, 2009, 30(5): 1-11.

[8] United States Department of Defense. Unmanned Systems Integrated Roadmap 2017-2042[R]. Washington: United States Department of Defense, 2018.

[9] Barnhart R K, Hottman S B, Marshall D M, et al. 无人机系统导论[M]. 沈林成, 吴利荣, 牛轶峰, 等译. 北京: 国防工业出版社, 2014.

[10] 刘志敏. 无人作战飞机导论[M]. 北京: 航空工业出版社, 2021.

[11] 李科杰, 宋萍. 微小型无人系统技术在未来战争中的重要意义及发展动向[J]. 传感器世界, 2004, 10(1): 6-11.

[12] 王晨阳, 张卫平, 邹阳. 仿昆虫扑翼微飞行器研究现状与关键技术[J]. 无人系统技术, 2018, 1(4): 1-16.

[13] 孟红, 朱森. 地面无人系统的发展及未来趋势[J]. 兵工学报, 2014, 35(S1): 1-7.

[14] 田季红. 地面无人系统技术发展趋势[J]. 国外坦克, 2018, (9): 32-39.

[15] 李新年, 李清华, 王常虹, 等. 美国地下领域无人系统发展现状及启示[J]. 导航定位与授时, 2021, 8(6): 52-59.

[16] 祁圣君, 井立, 孙健. 美国海军无人系统技术现状及面临的挑战[J]. 飞航导弹, 2018, (9): 55-60, 69.

[17] 李亮, 邹金顺. 国外水下无人系统技术发展现状与趋势浅析[J]. 舰船科学技术, 2017, 39(23): 6-9.

[18] 宋保维, 潘光, 张立川, 等. 自主水下航行器发展趋势及关键技术[J]. 中国舰船研究, 2022, 17(5): 27-44.

[19] 薛春祥, 黄孝鹏, 朱咸军, 等. 外军无人系统现状与发展趋势[J]. 雷达与对抗, 2016, 36(1): 1-5, 10.

[20] 李风雷, 卢昊, 宋闯, 等. 智能化战争与无人系统技术的发展[J]. 无人系统技术, 2018, 1(2): 14-23.

[21] 王耀南, 安果维, 王传成, 等. 智能无人系统技术应用与发展趋势[J]. 中国舰船研究, 2022, 17(5): 9-26.

[22] 何玉庆, 秦天一, 王楠. 跨域协同: 无人系统技术发展和应用新趋势[J]. 无人系统技术, 2021, 4(4): 1-13.

[23] 赵先刚. 无人作战研究[M]. 北京: 国防大学出版社, 2021.

[24] 孙振平. 无人作战系统[M]. 长沙: 国防科技大学出版社, 2023.

[25] 郭行. 智能无人系统发展战略研究[J]. 无人系统技术, 2020, 3(6): 1-11.

附录 美国空军研究实验室定义的无人机系统自主控制等级

等级	等级描述	感知	判断	决策	行动
10	完全自主	认知战场内所有元素	按需协调	能够完全独立	几乎不需要引导而完成工作
9	战场集群认知	战场推理 -自己和其他单元(友方和敌方)意图 -复杂剧烈环境 -在线跟踪	战略群组目标分配 敌方战略推理	分布式战术群组规划 独立的战术目标确定 独立的任务规划/执行 选择战术打击目标	群组在没有监督协助下完成战略目标
8	战场认知	邻近推理 -自己和其他单元(友方和敌方)意图 -减少对离机数据的依赖	战略群组目标分配 敌方战术推理 自动目标识别	协调的战术群组规划 独立任务规划/执行 选择机会打击目标	群组在最小的监督协助下完成战略目标
7	战场认识	短期跟踪感知 -在有限的范围、时间窗和个体数量内历史及预测的战场数据	战术群组目标分配 敌方航迹估计	独立的任务规划/执行 以满足目标	群组在最小的监督协助下完成战术目标
6	实时多平台协同	大范围感知 -机载大范围的感知 -离机数据补充	战术群组目标指派 敌方位置感知/估计	协调航迹规划与执行 以满足目标 -群组优化	群组在最小的监督协助下完成战术目标 可能近的空域间隔(1~100m)
5	实时多平台协调	传感感知 -局部的传感器相互探测 -融合离机数据	战术群组计划指派 -实时健康诊断 -补偿大部分控制失效和飞行条件的能力 -预测故障发生的能力(如预测健康管理) -群组诊断和资源管理	机载航迹重规划 -适应当前和预测条件的航迹优化 -避碰	群组完成外部指派的战术计划 空中避碰 空中加油、无威胁条件下的编队情况下可能近的空域间隔(1~100m)
4	故障/事件自适应	预有准备的感知 -友方通信数据	战术计划指派 交战规则选定 实时健康诊断 -补偿大部分控制失效和飞行条件的能力 -反映在外回路的性能的内回路的改变	机载航迹重规划 -事件驱动 -自我资源管理 -冲突消解	独自完成外部指派的战术计划 中等的平台空域间隔

续表

等级	等级描述	感知	判断	决策	行动
3	实时故障/事件的鲁棒响应	健康/状态的历程和模型	战术计划指派 实时健康诊断(问题的范围是什么) 补偿大部分控制失效和飞行条件的能力(如自适应内回路控制)	当前状态与需求任务能力评估 条件不满足则放弃/返航(RTB)	独自完成外部指派的战术计划
2	可变任务	健康/状态传感器	实时健康诊断(我是否有问题) 离线重规划(按需)	执行预编程或上载的计划以适应任务和健康条件	独自完成外部指派的战术计划
1	执行预先规划任务	预加载任务数据 飞控和导航感知	飞行前/后的自检测报告状态	预编程任务和中止计划	宽空域间隔需求(大于公里级)
0	遥控驾驶平台	飞控(姿态、速度)感知 前端摄像机	遥测数据 远程驾驶指令	无	远程遥控